高等职业技术教育"十二五"规划教材

地形测量

主　编　张慧慧
副主编　范　强　刘丹丹

西南交通大学出版社
·成都·

内容简介

本书采用项目教学法，全面阐述了地形测量的基础理论和基本技能，确保学生在项目实践中掌握地形测量的基础知识与技能。全书共分为八个项目，主要包括地形测量的基础知识、高程测量、角度测量、距离测量、测量误差、小区域控制测量、地形图测绘、地形图应用等。

本书注重理论与实践相结合，突出能力培养的目标，可作为高职高专测绘类及其相关专业的教材，也可作为施工单位测绘工程技术人员参考用书。

图书在版编目（CIP）数据

地形测量 / 张慧慧主编. —成都：西南交通大学出版社，2014.4（2021.8 重印）
高等职业技术教育"十二五"规划教材
ISBN 978-7-5643-3002-6

Ⅰ. ①地… Ⅱ. ①张… Ⅲ. ①地形测量－高等职业教育－教材 Ⅳ. ①P217

中国版本图书馆 CIP 数据核字（2014）第 063235 号

高等职业技术教育"十二五"规划教材

地 形 测 量

主编　张慧慧

*

责任编辑　杨　勇
助理编辑　姜锡伟
特邀编辑　曾荣兵
封面设计　本格设计

西南交通大学出版社出版发行
四川省成都市金牛区交大路 146 号　邮政编码：610031　发行部电话：028-87600564
http://press.swjtu.edu.cn
成都蓉军广告印务有限责任公司印刷

*

成品尺寸：185 mm×260 mm　　印张：12.25
字数：304 千字
2014 年 4 月第 1 版　　2021 年 8 月第 2 次印刷
ISBN 978-7-5643-3002-6
定价：25.00 元

图书如有印装质量问题　本社负责退换
版权所有　盗版必究　举报电话：028-87600562

前 言

地形测量是高职高专测绘类及其相关专业的一门专业基础课程，是专业核心能力模块的重要组成部分。本书本着以学生为中心、以就业为导向、以能力为本位、以岗位需求和职业标准为原则，探索培养高职高专学生应用能力的教学理念，突出实践技能的特点，充分体现以项目为主线、以任务为载体的职业课程培养模式，以满足高职院校学生能力培养的需要。

本书采用项目教学法，全书共分为八个项目，主要包括地形测量的基础知识、高程测量、角度测量、距离测量、测量误差、小区域控制测量、地形图测绘与应用。通过本书的学习，使学生掌握测量基础理论知识、测量常用仪器及其操作、测量基本工作及其作业方法、地形图测绘的方法及其地形图在工程建设中的应用等知识点及技能点，以适应测绘、道路、交通、国土资源、水利、农林业、地质等企事业单位地形测量岗位职业培养要求。

本书由辽宁省交通高等专科学校张慧慧主编，辽宁工程技术大学范强、辽宁林业职业技术学院刘丹丹任副主编。具体编写分工如下：项目一、项目二、项目三、项目六由张慧慧编写，项目四、项目五、项目七由范强编写，项目八由刘丹丹编写。在书稿编订过程中参阅了大量的书籍和文献资料，引用了部分专家、学者的研究成果，在此一并表示感谢！

由于编者水平有限和时间仓促，书中难免存在不足之处，恳请广大师生给予批评指正。

编　者

2013 年 12 月

目　录

项目一　地形测量基础知识 ·· 1

　　任务一　测量学及地形测量的任务与作用 ························· 1
　　任务二　地形测量基础知识 ··· 7

项目二　高程测量 ·· 18

　　任务一　水准测量原理及水准仪的使用 ··························· 18
　　任务二　等外水准测量 ·· 27
　　任务三　用水准仪完成三、四等水准测量 ························· 34
　　任务四　水准测量误差分析 ··· 38
　　任务五　精密水准仪和电子水准仪 ································ 41

项目三　角度测量 ·· 51

　　任务一　经纬仪测角原理及使用方法 ······························ 51
　　任务二　水平角观测 ··· 59
　　任务三　竖直角观测 ··· 63
　　任务四　角度测量误差分析 ··· 65
　　任务五　电子经纬仪 ··· 69

项目四　距离测量 ·· 76

　　任务一　钢尺量距 ·· 76
　　任务二　视距测量 ·· 80
　　任务三　光电测距仪原理及全站仪使用 ··························· 84

项目五　测量误差的基础知识 ··· 97

　　任务一　观测值与观测误差 ··· 97
　　任务二　偶然误差统计特性 ··· 101
　　任务三　衡量精度的指标 ··· 105
　　任务四　协方差传播律及其应用 ··································· 109

项目六　小区域控制测量 ·· 120

　　任务一　小区域控制测量基础知识 ································ 120
　　任务二　导线测量外业 ·· 126

  任务三 导线测量内业计算 …………………………………………………………… 130
  任务四 交会测量 …………………………………………………………………… 138
  任务五 三角高程测量 ……………………………………………………………… 142

项目七 地形图测绘与应用 …………………………………………………………… 148

  任务一 认识地形图 ………………………………………………………………… 148
  任务二 大比例尺地形图测绘 …………………………………………………… 158
  任务三 航空摄影测量测图 ……………………………………………………… 169

项目八 地形图应用 ………………………………………………………………………… 175

  任务一 地形图的识读与基本应用 ……………………………………………… 175
  任务二 地形图在工程上的应用 ………………………………………………… 180

参考文献 ……………………………………………………………………………………… 189

项目一　地形测量基础知识

本项目主要阐述了测量学以及地形测量学的研究任务与作用,测量学发展概况及未来发展趋势,地面点平面位置、高程的表示方法,常用坐标系统的建立及其特点,高斯平面直角坐标系的建立、地球曲率对距离及高程的影响,测量工作的基本原则。通过本项目的学习,促使学生掌握测量的一些基础知识,对本学科有个初步的了解,明确今后学习的思路,为后续的学习奠定基础。

任务一　测量学及地形测量的任务与作用

【任务介绍】

本任务主要通过了解测量学这门学科的研究任务、目的及未来发展方向,地形测量主要解决什么问题,从而使学生明确学习这门课程的目的及学习思路。

【任务目标】

知识目标：⊙ 掌握测量学的研究对象、分类及作用；
　　　　　⊙ 明确测量学的发展历程与现状；
　　　　　⊙ 掌握地形测量研究目的与任务。
能力目标：⊙ 理解测量的学科分类与未来发展趋势；
　　　　　⊙ 理解地形测量与其他测量的区别与联系。

【任务实施】

一、测量学任务及分类

测量学是测绘科学的重要组成部分,是研究地球的形状和大小以及确定地球表面(含空中、地表、地下和海洋)物体的空间位置,并对这些空间位置信息进行处理、储存、管理的科学。

测量学的内容包括测绘和测设两个部分。测绘是指使用测量仪器和工具,通过测量和计算,得到一系列测量数据,或把地球表面的地形缩绘成地形图。测设是指把图纸上规划设计好的建筑物、构筑物的位置在地面上标定出来,作为施工的依据。

测量学是一门既古老又在不断发展的综合性学科。按照研究范围和对象及采用技术的不同,分为大地测量学、地形测量学、摄影测量与遥感学、工程测量学、海洋测绘学以及地图制图学等多个学科。

(一)大地测量学

大地测量学是研究测定地球的形状和大小及地球重力场的测量方法、分布情况及其应用的学科。其基本任务是建立国家大地控制网,测定地球的形状、大小和重力场,为地形测图和各种工程测量提供基础起算数据,为空间科学、军事科学以及研究地壳变形、地震预报等提供重要资料。按照测量手段的不同,大地测量学又分为常规大地测量学、卫星大地测量学和物理大地测量学。

(二)摄影测量学与遥感

摄影测量与遥感学是研究利用电磁波传感器获取目标物的影像数据,从中提取语义和非语义信息,并用图形、图像和数字形式表达的学科。其基本任务是通过对摄影相片或遥感图像进行处理、量测、解译,以测定物体的形状、大小和位置进而制作成图。根据获得影像的方式及遥感距离的不同,该学科又分为地面摄影测量学、航空摄影测量学和航天遥感测量学。随着科学技术的飞速发展,摄影测量与遥感已在许多科学领域得到应用。

(三)地形测量学

地形测量学是研究如何将地球表面局部区域内的地物、地貌及其他有关信息测绘成地形图的理论、方法和技术的学科。按照成图方式的不同,地形测图可分为模拟测图和数字化测图。

(四)地图制图学

地图制图学是利用测量、采集和计算所得的成果资料,研究各种地图的制图理论、原理、工艺技术和应用的学科。其研究内容包括地图编制、地图投影学、地图整饰、印刷等。这门学科正在向制图自动化、电子地图制作及地理信息系统方向发展。

(五)工程测量学

工程测量学是研究各种工程在规划设计、施工建设和运营管理各阶段所进行的各种测量工作的学科。主要内容有:工程控制网的建立、地形测绘、施工放样、设备安装测量、竣工测量、变形观测和维修养护测量等。工程测量是测绘科学与技术在国民经济和国防建设中的直接应用。随着激光技术、光电测距技术、工程摄影测量技术、快速高精度空间定位技术在工程测量中的应用,工程测量学的服务面越来越广,特别是现代大型工程的建设,大大促进了工程测量学的发展。

(六)地籍测量学

地籍测量学是调查和测定土地及其上附着物的权属、位置、质量、数量和利用现状等基本状况的学科。地籍测量为土地与房屋管理、城乡规划、税收、土地整理等方面提供重要的基础资料。主要内容包括：地籍控制测量，地籍图绘制，界址点坐标值及权属范围的面积计算，调查权属主姓名、住址、土地利用现状、类别和等级，房产情况等。

测量学各分支学科之间互相渗透、相互补充、相辅相成。本书主要讲述地形测量学的内容，主要介绍常用的测量仪器的构造与使用方法、小区域大比例尺地形图的测绘及应用。

二、测量学的发展概况及未来发展趋势

测量学是在人类生产实践中不断发展而形成的一门科学，有着悠久的历史。

地球是人类生息繁衍的家园，自从人类进化到具有思维能力，有了求知欲，就想认识地球的形状。但地球的形状是很复杂的，人们对它的认识经历了一个漫长的历史过程，即使到了科技高度发达的今天，对于地球形状的认识的细致程度在某些方面也仍然不能满足科学技术的需要。

在世界上，早在公元前18世纪，古埃及就进行过土地丈量；公元前6世纪，埃及人民在开凿尼罗河与红海之间的工程中已运用了测量技术；公元17世纪，哥白尼、伽利略、开普勒及牛顿等科学家的发现与发明，如望远镜、显微镜、水准器等，光学和力学上的成就，以及三角学在测量上的应用；19世纪德国人高斯提出的平均海水面概念，并在地图投影和按条件观测的三角测量整网平差理论等方面，为测量科学的发展作出了重大贡献。1903年飞机的发明，促进了航空摄影测量学的发展，从而使测图的部分工作由野外转移到室内，相应地减小了劳动强度，特别有利于高山地区的测绘工作。

我国是世界上著名的文化古国之一。早在夏禹治水时期，我国劳动人民就发明和使用了"准、绳、规、矩"等测量工具。春秋战国时代发明的指南针直到现在还被应用着。3 000多年前管仲在其所著的《管子》一书中，收集有我国早期地图27幅，对地图的作用已有了论述。战国时期，李冰父子在四川修建了都江堰，这一伟大工程若没有进行大量的测量工作是无法完成的。1973年，长沙马王堆三号汉墓出土的西汉初期编著的《地形图》、《城邑图》、《驻军图》，是目前发现的我国最早的局部地区地形图。西晋裴秀在《禹贡地形图》序言中阐明的"制图六体"，提供了绘图的六条原则，这是世界上最早的地形测量和绘制的规范。裴秀编绘的《禹贡地域图》是世界上最早的历史图集，《地形方丈图》是我国全国大地图。唐代开元年间，张遂（一行）和南宫说等人在河南开封等地组织了人类历史上首次大规模的、相对比较完善的子午线弧长测量，确定了地球的形状和大小，这是世界上最早的子午线弧长测量。宋代的沈括绘制了"天下州县图"，在他的《梦溪笔谈》中曾记载了磁偏角现象，这比哥伦布发现磁偏角早400年左右。13世纪和18世纪初，我国曾进行过大规模的大地测量工作。18世纪初还根据大地测量成果，编制了全国地图。我们的先人对测量学科的发展作出了卓越的贡献，但自1840年鸦片战争到新中国成立前的近百年中，我国的科学技术和生产力的发展受到极大的阻碍，测绘学科的发展也处于停滞状态，我国的测绘学科的发展在世界上逐渐发展到处于十分落后的境地。

自新中国成立以来，随着国民经济建设和国防建设的发展，我国测绘事业进入了一个蓬勃发展的崭新阶段，短期内取得了不少成就。1950年中国人民解放军总参谋部测绘局成立。

1952 年，清华大学等 6 所高等院校设置了测量专业，积极培养测绘人才；1956 年建立了全国统一的测绘机构——国家测绘总局，统一组织领导全国的测绘工作。此外，还建立了专门的测绘科学研究机构和测绘院校。多年来，完成了全国范围的大地控制网，基本上统一了全国的平面坐标和高程系统；同时施测了大量的国家基本地形图，在进行工矿、农田水利、城市、交通等各项经济建设中，测绘了各种大比例尺地形图，并进行了大量的工程测量工作。我国的测绘工作者克服了艰难险阻，精确地测定了珠穆朗玛峰的高程为 8 844.43 m（2005 年 5 月 22 日国家测绘局公布）；1980 年国家大地坐标系的建成和我国天文大地网的整体平差举世瞩目；在对青藏高原、地球南极等的综合考察以及多次人造地球卫星的发射工作中，测绘人员都作出了卓越的贡献。我国的测绘仪器制造业近年来生产的大地测量、电磁波测距和航空摄影测量仪器，不少已达到国外同类型仪器的先进水平。

20 世纪 60 年代以来，近代光学、电子技术、电子计算机技术、人造卫星和航天技术的迅猛发展，为测量科学技术开辟了广阔的道路。

（一）测量仪器的发展

全站型仪器的出现和应用为测量工作自动化奠定了基础。该类型仪器的特点是具备测角和测距的功能，并有微机控制系统。它的使用实现了野外测量数据的自动采集，为测图向数字化、自动化方向发展开辟了道路。

陀螺经纬仪朝着自动化方向迈进。在矿山、隧道等地下工程的施工现场进行定向时，陀螺经纬仪的应用使定向工作大为简化。新一代陀螺经纬仪由微机控制，仪器自动、连续地观测陀螺摆动，观测时间短，精度高。

几何水准测量仪器向自动化、数字化方向发展。目前，在水准测量中，已经出现具有自动安平、自动读数记录、自动检核数据等功能的电子水准仪，为几何水准测量提供了方便。

（二）大比例尺数字化测图技术迅速发展

常规大比例尺地形测图的测量工序多，劳动强度大，手工绘图和成图周期长。数字化测图技术的广泛普及与应用，使上述问题迎刃而解。数字化测图系统由全站仪、电子计算机、绘图仪和绘图软件组成。在野外采集的数据，通过计算机的处理，可以自动地在绘图仪上描绘出来，改变了传统的成图方法，提高了测图精度、质量和效率。

（三）3S 集成技术的应用与发展

由我国学者提出的 3S 技术，即 GIS、GPS、RS 三者的集成，是一个有机的结合体。它是一门非常有效的空间信息技术。就在集成体中的作用及地位而言：GIS 相当于人的大脑，对所得的信息加以管理和分析；RS 和 GPS 相当于人的两只眼睛，负责获取海量信息及其空间定位。RS、GPS、和 GIS 三者的有机结合，构成了整体上的实时动态对地观测、分析和应用的运行系统，为科学研究、政府管理、社会生产提供了新一代的观测手段、描述语言和思维工具。目前，3S 技术已经渗透至工业、农业、国防、交通、铁路等各个研究、设计、施工领域，正被广大的技术人员所利用，并在各行各业中发挥着不可替代的作用。

1. GPS 全球定位系统

全球定位系统是美国国防部为满足其军事部门海、陆、空高精度导航、定位和定时的要求而建立的一种卫星定位和导航系统。它由 24 颗工作卫星组成，其中包括 3 颗可随时启动的备用卫星。工作卫星均匀分布在六个相对于赤道面倾角为 55°的近似圆形轨道面内，每个轨道面上有 4 颗卫星，轨道之间的夹角为 60°，轨道平均高度为 20 200 km，卫星运行周期为 11 h 58 min。同时在地平线以上的卫星数目随时间和地点而异，最少为 4 颗，最多时达 11 颗。保证在地球任一点任一时刻均可收到 4 颗以上卫星的信息，实现实时定位。

我国 GPS 技术研究和应用可分为两个阶段：第一阶段是 20 世纪 80 年代，以测绘领域的应用为主，引进 GPS 技术和接收机，开发 GPS 测量数据处理软件，以静态定位为主，现在全国施测了几千个各种精度的 GPS 点，其中包括国家 A、B 级网点。第二阶段是进入 90 年代后，随着差分 GPS 技术的发展，GPS 定位从静态扩展到动态，从事后处理扩展到实时或准实时定位和导航。

2. 遥感技术

遥感是指从远距离高空以信外层空间的各种平台上利用可见光、红外、微波等电磁波探测仪器，通过摄影和扫描、信息感应、传输和处理，从而研究地面物体的形状、大小、位置及其环境相互关系与变化的现代科学技术。

现代遥感技术具有以下特点：

（1）传感器的不断更新。目前除了框幅式可见光黑白摄影、多谱摄影、彩色摄影、新红外摄影、紫外摄影仪器外，还有全景摄影机、红外扫描仪、红外辐射仪、多谱段扫描仪、成像光谱仪、合成孔径雷达和激光测高仪等。这些传感器用不同的方式，对电磁波不同的谱段所获得的对地观测数据，以硬拷贝的返回方式和软拷贝的传输方式提供原始的遥感数据。

（2）影像分辨率形成多级序列，可提供从粗到精的对地观测数据，全面体现在空间分辨率方面。例如：美国空间成像地球观测卫星公司，其卫星影像分辨率可达到 1 m。多级分辨率的实现，人们可以在粗分辨率的影像上快速发现可能发生变化的地区，进而在精分辨率的影像上详细分析研究这些变化情况。

（3）多时相特征，可以反复获得同一地区的影像数据。这种多时相性为人们提供了长期、系统、全面和动态研究地球表面变化规律的可能性、客观性和科学性。

我国遥感技术如发展，已从单纯地应用国外卫星资料到发射自主设计的遥感卫星，如气象研究的风云系列卫星；同时，遥感图像处理技术也取得很大发展，如机载 224 波段成像光谱仪、全数字摄影测量系统等。

3. GIS 地理信息系统

地理信息系统是以采集、存储、描述、检索、分析和应用与空间位置有关的相应属性信息的计算机系统，是集计算机、地理、测绘、环境科学、空间技术、信息科学、管理科学、网络技术、现代通信技术、多媒体技术为一体的多学科综合而成的新兴学科。

GIS 有两个显著特征：一是，不仅可以像传统的数据库管理系统那样管理数字和属性信息，而且可以管理空间图形信息；二是，可以利用各种空间分析的方法，对多种不同的信息进行综合分析、寻求空间实体间的相互关系，分析处理在一定区域内分布的现象和过程。

目前，GIS 正向多功能、高精度、现势性强的方向发展。例如：TGIS，研究区域随时间的演变来推测和预报其未来，并作出科学的分析。3DGIS（三维 GIS），研究图像可视性，利用空间位置来探索空间影响。多媒体技术导入 GIS 中，使 GIS 的功能更强大，具有声音、动画等效果，可以模拟人类、动物的特征，更具智能化。网络 GIS（WebGIS）也是当前研究领域中另一个热门课题，使 GIS 的媒介对象更丰富，从而与社会、人类生活密不可分。

我国 GIS 的发展和应用较为迅速和广泛。在软件方面，已经成功开发 MapGIS、Geostar、Citystar 等，综合和专题 GIS 开发更是数不胜数。

三、测量学在工程建设中的作用

在国民经济建设中，包括资源勘探、工矿建设、城市规划、地质勘探、农田水利以及铁路选线与施工、飞机场的修建，乃至地震预测、科学考察等，无不需要测量工作。

测量学在道路、桥梁、隧道等工程建设中，起着重要的作用。为了获得一条经济、合理的路线，首先要进行路线的勘测，绘制带状地形图和纵、横断面图，进行纸上定线和路线设计，并将设计好的路线平面位置、纵坡及路基边坡等在实地标定出来；然后根据现场的实际进行必要的调整和优化；最后确定设计方案，进行施工放样。

当路线跨越河流时，拟设计桥梁前，应绘制河流两岸的地形图，测量桥梁轴线长度及河床的断面图，测量桥位的河流比降，为桥梁方案的选取和设计提供必要的数据。施工时，将桥墩、桥台的位置标定在实地，同样需要进行测设工作。

当路线跨越高山时，为了降低路线的纵坡，减少路线的长度，多采用隧道施工穿越高山。在隧道设计前，应测绘隧道经过处山体的大比例尺地形图，进而确定隧道的曲线线形、洞口位置等，为隧道的设计提供必要的数据。在隧道施工期间，除为隧道施工提供必要的中心线、腰线数据外，还要进行贯通测量、变形监测。其中，贯通测量是隧道施工的关键，是关系到隧道能否按照设计要求，在准确位置贯通的保证。

测量学在道路、桥梁、隧道等工程的设计、施工和运营阶段，是至关重要、必不可少的一环。

四、地形测量的任务

地形测量作为测量学的一个组成部分，是根据规范和图式的要求，对地物、地貌及其他地理要素进行的测量。它是对地球表面的地物、地貌在水平面上的投影位置和高程进行测定，并按一定比例缩小，用符号和注记绘制成图的工作。

地形测量包括控制测量和碎部测量。

控制测量是测定一定数量的平面和高程控制点，为地形测图的依据。碎部测量是测绘地物地形的作业，按所用仪器不同可分为平板仪测图法、经纬仪和小平板仪联合测图法、经纬仪（配合轻便展点工具）测图法、全站仪数字化测图等。大面积地形图的测绘基本上采用航空摄影测量的方法；但对面积较小的或者专用于某项工程建设的地形图，一般是在聚酯薄膜或白纸裱糊的测图板上测绘或全站仪数字化测图。

任务二　地形测量基础知识

【任务介绍】

本任务主要介绍地球的形状与大小、地面点的平面位置及高程的表示方法、用水平面代替水准面的限度、测量工作的基本原则等内容，为学生后续知识学习奠定基础。

【任务目标】

知识目标：⊙掌握地球的基本知识，测量的基准面及基准线；
　　　　　⊙掌握测量中常用的几种平面坐标系统及高程系统；
　　　　　⊙掌握地球曲率对高程、距离的影响及用水平面代替水准面的限度；
　　　　　⊙掌握测量工作的基本工作原则。
能力目标：⊙培养学生确定地面上某一点位置的表示方法的能力；
　　　　　⊙理解高斯投影原则及高斯平面直角坐标系的建立；
　　　　　⊙明确几种常用坐标系统的适用范围与建立方法。

【任务实施】

一、测量工作的基准面

（一）大地水准面

测量工作是在地球表面进行的，然而这个表面是起伏不平的，有陆地、海洋、高山和平原，比如我国西藏与尼泊尔交界处的珠穆朗玛峰高达 8 844.43 m，而在太平洋西部的马里亚纳海沟深达 11 022 m，两者高度差近 2×10^4 m。尽管有这样大的高差，但相对于半径为 6 371 km 的地球来说还是很小的。就整个地球而言，我们知道地球表面海洋面积约占 71%，陆地面积约占 29%。人们把地球总的形状看做是被海水包围的球体，也就是设想有一个自由平静的海水面，向陆地延伸而形成一个封闭的曲面。我们把这个自由平静的海水面称为水准面。水准面是一个处处与重力方向垂直的连续曲面，如图 1-1（a）所示。

水准面在小范围内近似一个平面，而完整的水准面是被海水包围的封闭曲面。因为符合上述水准面特性的水准面有无数个，其中最接近地球形状和大小的是通过平均海水面的那个水准面，这个唯一而确定的水准面叫大地水准面。大地水准面是测量外业工作的基准面，如图 1-1（b）所示。

（二）旋转椭球面

由于地球内部质量分布不均匀，导致地面上各点的重力方向（即铅垂线方向）产生不规则的变化，因而大地水准面实际上是一个有微小起伏的不规则曲面。如果将地面上的图形投影到这个不规则的曲面上,将无法进行测量计算和绘图,为此必须用一个和大地水准面的形状非常接近的、可用数学公式表达的几何形体来代替大地水准面。测量上选用椭圆绕其短轴旋转而成的参考旋转椭球体面,作为测量计算的基准面,如图1-1(c)所示。

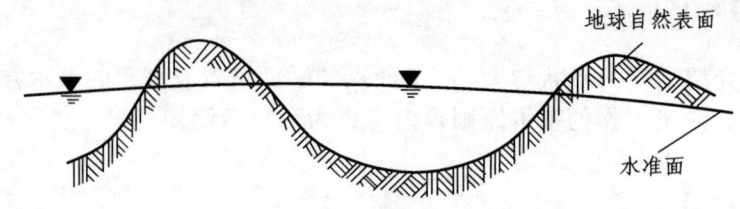

(a)地表面与水准面示意图

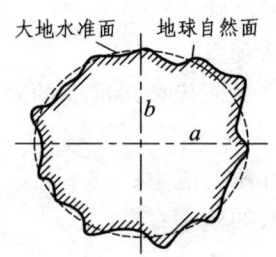
(b)在表面与大地水准值示意图

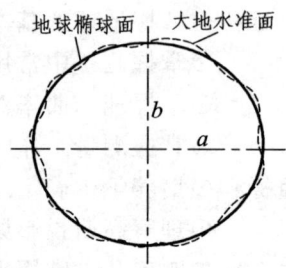
(c)大地水准面与旋转椭球面示意图

图1-1 "三面"图

参考椭球体的大小由长半径 a 和短半径 b 和扁率 $\alpha = \dfrac{a-b}{a}$ 来决定,其中,a、b、α 称为参考椭球体元素。

历史上,许多测量学者曾分别测算出参考椭球体的元素值。新中国成立后,我国采用苏联克拉索夫斯基椭球计算的元素值:

长半轴 a = 6 378 245 m

短半轴 b = 6 356 863 m

扁 率 $\alpha = \dfrac{(a-b)}{a} = \dfrac{1}{298.3}$

目前我国所采用的参考椭球体是"1980年国家大地坐标系",其参考椭球体元素为

长半轴 a = 6 378 140 m

短半轴 b = 6 356 755.3 m

扁 率 $\alpha = \dfrac{(a-b)}{a} = \dfrac{1}{298.257}$

由于参考椭球体的扁率很小,在地形测量的计算中,可把地球当做圆球对待,取其3个半轴的平均值作为地球的半径,近似地取 6 371 km,其精度也足以满足一般地形测量的要求。

二、地面点的坐标系统

地面点在投影面上的坐标,根据具体情况,可选用下列三种坐标系统中的一种来表示。

1. 大地坐标系

大地坐标系中,地面点在旋转椭球面上的投影位置用大地经度 L 和大地纬度 B 表示,如图 1-2 所示。图中,NS 为椭球的旋转轴,N 表示北极,S 表示南极,O 为椭球中心。

通过椭球中心与椭球旋转轴正交的平面称为赤道平面。赤道平面与地球表面的交线称为赤道。

通过椭球旋转轴的平面称为子午面。其中通过英国伦敦格林尼治天文台的子午面称为起始子午面。子午面与椭球面的交线称为子午线。

图 1-2 中 P 点的大地经度就是通过该点的子午面与起始子午面的夹角,用 L 表示。从起始子午面算起,向东自 0°~180°称为东经;向西自 0°~180°称为西经。

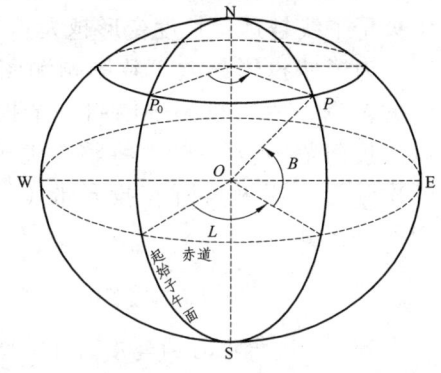

图 1-2 旋转椭球体

P 点的大地纬度就是该点的法线(与椭球面垂直的线)与赤道面的交角,用 B 表示。从赤道面起算,向北自 0°~90°称为北纬;向南自 0°~90°称为南纬。

大地经度 L 和大地纬度 B 统称大地坐标。地面点的大地坐标是根据大地测量数据由大地原点(大地坐标原点)推算而得的。我国"1980 年国家大地坐标系"的大地原点位于陕西省泾阳县永乐镇境内,在西安市以北约 40 km 处。以前使用的"1954 年北京坐标系"是新中国成立初期从苏联引测过来的。

2. 高斯平面直角坐标系

高斯投影是地球椭球体面正形投影于平面的一种数学转换过程。为说明简单起见,可以通过下面的投影过程来说明这种投影规律。

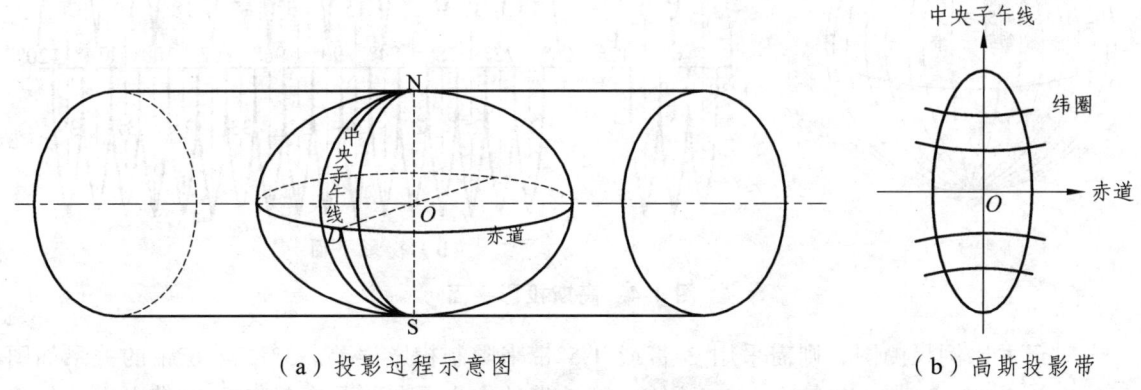

(a)投影过程示意图　　　　　　　　　　(b)高斯投影带

图 1-3 高斯投影

如图 1-3(a)所示,设想将截面为椭圆的一个椭圆柱横套在地球椭球体外面,并与椭球体面上某一条子午线(如 NDS)相切,同时使椭圆柱的轴位于赤道面内并通过椭球体中心。椭圆柱面与椭球体面相切的子午线称为中央子午线。若以椭球中心为投影中心,将中央子午线两侧一定经差范围内的椭球图形投影到椭圆柱面上,再顺着过南、北极点的椭圆柱母线将椭圆柱面剪开，展成平面，如图1-3（b）所示，这个平面就是高斯投影平面。

在高斯投影平面上，中央子午线投影为直线且长度不变，赤道投影后为一条与中央子午线正交的直线。离开中央子午线的线段投影后均要发生变形，且均较投影前长一些；离开中央子午线越远，长度变形越大。

为了使投影误差不致影响测图精度，规定以经差6°或更小的经差为准来限定高斯投影的范围，每一投影范围叫一个投影带。如图1-4（a）所示，6°带是从0°子午线算起，以经度每隔6°为一带，将整个地球划分成60个投影带，并用阿拉伯数字1，2，…，60顺次编号，叫做高斯6°投影带（简称6°带）。6°带中央子午线经度L_0与投影带号N_e之间的关系式为

$$L_0 = N_e \times 6° - 3° \tag{1-1}$$

例：某城市中心的经度为116°24′，求其所在高斯投影6°带的中央子午线经度L_0和投影带号N_e。

解：据题意，其高斯投影6°带的带号为

$$N_e = \text{INT}\left(\frac{116°24′}{6}+1\right) = 20$$

（INT——取整数）

中央子午线经度为

$$L_0 = 20 \times 6° - 3° = 117°$$

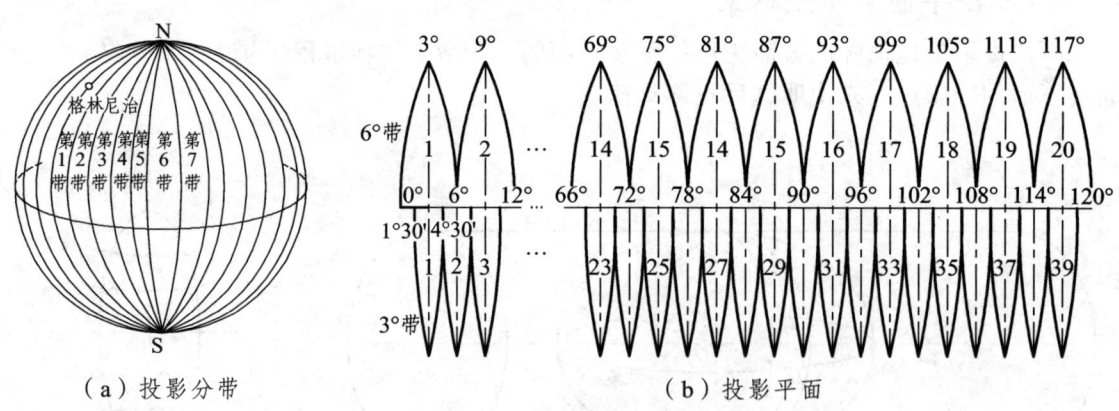

（a）投影分带　　　　　　　　　（b）投影平面

图1-4　高斯投影平面

对于大比例尺测图，则需采用3°带或1.5°带来限制投影误差。3°带与6°带的关系如图1-4（b）所示。3°带是以东经1°30′开始，第一带的中央子午线是东经3°。3°带中央子午线经度L_0与投影带号n之间的关系式为

$$L_0 = n \times 3° \tag{1-2}$$

采用分带投影后，由于每一投影带的中央子午线和赤道的投影为两正交直线，故可取两正交直线的交点为坐标原点。中央子午线的投影线为坐标纵轴X轴，向北为正；赤道投影

线为坐标横轴 Y 轴,向东为正。这就是全国统一的高斯平面直角坐标系。

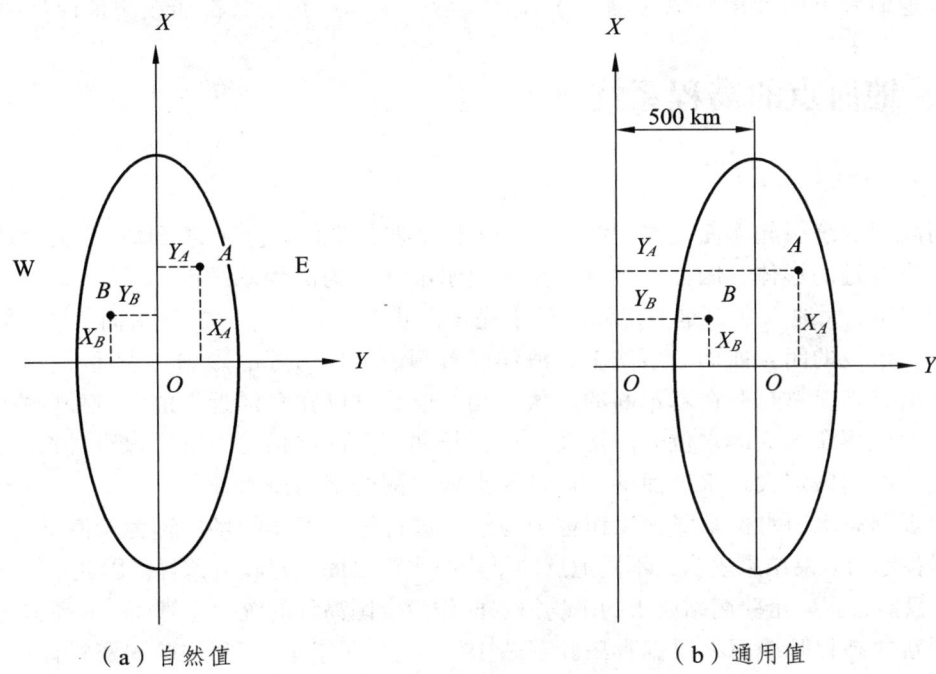

(a) 自然值　　　　　　　　　　(b) 通用值

图 1-5　高斯平面直角坐标

我国位于北半球,纵坐标均为正值,横坐标则有正有负,如图 1-5(a)所示, Y_A = + 148 680 m, Y_B = - 134 240.69 m。为了避免横坐标出现负值和标明坐标系所处的带号,规定将坐标系中所有点的横坐标值加上 500 km(相当于各带的坐标原点向西平移 500 km),并在横坐标前冠以带号。如图 1-5(b)中所标注的横坐标为: Y_A = 20 648 680.54 m, Y_B = 20 365 759.31 m。这就是高斯平面直角坐标的通用值,最前两位数 20 表示带号;不加 500 km 和带号的横坐标值称为自然值。

高斯平面直角坐标系的应用大大简化了测量计算工作,它把在椭球体面上的观测元素全部转化到高斯平面上进行计算,这比在椭球体面上解算球面图形要简单得多。在公路工程测量中也经常应用高斯平面直角坐标,如高速公路的勘测设计和施工测量就是在高斯平面直角坐标系中进行的。

3. 平面直角坐标系

当测量的范围较小时,可以把该测区的球面当做平面看待,直接将地面点沿铅垂线投影到水平面上,用平面直角坐标表示其投影位置,如图 1-6 所示。

测量上选用的平面直角坐标系,规定纵坐标轴为 X 轴,表示南北方向,向北为正;横坐标轴为 Y 轴,表示东西方向,向东为正;坐标原点可假定,也可选在测区的已知点上。象限按顺时针方向编号,测量所用的平面直角坐标系之所以与数学上常用的直角坐标系不同,是因为测量上的

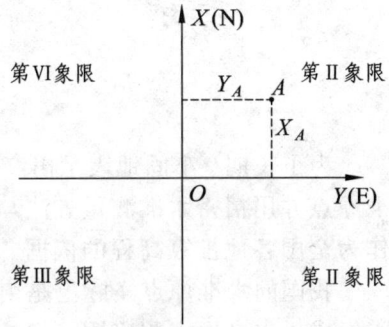

图 1-6　测量中的平面直角坐标系

直线方向都是从纵坐标轴北端顺时针方向量度的,而三角学中三角函数的角则是从横坐标轴正端按逆时针方向计量。把 X 轴与 Y 轴互换后,全部三角公式都能在测量计算中应用。

三、地面点的高程系统

(一)高程基准面

地面高程的统一起算面是高程基准面,由于大地水准面所包围的形体——大地体是与整个地球最为接近的形体,因而,通常采用大地水准面作为高程基准面。

我们知道,大地水准面是假想海洋处于完全静止和平衡状态时的海水面,并延伸到大陆地面以下所形成的闭合曲面。事实上,海洋受着潮汐、风力等的影响,永远不会处于完全静止和平衡状态,总是存在着不断的起伏运动。但是可以在海洋近岸的一点处竖立水位尺,成年累月的观测海水面的水位升降运动,根据长期观测的结果可以求出该点处海洋水面的平均位置。人们假定大地水准面就是通过这点处实测的平均海水面。

长期观测海水面水位升降的工作称为验潮,进行这项工作的场所称为验潮站。

根据各地的验潮结果表明,不同地点的平均海水面之间还存在着差异。因此,对于一个国家来说,只能根据一个验潮站所求的平均海水面作为全国高程的统一起算面——高程基准面。

我国新的高程基准面是根据青岛验潮站 1952—1979 年 19 年间的验潮资料计算确定,根据这个高程基准面作为全国高程的统一起算面,称为"1985 国家高程基准"。

地面点到高程基准面(大地水准面)的铅垂距离,称为该点的绝对高程或海拔,简称高程。它与地面点的坐标共同确定地面点的空间位置。在图 1-7 中,地面点 A、B 的高程分别为 H_A、H_B。

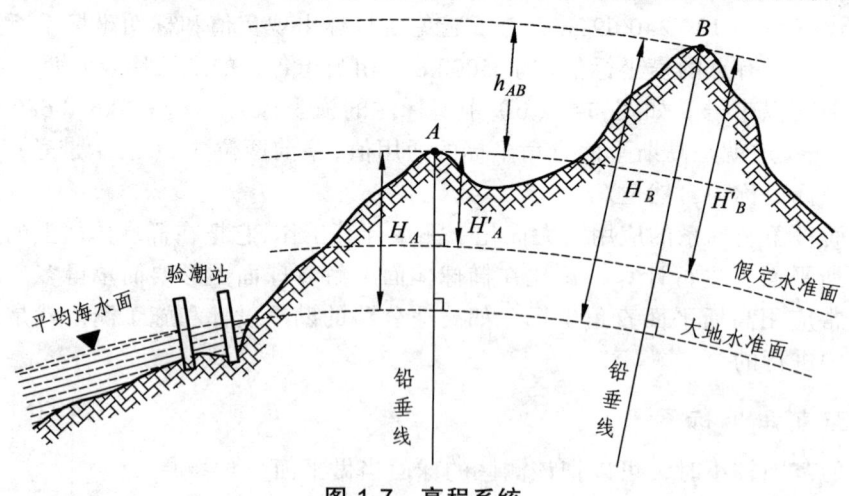

图 1-7 高程系统

为了长期、牢固地表示出高程基准面的位置,作为传递高程的起算点,必须建立一个水准原点并用精密水准测量方法与验潮站的水准标尺进行联测,从而求得水准原点的高程,作为全国各地推算高程的依据。

我国的水准原点实际上是由水准原点网构成,水准原点网由主点、参考点和附点共六个点组成。水准原点用坚固稳定的标石加以标志,此标石用混凝土牢固地浇注在坚固的岩石中。我国的水准原点见图 1-8。

图 1-8　我国水准原点的形状和规格

我国的水准原点网设在青岛附近，建于 1955 年。用精密水准测量将水准原点网点与验潮站的水准标尺进行联测求得的原点高程，作为全国的起算高程。

（二）高程系统

我国曾采用"1956 年黄海高程系"高程，这个高程系的高程基准面是根据青岛验潮站 1950—1956 年 7 年间的验潮资料求得的平均海水面位置。"1956 年黄海高程系"的高程基准面的确立，对统一全国高程有其重要的历史意义，对国防和经济建设、科学研究等方面起了重要的作用。但从潮汐变化周期来看，确定"1956 年黄海高程系"的平均海水面所采用的验潮资料时间短，还不到潮汐变化的一个周期（一个周期为 18.61 年），同时还发现验潮资料中有些数据过于粗差，因此有必要重新确定国家高程基准。

1987 年 5 月，经国务院批准国家测绘局发布，从 1988 年 1 月 1 日启用"1985 国家高程基准"。今后凡涉及高程基准时，一律由原来的"1956 年黄海高程系"改用"1985 国家高程基准"。由于新布测的国家一等水准网点是以"1985 国家高程基准"起算的，因此，今后凡进行各等级水准测量、三角高程测量以及各种工程测量，应尽可能与新布测的国家一等水准网点联测，即使用国家一等水准测量成果作为传算高程的起算值。如果不便于联测时，可在"1956 年黄海高程系"高程值上改正一固定数值，而得到以"1985 国家高程基准"为基准的高程值。我国的水准原点高程，相对于"1956 年黄海高程系"是 72.289 3 m，相对于"1985 年高程基准"是 72.260 4 m。

我国在 1949 年以前曾在不同时期建立过吴淞口、达门、青岛和大连等地验潮站，得到不同的高程基准面系统。由于高程基准面的不统一，使高程的使用比较混乱，因此在使用过去旧有的高程资料时，应弄清楚当时采用的是以什么地点的平均海水面作为高程基准面。

四、用水平面代替水准面的限度

水准面是一个曲面，曲面上的图形投影到平面上时总会产生一定的变形。实际上，如果把一小块水准面当做平面看待，其产生的变形不超过测量和制图误差的容许范围时，即可在局部范围内用水平面代替水准面，使测量和绘图工作大大简化。以下讨论以水平面代替水准面对距离和高程测量的影响，以便明确可以代替的范围或必要时加以改正。

（一）以水平面代替水准面对距离的影响

图 1-9 中，A、B、C 是地面点，它们在大地水准面上的投影点是 a、b、c，用该区域中心点的切平面代替大地水准面后，地面点在水平面上的投影点是 a'、b' 和 c'。设 A、B 两点在大地水准面上的距离为 D，在水平面上的距离为 D'，两者之差 ΔD 即是用水平面代替水准面所引起的距离差异。将大地水准面近似地视为半径为 R 的球面，则有

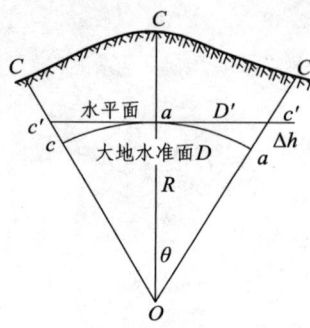

图 1-9　水平面代替水准面的限度

$$\Delta D = D' - D = R(\tan\theta - \theta) \quad (1\text{-}3)$$

已知 $\tan\theta = \theta + \dfrac{1}{3}\theta^3 + \dfrac{2}{15}\theta^5 + \cdots$

因 θ 角很小，只取其前两项代入式（1-3），得

$$\Delta D = R\left(\theta + \dfrac{1}{3}\theta^3 - \theta\right)$$

因
$$\theta = \dfrac{D}{R}$$

故
$$\Delta D = \dfrac{D^3}{3R^2} \quad (1\text{-}4)$$

$$\dfrac{\Delta D}{D} = \dfrac{D^2}{3R^2} \quad (1\text{-}5)$$

式中，$\Delta D/D$ 称为相对误差，用 $1/M$ 形式表示，M 越大，精度越高。

取地球半径 $R = 6\,371$ km，以不同的距离 D 代入式（1-4）和（1-5），得到表 1-1，从表中的结果可以看出，当 $D = 10$ km 时，所产生的相对误差为 $1:1\,220\,000$，在测量工作中，通常要求距离丈量的相对误差最高为 $1/1\,000\,000$，一般丈量仅要求 $1/4\,000 \sim 1/2\,000$。因此，在 10 km 为半径的圆面积之内进行距离测量时，可以把水准面当做水平面看待，而不需考虑地球曲率对距离的影响。

表 1-1　水平面代替水准面引起的距离误差

D/km	10	20	30	40
ΔD/cm	0.8	6.6	102.6	821.2
$\Delta D/D$	1/1 220 000	1/300 000	1/49 000	1/12 000

（二）以水平面代替水准面对高程的影响

如图 1-9 所示，地面点 B 的高程应是铅垂距离 bB，用水平面代替水准面后，B 点的高程为 $b'B$，两者之差 Δh 即为对高程的影响，由图 1-9 得

$$\Delta h = bB - b'B = Ob' - Ob = R\sec\theta - R = R(\sec\theta - 1) \tag{1-6}$$

已知 $\sec\theta = 1 + \dfrac{\theta^2}{2} + \dfrac{5}{24}\theta^4 + \cdots$，因 θ 值很小，故仅取前两项代入式（1-6）；另外 $\theta = \dfrac{D}{R}$，故有

$$\Delta h = R\left(1 + \dfrac{\theta^2}{2} - 1\right) = \dfrac{D^2}{2R} \tag{1-7}$$

用不同的距离数值代入式（1-7），便得表 1-2 所列的结果。从表中可以看出，用水平面代替水准面对高程的影响是很大的，距离为 0.2 km 时，就有 0.31 cm 的高程误差，这在高程测量中是不允许的。因此，进行高程测量时，即使距离很短，也应用水准面作为测量的基准面，即应顾及地球曲率对高程的影响。

表 1-2　水平面代替水准面引起的高程误差

D/km	0.2	0.5	1	2	3	4	5
Δh/cm	0.31	2	8	31	71	125	196

五、测量基本工作及原则

（一）测量的基本工作

据前面所述，测量工作的基本内容是确定地面点的位置。它有两方面的含义：一方面是将地面点的实际位置用坐标和高程表示出来；另一方面是根据点位的设计坐标和高程将其在实地上的位置标定出来。要完成上述任务，必须用测量仪器通过一定的观测方法和手段测出已知点与未知点之间所构成的几何元素，才能由已知点导出未知点的位置。

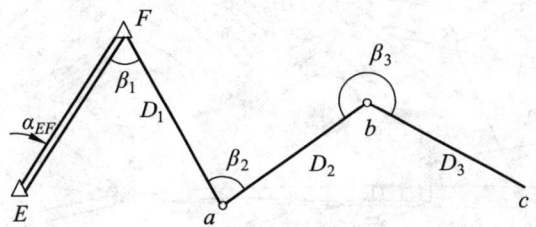

图 1-10　测量"三要素"示意图

点与点之间构成的几何元素有距离、角度和高差，这三个基本元素称为测量定位三要素。如图 1-10 所示，a、b、c 为地面点在水平面上的投影位置，确定这些点位置不是直接在地面上测定它们的坐标高程，而是首先测定相邻点间的几何元素，即距离 D_1、D_2、D_3，水平角 β_1、β_2、β_3 和高差 h_{Fa}、h_{ab}、h_{bc}。再根据已知点 E、F 的坐标及高程来推算 a、b、c 各点的坐标和高程。由此可见，距离、角度、高差是确定地面点位置的三个基本元素，而距离测量、角度测量、高差测量是测量的基本工作。

（二）测量工作的原则和方法

在进行某项测量工作时，往往需要确定许多地面点的位置。假如从一个已知点出发，逐点进行测量和推导，最后虽可得到欲测各点的位置，但这些点很可能是不正确的，因为前一点的测量误差将会传递到下一点。这样积累起来，最后可能达到不可允许的程度。因此测量工作必须依照一定的原则和方法来防止测量误差的积累。

在实际测量工作中应遵循的原则是：在测量布局上要"从整体到局部"；在测量精度上要"由高级到低级"；在测量程序上要"先控制后碎部"，也就是在测区整体范围内选择一些有"控制"意义的点，首先把它们的坐标和高程精确地测定出来，然后以这些点作为已知点来确定其他地面点的位置。这些有控制意义的点组成了测区的测量骨干，称为控制点。

采用上述原则和方法进行测量，可以有效地控制误差的传递和积累，使整个测区的精度较为均匀和统一。

（三）测量工作的程序和原则

地球表面的外形是复杂多样的，在测量工作中将其分为地物和地貌两大类：地面上的物体如河流、道路、房屋等称为地物；地面高低起伏的形态称为地貌。地物和地貌统称为地形。

地形图由为数众多的地形特征点所组成。如何测量这些点呢？一般是先精确地测量出少数点的位置，如图 1-11 中的 1，2，3，…等点，这些点在测区中构成一个骨架，起着控制的作用，可以将它们称为控制点，测量控制点的工作称为控制测量。然后以控制点为基础，测量它周围的地形，也就是测量每一控制点周围各地形特征点的位置，这一工作称为碎部测量。利用各控制点已测定的位置关系，将它们投影到水平面上就能把各个局部测得的地形连成一个整体，得到完整的地形图。

图 1-11　地形和地形图

【项目考核】

一、名词解释

1. 水准面
2. 大地水准面

3. 高斯平面直角坐标系
4. 绝对高程
5. 相对高程
6. 铅垂线
7. 旋转椭球

二、填空题

1. 测量工作中的铅垂线与_____面垂直。
2. 水准面上的任意一点都与_____垂直。
3. 地球陆地表面上一点 A 的高程是 A 至平均海水面在_____方向的长度。
4. 珠穆朗玛峰的高程是 8 848.48 m，此值是指该峰至_____处的_____长度。
5. 测量工作中采用的平面直角坐标与数学中的平面直角坐标不同之处是_____。
6. 确定地面上的一个点的位置常用三个坐标值，它们分别是_____、_____、_____。
7. 实际测量工作中依据的基准面是_____面。
8. 实际测量工作中依据的基准线是_____线。
9. 局部地区的测量工作有时用任意直角坐标系，此时 X 坐标轴的正向常取_____方向。
10. 普通测量工作有三个基本测量要素，它们是_____、_____、_____。

三、选择题

1. 任意高度的平静水面_____（都不是，都是，有的是）水准面。
2. 不论处于何种位置的静止液体表面_____（并不都是，都称为）水准面。
3. 地球曲率对_____（距离，高程，水平角）的测量值影响最大。
4. 在小范围内的一个平静湖面上有 A、B 两点，则 B 点相对于 A 点的高差_____（>0，<0，=0，≠0）。
5. 大地水准面_____（亦称为，不同于）参考椭球面。
6. 平均海水面_____（是，不是）参考椭球面。

四、简答与计算

1. 测量工作的基本原则是什么？
2. 何谓高程？何谓高差？若已知 A 点的高程为 498.521 m，又测得 A 点到 B 点的高差为 −16.517 m，试问 B 点的高程为多少？
3. 已知某点所在高斯平面直角坐标系中的坐标为：$X = 4\ 345\ 000$ m，$Y = 19\ 483\ 000$ m。问该点位于高斯六度分带投影的第几带？该带中央子午线的经度是多少？该点位于中央子午线的东侧还是西侧？
4. 表示地面点的坐标系有哪些？
5. 测量坐标系与数学坐标系的区别？
6. 某地的大地经度是 109°20′，试计算其在 6°带的带号以及中央子午线的经度？

项目二　高程测量

本项目主要介绍水准测量的原理，水准仪的构造以及使用方法、检校方法，等外水测量以及三、四等水准测量的技术要求、施测方法与内业成果处理，水准测量的误差分析等。通过本项目的学习，确保学生能掌握水准测量的基本知识点，并且能够按等外和四等水准测量标准独立布设一条水准路线并实测高差，求出各水准点高程。

任务一　水准测量原理及水准仪的使用

【任务介绍】

本任务主要介绍水准测量的原理、微倾式水准仪与自动安平水准仪的使用方法及检校方法。通过本任务学习，确保学生会正确操作 DS_3 型和 DZS_3 型水准仪，并具备检验水准仪的能力。

【任务目标】

知识目标：⊙ 掌握水准测量的原理；
　　　　　⊙ 掌握 DS_3 型和 DZS_3 型水准仪的使用方法；
　　　　　⊙ 掌握水准仪的检验与校正方法。
技能目标：⊙ 培养学生熟练使用水准仪的操作能力；
　　　　　⊙ 培养学生检验水准仪的能力。

【任务实施】

一、水准测量原理

高程是确定地面点位置的基本要素之一，所以高程测量是三种基本测量工作之一。高程测量的目的是要获得点的高程。测定地面高程时，一般是首先测定地面点与地面点间的高差，然后根据已知点的高程，推求未知点的高程。在地形测量中，由于所用仪器和原理的不同，将高程测量分为水准测量和三角高程测量。水准测量是利用水准仪和几何原理来测量高差的，故水准测量又称为几何水准测量。水准测量是高程测量中比较精密的和主要的方法。三角高程测量的相关内容将在项目六中具体阐述。

水准测量的基本原理是：在图 2-1 中，已知 A 点的高程为 H_A，只要能测出 A 点至 B 点的高程之差，简称高差 h_{AB}，则 B 点的高程 H_B 就可用下式计算求得

$$H_B = H_A + h_{AB} \tag{2-1}$$

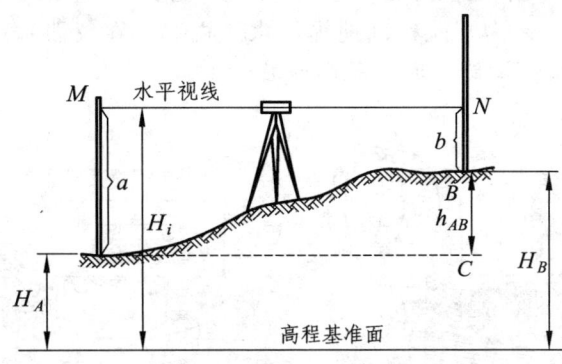

图 2-1　水准测量原理示意图

用水准测量方法测定高差 h_{AB} 的原理如图 2-1 所示，在 A、B 两点上竖立水准尺，并在 A、B 两点之间安置一架可以得到水平视线的仪器即水准仪。设水准仪的水平视线截在尺上的位置分别为 M、N，过 A 点作一水平线与过 B 点的竖线相交于 C。因为 BC 的高度就是 A、B 两点之间的高差 h_{AB}，所以由矩形 $MACN$ 就可以计算 h_{AB}：

$$h_{AB} = a - b \tag{2-2}$$

测量时，a、b 的值是用水准仪瞄准水准尺时直接读取的读数值。因为 A 点为已知高程的点，通常称为后视点，其读数 a 为后视读数；而 B 点称为前视点，其读数 b 为前视读数。即

$$h_{AB} = 后视读数 - 前视读数$$

实际上高差 h_{AB} 有正有负。由式（2-2）知，当 $a>b$ 时，h_{AB} 值为正，这种情况为 B 点高于 A 点，地形为上坡；当 $a<b$ 时，h_{AB} 值为负，即 B 点低于 A 点，地形为下坡。但无论 h_{AB} 值为正或负，式（2-2）始终成立。为了避免计算中发生正负符号上的错觉，在书写高差 h_{AB} 时必须注意 h 下面的小字脚标 AB，前面的字母代表了已知后视点的点号，也就是说 h_{AB} 是表示由已知高程的后视点 A 推算至未知高程的前视点 B 的高差。

二、水准仪构造与使用

水准仪是水准测量时用于提供水平视线的仪器。我国对水准仪按其精度从高到低分为 DS_{05} 型、DS_1 型、DS_3、DS_{10} 型四个等级，其中，DS_{05} 型、DS_1 型主要用于精密水准测量，DS_3 型、DS_{10} 型则用于普通水准测量。其中的字母"D"为大地测量仪器的总代号，"S"为"水准仪"汉语拼音的第一个字母，下标是指水准仪所能达到的每千米往返测高差中数中误差（mm）。

水准仪是进行水准测量的主要仪器，它可以提供水准测量所必需的水平视线。目前通用的水准仪从构造上可分为两大类：一类是利用水准管来获得水平视线的水准管水准仪，其主要形式称为"微倾式水准仪"；另一类是利用补偿器来获得水平视线的"自动安平水准仪"。此外，还尚有一种新型水准仪——电子水准仪，它配合条纹编码尺，利用数字化图像处理的

方法，可自动显示高程和距离，使水准测量实现自动化。

（一）微倾式水准仪的构造

如图 2-2 所示，微倾式水准仪主要由望远镜、水准器和基座组成。水准仪的望远镜能绕仪器竖轴在水平方向转动，为了能精确地提供水平视线，在仪器构造上安置了一个能使望远镜作上下微小运动的微倾螺旋，所以称微倾式水准仪。

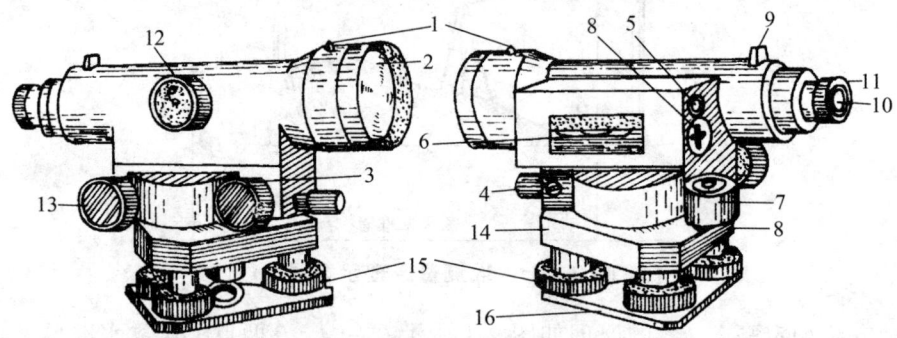

图 2-2　微倾式水准仪的构造

1—准星；2—物镜；3—微动螺旋；4—制动螺旋；5—符合水准器观测镜；6—水准管；7—圆水准器；8—校正螺丝；9—照门；10—目镜；11—目镜对光螺旋；12—物镜对光螺旋；13—微倾螺旋；14—基座；15—脚螺旋；16—连接板

1. 望远镜

望远镜由物镜、目镜和十字丝三个主要部分组成，它的主要作用是使我们看清远处的目标，并提供一条照准读数值用的视线。图 2-3（a）为内对光望远镜构造图，图 2-3（b）为望远镜的成像原理示意图。

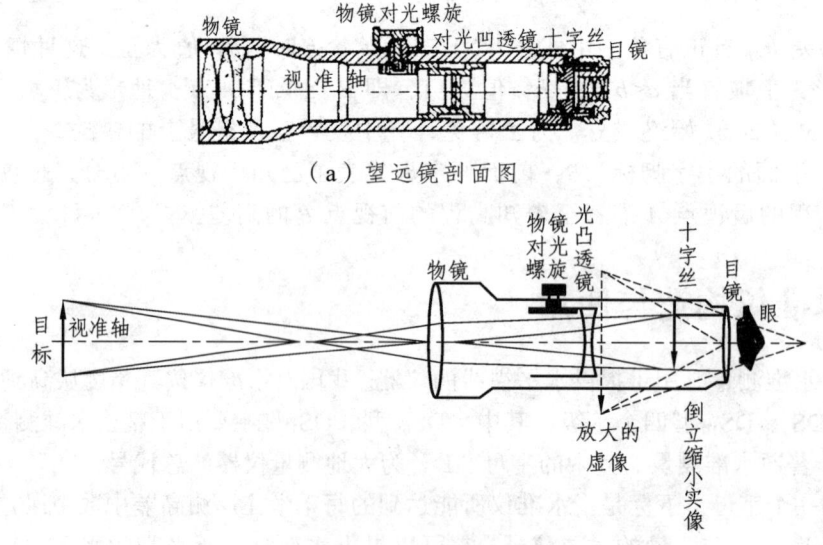

（a）望远镜剖面图

（b）望远镜成像原理图

图 2-3　望远镜剖面图及成像示意图

十字丝是在玻璃片上刻线后，装在十字丝环上，用三个或四个可转动的螺旋固定在望远镜筒上，如图2-4所示。十字丝的上下两条短线称为视距丝，上面的短线称上丝，下面的短线称下丝。由上丝和下丝在标尺上的读数可求得仪器到标尺间的距离。十字丝的交点与物镜光心的连线称为视准轴。

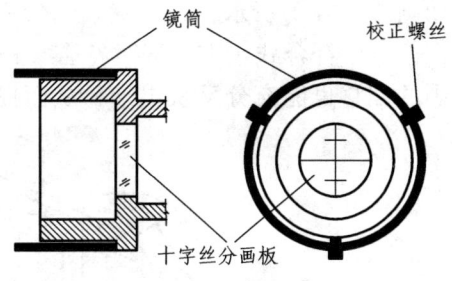

图 2-4　十字丝平面图

为了控制望远镜的水平转动幅度，在水准仪上装有一套制动和微动螺旋。当拧紧制动螺旋时，望远镜就被固定，此时可转动微动螺旋，使望远镜在水平方向做微小转动来精确照准目标；当松开制动螺旋时，微动就失去作用。有些仪器是靠摩擦制动，无制动螺旋而只有微动螺旋。

2．水准器

水准器的作用是把望远镜的视准轴安置到水平位置。水准器有管水准器和圆水准器两种形式。

圆水准器是一个玻璃圆盒，圆盒内装有化学液体，加热密封时留有气泡而成，如图 2-5 所示。

圆水准器内表面是圆球面，中央画一小圆，其圆心称为圆水准器的零点，过此零点的法线称为圆水准器轴。当气泡中心与零点重合时，即为气泡居中，此时，圆水准轴线位于铅垂位置，也就是说水准仪竖轴处于铅垂位置，仪器达到基本水平状态。

管水准器简称水准管，它是把玻璃管纵向内壁磨成曲率半径很大的圆弧面，管壁上有刻划线，管内装有酒精与乙醚的混合液，加热密封时留有气泡而成，如图 2-6 所示。

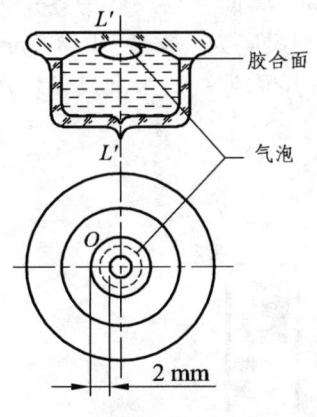

图 2-5　圆水准器示意图

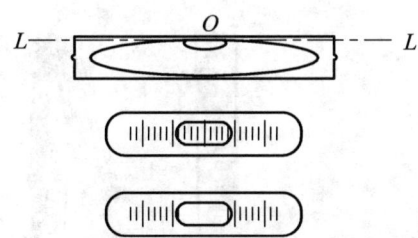

图 2-6　管水准器示意图

水准管内壁圆弧中心为水准管零点，过零点与内壁圆弧相切的直线称为水准管轴。当气泡两端与零点对称时称气泡居中，这时的水准管轴处于水平位置，也就是水准仪的视准轴处于水平位置。

符合式水准器是提高管水准器置平精度的一种装置。在这种水准器水准管上方装有一组符合棱镜组，如图 2-7（a）所示，气泡两端的半影像经过折反射之后，反映在望远镜旁的观测窗内，其视场如图 2-7（b）所示。如果两端半影像重合，就表示水准管气泡已居中，如图2-7（c）所示；否则就表示气泡没有居中。

由于符合式水准器通过符合棱镜组的折光反射把气泡偏移零点的距离放大一倍,因此较小的偏移也能充分反映出来,从而提高了置平精度。

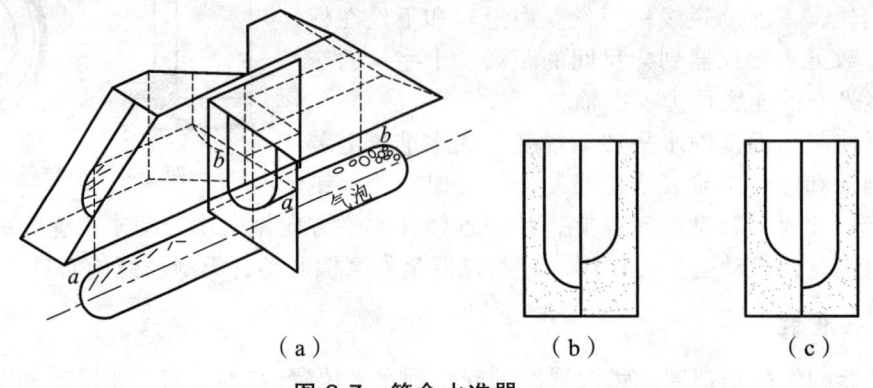

图 2-7　符合水准器

3．基　座

基座主要由轴座、脚螺旋和连接板组成。仪器上部通过竖轴插入座内,由基座承托整个仪器,仪器用连接螺旋与三脚架连接。

（二）水准尺

水准尺是与水准仪配合进行水准测量的工具。水准尺分为直尺、折尺和塔尺,如图2-8（a）所示。塔尺的最小分划有 5 mm 和 1 cm 两种,按材质分为木制、铝合金、玻璃钢塔尺。双面水准尺的分划,一面是黑白相间的称黑色面（主尺）,黑面分划尺底为零；另一面是红白相间的称红色面（辅助尺）,最小分划均为 1 cm,红面刻划尺底为一常数：4 487 mm/4 587 mm 或 4 687 mm/4 787 mm。尺常数相差 100 mm 的两把水准尺称为一对水准尺,使用水准尺前一定要认清刻划特点。

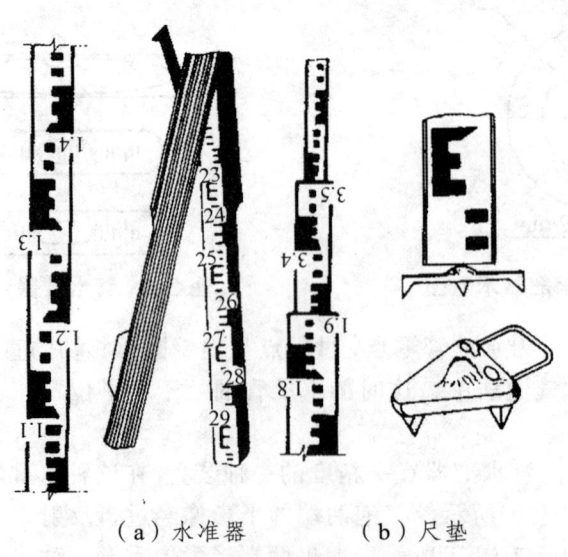

　　（a）水准器　　　　（b）尺垫

图 2-8　水准尺及尺垫

尺垫是供支承水准尺和传递高程所用的工具，如图 2-8（b）所示。

（三）微倾式水准仪的技术操作

在水准仪的使用过程中，应首先打开三脚架，使把架头大致水平、高度适中，踏实脚架尖后，将水准仪安放在架头上并拧紧中心螺旋。

水准仪的技术操作按以下四个步骤进行：粗平—照准—精平—读数。

1. 粗　平

粗平就是通过调整脚螺旋，将圆水准气泡居中，使仪器竖轴处于铅垂位置，视线大略水平。具体做法是：用两手同时以相对方向分别转动任意两个脚螺旋，此时气泡移动的方向和左手大拇指旋转方向相同，如图 2-9（a）所示；然后转动第三个脚螺旋使气泡居中，如图 2-9b）所示。如此反复进行，直至在任何位置水准气泡均位于分划圆圈内为止。

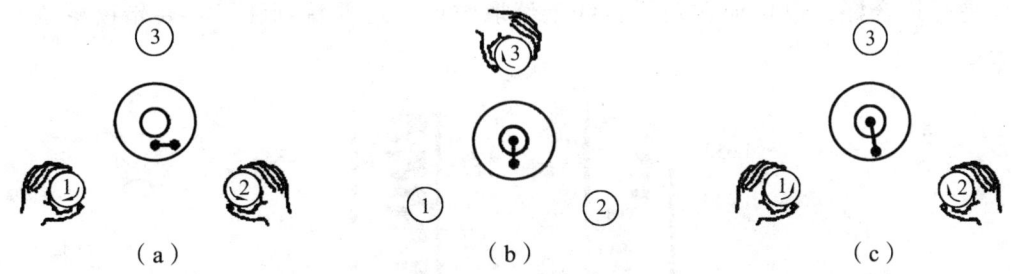

图 2-9　圆水准器气泡居中操作示意图

在操作熟练后，不必将气泡的移动分解为两步，视气泡的具体位置而转动任两个脚螺旋直接使气泡居中，如图 2-9（c）所示。

2. 照　准

照准就是用望远镜照准水准尺，清晰地看清目标和十字丝。其做法是：首先转动目镜对光螺旋使十字丝清晰；然后利用照门和准星瞄准水准尺，瞄准后要旋紧制动螺旋，转动物镜对光螺旋使尺像清晰；再转动微动螺旋，使十字丝的竖丝照准尺面中央。在上述操作过程中，由于目镜、物镜对光不精细，目标影像平面与十字丝平面未重合好，当眼睛靠近目镜上下微微晃动时，物像随着眼睛的晃动也上下移动，这就表明存在着视差。有视差就会影响照准和读数精度，如图 2-10（a）、（b）所示。消除视差的方法是仔细且反复交替地调节目镜和物镜对光螺旋，使十字丝和目标影像共平面，且同时都十分清晰，如图 2-10（c）所示。

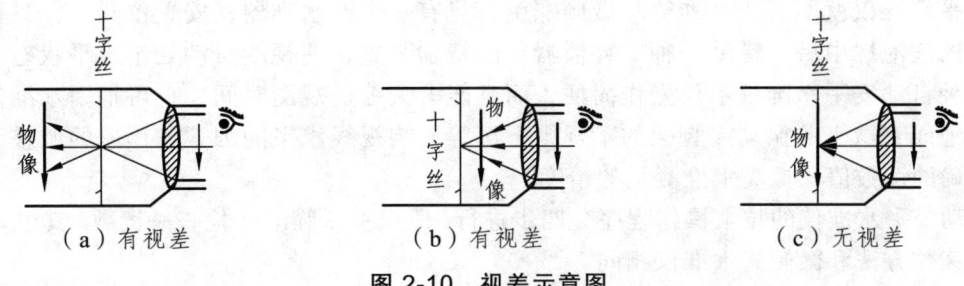

图 2-10　视差示意图

3. 精平

精平就是转动微倾螺旋将水准管气泡居中，使视线精确水平。其做法是：慢慢转动微倾螺旋，使观察窗中符合水准气泡的影像符合。左侧影像移动的方向与右手大拇指转动方向相同。由于气泡影像的移动具有惯性，在转动微倾螺旋时要慢、稳、轻，速度不宜太快。

必须指出的是：具有微倾螺旋的水准仪粗平后，竖轴不是严格铅垂的，当望远镜由一个目标（后视）转瞄另一目标（前视）时，气泡不一定完全符合，还必须注意重新精平，直到水准管气泡完全符合，才能读数。

4. 读 数

读数就是在视线水平时，用望远镜十字丝的横丝在尺上读数，如图 2-11 所示。读数前要认清水准尺的刻划特征，呈像要清晰、稳定。为了保证读数的准确性，读数时要按由小到大的方向，先估读 mm 数，再读出 m、dm、cm 数。读数前务必检查符合水准气泡影像是否符合好，以保证在水平视线上读取数值。还要特别注意不要错读单位和发生漏零现象。

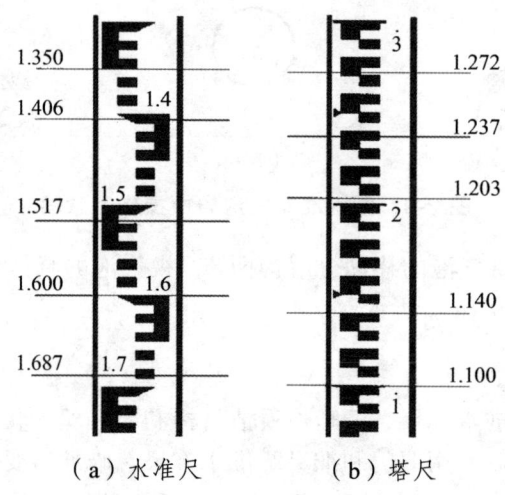

图 2-11　水准尺读数示意图

（四）自动安平水准仪的技术操作

用微倾式水准仪进行水准测量的关键操作是用水准管气泡居中来获得水平视线，因此，在读数前都要用微倾螺旋将水准管气泡居中，这对于提高水准测量的速度是很大的障碍。自动安平水准仪就不需要水准管和微倾螺旋，只有一个圆水准器，安置仪器时，只要使圆水准器的气泡居中后，借助一种"补偿器"的特别装置，使视线自动处于水平状态。因此使用这种自动安平水准仪不仅操作简便，而且能大大缩短观测时间，也可把因水准仪整置不当、地面有微小的振动或脚架的不规则下沉等影响视线水平的因素作迅速的调整，从而得到正确的读数值，提高水准测量的精度。

自动安平水准仪的技术操作程序分四步进行，即粗平—瞄准—检查—读数。其中，粗平、瞄准、读数方法和微倾式水准仪相同。

检查就是按动自动安平水准仪目镜下方的补偿控制按钮，查看"补偿器"工作是否正常，在自动安平水准仪粗平后,也就是概略置平的情况下,按动一次按钮,如果目标影像在视场中晃动,说明"补偿器"工作正常,视线便可自动调整到水平位置。

三、水准仪的检验与校正

在水准测量工作前必须对所使用的水准仪进行检验,否则极可能会影响测量成果。

水准仪在检校前,首先应进行视检,其内容包括:顺时针和逆时针旋转望远镜,看竖轴转动是否灵活、均匀;微动螺旋是否可靠。瞄准目标后,再分别转动微倾螺旋和对光螺旋,看望远镜是否灵敏、有无晃动等现象;望远镜视场中的十字丝及目标能否调节清晰;有无霉斑、灰尘、油迹;脚螺旋或微倾螺旋均匀升降时,圆水准器及管水准器的气泡移动不应有突变现象;仪器的三脚架安放好后,适当用力转动架头时,不应有松动现象。

如图 2-12 所示,水准仪的主要轴线有望远镜的视准轴 CC、管水准轴 LL、圆水准器轴 $L'L'$ 和竖轴 VV。

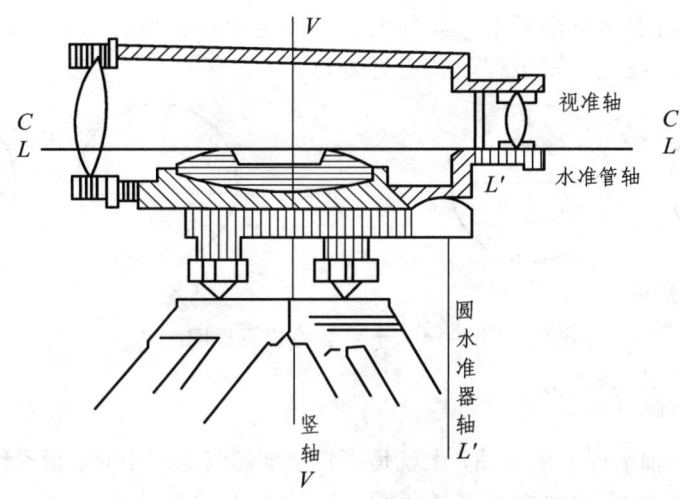

图 2-12 微倾式水准仪几何轴线示意图

根据水准测量原理,微倾式水准仪各轴线间应具备的几何关系是:圆水准器轴平行于仪器竖轴($L'L' /\!/ VV$),十字丝的横丝垂直于仪器竖轴;水准管轴平行于仪器视准轴($LL /\!/ CC$),如图 2-12 所示。其检验与校正的具体做法如下:

(一)圆水准器的检验与校正

目的:使圆水准器轴平行于仪器竖轴,也就是当圆水准器的气泡居中时,仪器的竖轴应处于铅垂状态。

检验方法:首先转动脚螺旋使圆水准气泡居中,然后将仪器旋转 180°。如果气泡仍居中,说明两轴平行;如果气泡偏移了零点,说明两轴不平行,需校正。

校正方法:拨动圆水准器的校正螺丝使气泡中点退回距零点偏离量的一半,如图 2-13 所示,然后转动脚螺旋使气泡居中。检验和校正应反复进行,直至仪器转到任何位置圆水准气泡始终居中,即位于刻划圈内为止。

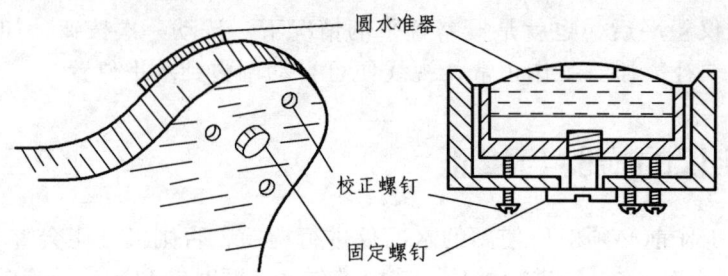

图 2-13　圆水准器校正螺丝示意图

（二）十字丝横丝的检验与校正

目的：使十字丝横丝垂直于仪器的竖轴。也就是竖轴铅垂时，横丝应水平。

检验方法：整平仪器后，将横丝的一端对准一明显固定点，旋紧制动螺旋后再转动微动螺旋，如果该点始终在横丝上移动，说明十字丝横丝垂直于竖轴，如图 2-14（a）所示；如果该点离开横丝，说明横丝不水平，需要校正，如图 2-14（b）所示。

校正方法：先用螺丝刀松开十字丝环的三个固定螺丝；再转动十字丝环，调整偏移量，直到满足条件为止；最后拧紧该螺丝，上好外罩。

（a）十字丝横丝垂直竖轴　　　　　　　（b）十字丝横丝不垂直竖轴

图 2-14　十字丝检校原理图

（三）管水准器的检验与校正

目的：使水准管轴平行于视准轴，也就是当管水准器气泡居中时，视准轴应处于水平状态。

检验方法：首先在平坦地面上选择相距 100 m 左右的 A 点和 B 点，在两点放上尺垫或打入木桩，并竖立水准尺，如图 2-15 所示。然后将水准仪器安置在 A、B 两点的中间位置 C 处进行观测，假如水准管轴不平行于视准轴，视线在尺上的读数分别为 a_1 和 b_1，由于视线的倾斜而产生的读数误差均为 Δ，则两点间的高差 h_{AB} 为

$$h_{AB} = a_1 - b_1 \tag{2-3}$$

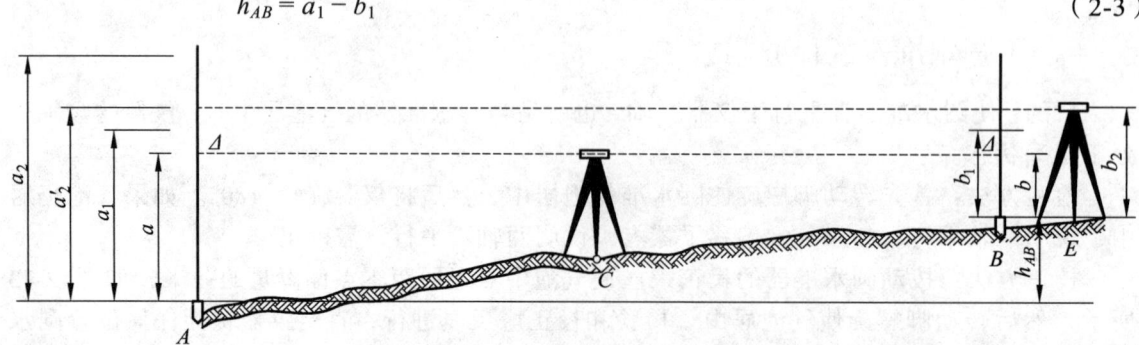

图 2-15　管水准器检校原理图

由图 2-15 可知：$a_1 = a + \Delta$，$b_1 = b + \Delta$，代入上式得

$$h_{AB} = (a + \Delta) - (b + \Delta) = a - b \tag{2-4}$$

此式表明，若将水准仪安置在两点中间进行观测，便可消除因视准轴不平行于水准管轴所产生的误差读数 Δ，得到两点间的正确高差 h_{AB}。

为了防上述错误和提高观测精度，一般应改变仪器高观测两次，若两次高差的误差小于 3 mm，取平均数作为正确高差 h_{AB}。

再将水准仪安置在距 B 尺 2 m 左右的 E 处，安置好仪器后，先读取近尺 B 的读数值 b_2，因仪器离 B 点很近，两轴不平行的误差可忽略不计。然后根据 b_2 正确高差 h_{AB} 计算视线水平时在远尺 A 的正确读数值 a'_2：

$$a'_2 = b_2 + h_{AB} \tag{2-5}$$

用望远镜照准 A 点的水准尺，若读数与 a'_2 相差小于 4 mm，则说明水准管轴平行于视准轴；否则应进行校正。

校正方法：转动微倾螺旋使横丝对准 A 尺正确读数 a'_2 时，视准轴已处于水平位置，由于两轴不平行，便使水准管气泡偏离零点，即气泡影像不符合，如图 2-16 所示。这时首先用拨针松开水准管左右校正螺丝（水准管校正螺丝在水准管的一端），用校正针拨动水准管上、下校正螺丝，拨动时应先松后紧，以免损坏螺丝，直到气泡影像符合为止。

为了避免和减少校正不完善的残留误差影响，在进行等级水准测量时，一般要求前、后视距离基本相等。

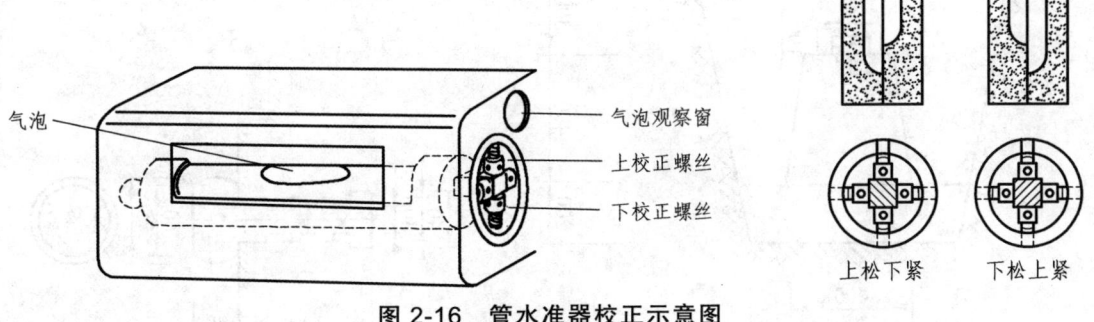

图 2-16 管水准器校正示意图

任务二　等外水准测量

【任务介绍】

本任务主要介绍等外水准测量实施的全过程，包括等外水准测量外业与内业计算的各个环节。通过本任务学习，促使学生能够独立实施等外水准测量。

【任务目标】

知识目标：⊙ 掌握水准路线的布设形式；
⊙ 掌握等外水准测量的外业具体施测步骤及施测方法；
⊙ 掌握水准测量的内业计算及校核过程。
技能目标：⊙ 要求学生掌握等外水准测量的观测、记录和高差计算方法；
⊙ 能够独立完成一条水准路线（等外水准测量）的施测及计算。

【任务实施】

一、水准点和水准路线

水准点是测区的高程控制点，一般缩写为"BM"，用"⊗"符号表示。

为了统一全国的高程系统和满足各种测量的需要，测绘部门在全国各地埋设并测定了很多高程点，这些点称为水准点（Bench Mark），简记为BM。水准测量通常是从水准点引测其他点的高程。水准点有永久性和临时性两种。

国家等级水准点一般用石料或钢筋混凝土制成，深埋到地面冻结线以下。在标石的顶面设有用不锈钢或其他不易锈蚀材料制成的半球状标志。有些水准点也可设置在稳定的墙脚上，称为墙上水准点，如图2-17所示。

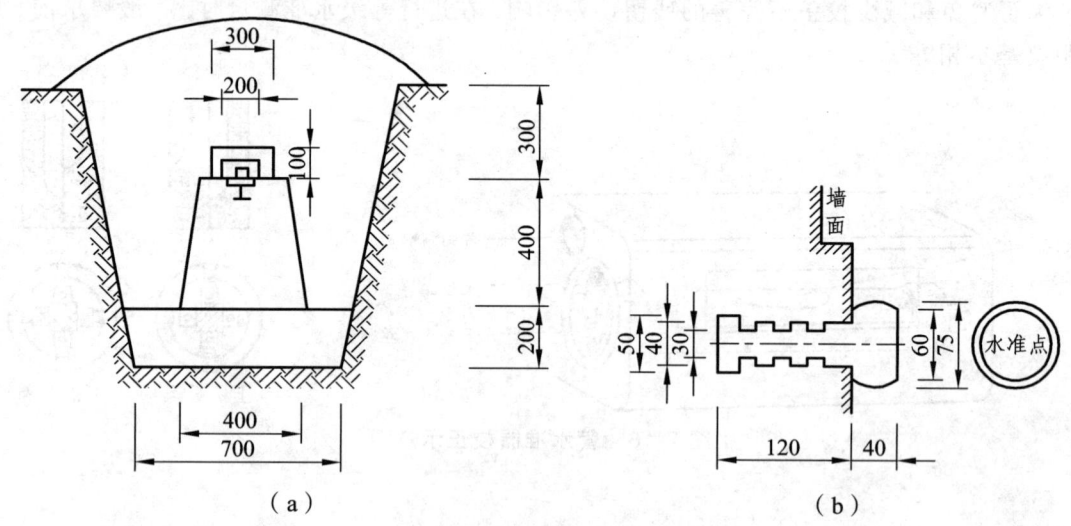

图 2-17 二、三等水准点埋石

建筑工地上的永久性水准点一般用混凝土或钢筋混凝土制成；临时性的水准点可用地面上突出的坚硬岩石或用大木桩打入地下，桩顶钉为半球形铁钉。

埋设水准点后，应绘出水准点与附近固定建筑物或其他地物的关系图，在图上还要写明水准点的编号和高程，称为"点之记"，以便于日后寻找水准点位置之用。水准点编号前通常加BM字样，作为水准点的代号。

水准路线依据工程的性质和测区的情况，可布设成以下几种形式：

1. 闭合水准路线

如图 2-18（a）所示，从一已知水准点 BM_A 出发，经过测量各测段的高差，求得沿线其他各点高程，最后又闭合到 BM_A 的环形路线。

2. 附合水准路线

如图 2-18（b）所示，从一已知水准点 BM_A 出发，经过测量各测段的高差，求得沿线其他各点高程，最后附合到另一已知水准点 BM_B 的路线。

3. 支水准路线

如图 2-18（c）所示，从一已知水准点 BM_1 出发，沿线往测其他各点高程到终点 2，又从 2 点返测到 BM_1，其路线既不闭合又不附合，但必须是往返施测的路线。

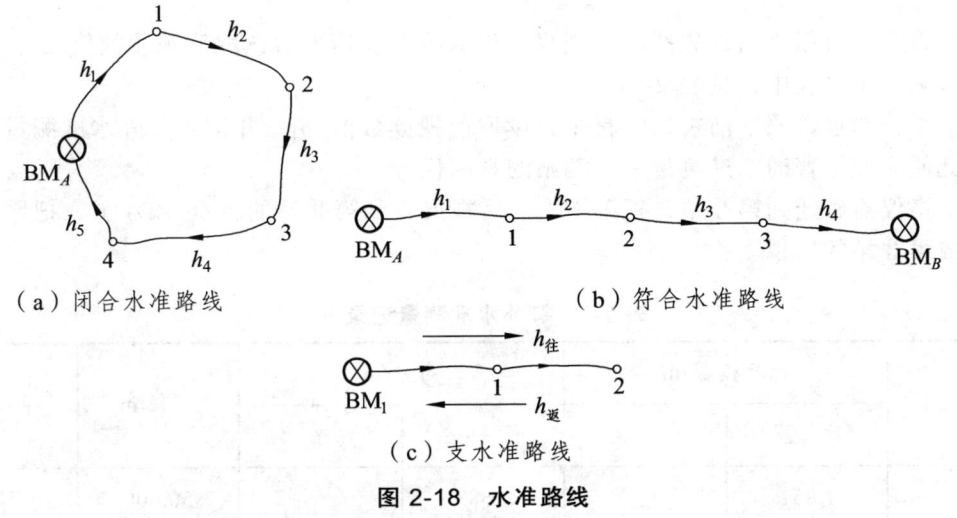

（a）闭合水准路线　　　　（b）符合水准路线

（c）支水准路线

图 2-18　水准路线

二、等外水准测量的实施

等外水准测量（普通水准测量）通常用经检校后的 DS_3 型水准仪施测。水准尺采用塔尺或单面尺，受水准仪放大倍率和水准尺长度所限，当地面上两点之间距离较长或地面坡度较陡时，在水准测量实施时不可能只架一次仪器就可测出两点之间高差，而要采取分段施测，中间加转点，高程是依次由 ZD_1，ZD_2，…等点传递过来的，这些传递高程的点称为转点。转点起到了传递高程的作用，它既有前视读数又有后视读数，其选择将影响到水准测量的观测精度，因此转点要选在坚实、凸起、明显的位置，在一般土地上应放置尺垫。每站测量时水准仪应置于两水准尺中间，使前、后视的距离尽可能相等。

（一）具体施测方法

（1）如图 2-19 所示，置水准仪于距已知后视高程点 A 一定距离的 Ⅰ 处，并选择好前视转点 ZD_1，将水准尺置于 A 点和 ZD_1 点上。

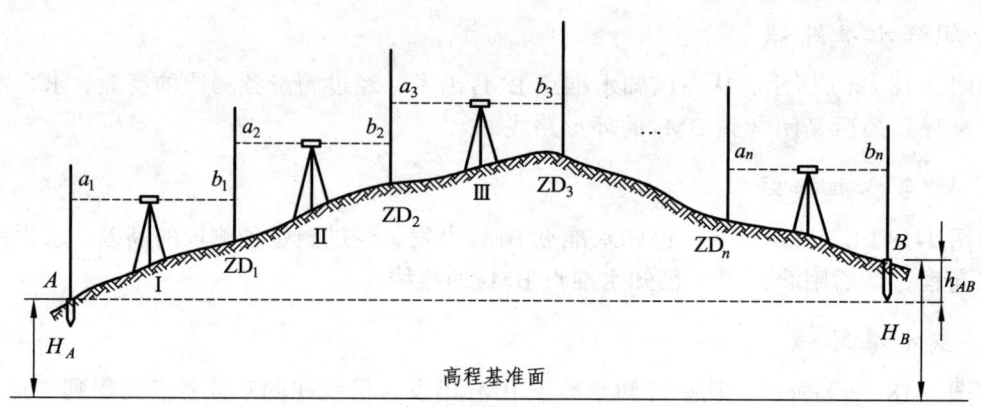

图 2-19 等外水准测量示意图

（2）将水准仪粗平后，先瞄准后视尺，消除视差。精平后读取后视读数值 a_1，并记入等外水准测量记录表中，见表 2-1。

（3）平转望远镜照准前视尺，精平，读取前视读数值 b_1，并记入等外水准测量记录表中。至此便完成了普通水准测量一个测站的观测任务。

（4）将仪器搬迁到第Ⅱ站，把第Ⅰ站的后视尺移到第Ⅱ站的转点 ZD_2 上，把原第Ⅰ站前视变成第Ⅱ站的后视。

表 2-1 等外水准测量记录表

测 点	标尺读数/m		高差/m		高程/m	备 注
	后视	前视	+	−		
A	1.851		0.583		50.000	H_A = 50.000 m
ZD_1	1.425	1.268	0.753		50.583	
ZD_2	0.863	0.672		0.718	51.336	
ZD_3	1.219	1.581	0.873		50.618	
B		0.346			51.491	
Σ	5.359	3.867	2.209	0.718		
计算检核	$\Sigma a - \Sigma b = 5.358 - 3.867 = 1.491$ $\Sigma h = 2.209 - 0.718 = 1.491$（m） $H_B - H_A = 51.491 - 50.000 = 1.491$（m） $H_B - H_A = \Sigma h = \Sigma a - \Sigma b$（计算无误）					

注：此表为假设从 $A \sim B$ 只设 4 站的记录，水准路线为支水准路线。

（5）按（2）、（3）步骤测出第Ⅱ站的后、前视读数值 a_2、b_2，并记入等外水准测量记录表中。

（6）重复上述步骤测至终点 B 为止。

B 点高程的计算是先计算出各站高差：

$$h_i = a_i - b_i \ (i = 1, 2, 3, \cdots, n) \tag{2-6}$$

再用 A 点的已知高程推算各转点的高程，最后求得 B 点的高程，即

$$\begin{aligned} h_1 &= a_1 - b_1 & H_ZD_1 &= H_A + h_1 \\ h_2 &= a_1 - b_2 & H_ZD_2 &= H_ZD_1 + h_2 \\ &\vdots & &\vdots \\ h_n &= a_n - b_n & H_B &= H_ZD_n + h_n \end{aligned}$$

将上列左边求和得

$$\sum h = \sum a - \sum b = h_{AB} \tag{2-7}$$

从上列右边可知：

$$H_B = H_A + \sum h \tag{2-8}$$

（二）数据校核

1. 测站校核

水准测量连续性很强，一个测站的误差或错误对整个水准测量成果都有影响。为了保证各个测站观测成果的正确性，可采用以下方法进行校核：

变更仪器高法：在一个测站上以不同的仪器高度测出两次高差。测得第一次高差后，改变仪器高度（至少 10 cm），然后再测一次高差。当两次所测高差之差不大于 5 mm 则认为观测值符合要求，取其平均值作为最后结果；若大于 5 mm，则需要重测。

双面尺法：本法是仪器高度不变，而用水准尺的红面和黑面高差进行校核。红、黑面高差之差也不能大于 5 mm。

2. 计算校核

由公式（1-8）看出，B 点对 A 点的高差等于各转点之间高差的代数和，也等于后视读数之和减去前视读数之和的差值，即

$$h_{AB} = \sum h = \sum a - \sum b \tag{2-9}$$

经上式校核无误后，说明高差计算是正确的。

按照各站观测高差和 A 点已知高程，推算出各转点的高程，最后求得终点 B 的高程。终点 B 的高程 H_B 减去起点 A 的高程 H_A 应等于各站高差的代数和，即

$$H_B - A = \sum h \tag{2-10}$$

经上式校核无误后，说明各转点高程的计算是正确的。

3. 成果校核

测量成果因受测量误差的影响，使得水准路线的实测高差值与应有值不相符，其差值称为高差闭合差。若高差闭合差在允许误差范围之内时，认为外业观测成果合格；若超过允许误差范围时，应查明原因进行重测，直到符合要求为止。一般等外水准测量的高差容许闭合差如下：

平原微丘区

$$f_{h容} = \pm 40\sqrt{L} \text{ mm}$$

山岭重丘区

$$f_{h容} = \pm 12\sqrt{n} \text{ mm} \tag{2-11}$$

式中　L——水准路线长度，km；
　　　n——总测站数。

等外水准测量的成果校核，主要考虑其高差闭合差是否超限。根据不同的水准路线，其校核的方法也不同，各水准路线的高差闭合差计算公式如下：

（1）附合水准路线：实测高差的总和与始、终已知水准点高差之差值称为附合水准路线的高差闭合差，即

$$f_h = \sum h - (H_终 - H_始) \tag{2-12}$$

（2）闭合水准路线：实测高差的代数和不等于零，其差值为闭合水准路线的高差闭合差，即

$$f_h = \sum h \tag{2-13}$$

（3）支水准路线：实测往、返高差的绝对值之差称为支水准路线的高差闭合差。即

$$f_h = |h_往| - |h_返| \tag{2-14}$$

如果水准路线的高差闭合差 f_h 小于或等于其容许的高差闭合差 $f_{h容}$，即 $f_h \leq f_{h容}$，就认为外业观测成果合格；否则，须进行重测。

三、水准路线的高程计算

（一）检查外业观测手簿、绘制线路略图

在进行高程计算之前，应先进行外业手簿的检查。检查内容包括记录是否有违规现象、注记是否齐全、计算是否有错误等。经检查无误后，便可着手计算水准点的高程。

计算前应做如下准备工作：先确定水准路线的推算方向，再从观测手簿中逐一摘录各测段的观测高差 h_i。其中，凡观测方向与推算方向相同的，其观测高差的符号不变；凡方向不同的，观测高差的符号则应变号。同时，还要摘录各测段距离 L_i 或测站数 n_i，并抄录起终水准点的已知高程，绘制水准路线略图（见图2-20）。

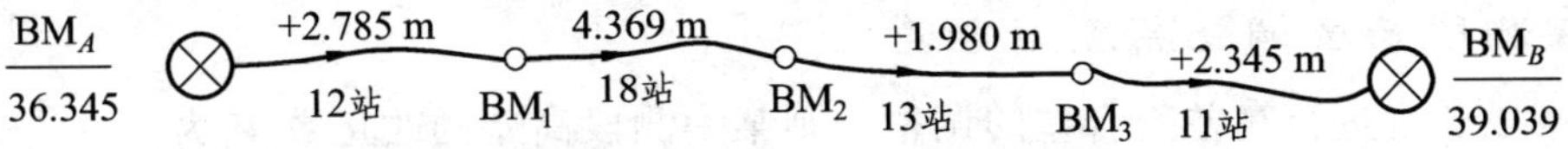

$$\begin{array}{c}\text{BM}_A \\ \overline{36.345}\end{array} \otimes \xrightarrow{+2.785\ \text{m}}_{12\text{站}} \circ \xrightarrow{4.369\ \text{m}}_{18\text{站}} \text{BM}_1 \xrightarrow{} \text{BM}_2 \xrightarrow{+1.980\ \text{m}}_{13\text{站}} \text{BM}_3 \xrightarrow{+2.345\ \text{m}}_{11\text{站}} \otimes \begin{array}{c}\text{BM}_B \\ \overline{39.039}\end{array}$$

图 2-20　附合水准路线

（二）高差闭合差的计算与调整

等外水准测量的成果处理就是当外业观测成果的高差闭合差在容许范围内时，所进行高差闭合差的调整，使调整后的各测段高差值等于应有值，也就是使 $f_h = 0$。最后用调整后的高差计算各测段水准点的高程。

高差闭合差的调整原则是以水准路线的测段站数或测段长度成正比，将闭合差反号分配到各测段上，并进行实测高差的改正计算。

1. 按测站数调整高差闭合差

若按测站数进行高差闭合差的调整，则某一测段高差的改正数 V_i 为

$$V_i = -\frac{f_h}{\sum n} n_i \tag{2-15}$$

式中　$\sum n$ ——水准路线各测段的测站数总和；

　　　n_i ——某一测段的测站数。

改正后高差　　　　$h_i' = h_i + V_i$

待定点的高程　　　$H_i = H_{i-1} + h_i'$

下图为某一附合水准测量实例。

按测站数调整高差闭合差和高程计算示例，如图 2-20 所示，计算过程及结果参见表 2-2。

表 2-2　按测站数调整高差闭合差及高程计算表

测段编号	测点	测站数/个	实测高差/m	改正数/m	改正后的高差/m	高程/m	备注
1	BM$_A$	12	+2.785	-0.010	+2.775	36.345	$H_B - H_A = 2.694$（m）
	BM$_1$					39.120	$f_h = \sum h - (H_B - H_A) = 2.741 - 2.694$
2		18	-4.369	-0.016	-4.385		$= 0.047$（m）
	BM$_2$					34.745	$\sum n = 54$
3		13	+1.980	-0.011	+1.969		$f_{h容} = \pm 12\sqrt{n} = \pm 12\sqrt{54}$
	BM$_3$					36.704	$= \pm 88.2$（mm）
4		11	+2.345	-0.010	+2.335		$V_i = -\dfrac{f_h}{\sum n} \cdot n_i$
	BM$_B$					39.039	
$\sum$		54	+2.741	-0.047	+2.694		

2. 按测段长度调整高差闭合差

若按测段长度进行高差闭合差的调整，则某一测段高差的改正数 V_i 为

$$V_i = -\frac{f_h}{\sum L} L_i \tag{2-16}$$

式中 $\sum L$——水准路线各测段的总长度；

L_i——某一测段的长度。

按测段长度调整高差闭合差和高程计算示例，如图 2-20 所示，并参见表 2-3。

表 2-3 按路线长度调整高差闭合差及高程计算表

测段编号	测点	测段距离/km	实测高差/m	改正数/m	改正后的高差/m	高程/m	备注
1	BM_A	2.1	+2.785	-0.011	+2.774	36.345	
2	BM_1	2.8	-4.369	-0.014	-4.383	39.119	$f_h = \sum h - (H_B - H_A) = 2.741 - 2.694$ $= +0.047 \,(\text{m})$
3	BM_2	2.3	+1.980	-0.012	+1.968	34.736	$\sum L = 9.1 \text{ km}$ $f_{h容} = \pm 40\sqrt{L} = \pm 40\sqrt{9.1} = \pm 120.7 \,(\text{mm})$
4	BM_3	1.9	+2.345	-0.010	+2.335	36.704	$V_i = -\dfrac{f_h}{\sum L} \cdot L_i$
$\sum$	BM_B	9.1	+2.741	-0.047	+2.694	39.039	

需要指出的是：在水准测量成果处理时，无论是按测站数调整高差闭合差（见表 2-2），还是按测段长度调整高差闭合差（见表 2-3），都应满足下列关系：

$$\sum V = -f_h \tag{2-17}$$

也就是水准路线各测段的改正数之和与高差闭合差大小相等，符号相反。

任务三　用水准仪完成三、四等水准测量

【任务介绍】

三、四等水准测量是建立小区域测量高程控制网的基本方法。本任务主要介绍三、四等水准测量的具体施测方法。

【任务目标】

知识目标：⊙ 掌握三、四等水准测量的基本技术要求；
⊙ 掌握三、四等水准测量外业观测、记录、计算及校核方法。
技能目标：⊙ 培养学生应用三、四等水准测量方法建立高程控制网的施测能力；
⊙ 能够布设一条水准路线，按四等水准测量标准实测高差，并求出各水准点高程。

【任务实施】

在地形测量工作中，三、四等水准测量经常作为首级高程控制。在进行水准测量之前，需要在测区内埋设水准点，水准点的埋设应符合技术规范的要求。

一、三、四等水准测量的主要技术要求

三、四等水准路线的布设形式，当进行高程控制点加密时，多采用附合水准路线、结点水准网；当进行独立测区的首级高程控制时，可采用闭合水准的形式；而在山区、带状工程测区，可采用支水准路线。三、四等水准测量的技术要求见表2-4和表2-5。

表2-4 三、四等水准测量技术要求

等级	仪器类型	水准尺类型	视线长/m	前后视距差/m	前后视距累计差/m	视线离地面最低高度/m	基本分划、辅助分划（黑红面）读数差/mm	基本分划、辅助分划（黑红面）所测高差之差/mm
三	DS$_1$	因瓦	≤100	≤3	≤6	≥0.3	≤1.0	≤1.5
三	DS$_3$	双面	≤75	≤3	≤6	≥0.3	≤2.0	≤3.0
四	DS$_3$	双面	≤100	≤5	≤10	≥0.2	≤3.0	≤5.0

注：当进行四等水准测量，采用单面水准尺，变换仪器高观测时，所测高差之差应与黑红面高差之差的要求相同。

表2-5 三、四等水准测量技术要求

等级	每千米高差中数中误差/mm		附合或环线水准路线长度/km		往返较差、附合或环线闭合差/mm		检测已测测段高差之差/mm
	偶然中误差 M_Δ	全中误差 M_W	路线隧道	桥长	平原、微丘	山岭、重丘	
三	±3	±6	60	10	≤12$\sqrt{L}$	≤3.5$\sqrt{n}$ 或 ≤15$\sqrt{L}$	≤20$\sqrt{L_i}$
四	±5	±10	25	4	≤20$\sqrt{L}$	≤6.0$\sqrt{n}$ 或 ≤2.5$\sqrt{L}$	≤30$\sqrt{L_i}$

注：① L为往返测段、附合或环线水准路线长度，km；n为测站数。
② 结点之间或结点与高级点间，其路线长度不应大于表中规定长度的0.7倍。

图2-21所示为三等高程控制测量桩尺寸；图2-22所示为四等高程控制测量桩尺寸。

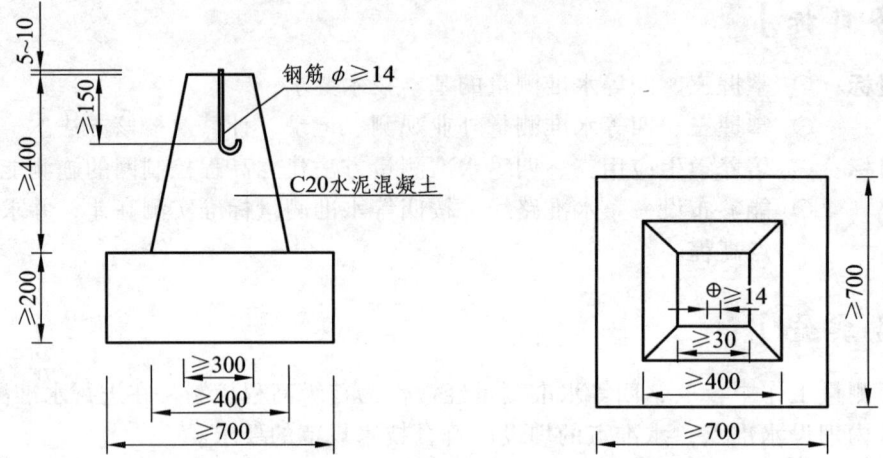

图 2-21 三等高程控制测量桩尺寸（单位：mm）

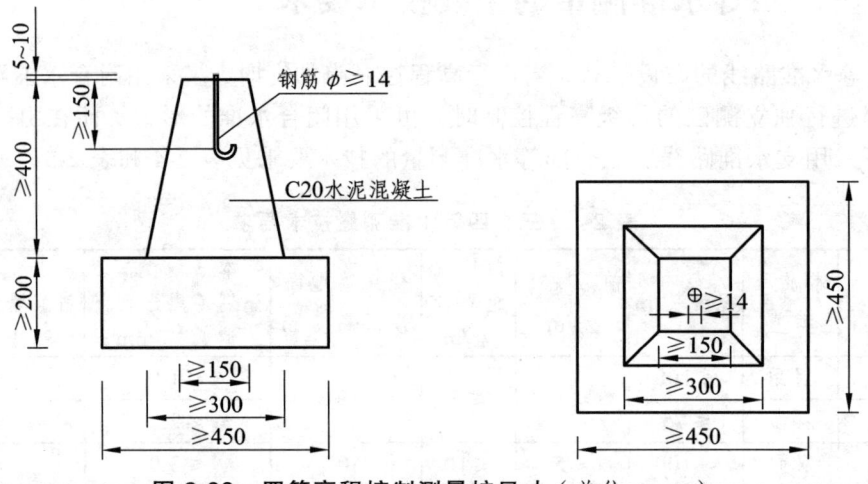

图 2-22 四等高程控制测量桩尺寸（单位：mm）

二、三、四等水准测量的实施

三、四等水准测量主要使用 DS_3 型水准仪进行观测，水准尺采用整体式双面水准尺，观测前必须对水准仪和水准尺进行检验。测量时水准尺应安置在尺垫上，并保证水准尺应扶直。根据双面水准尺的尺常数即 $K_1=4687$ 和 $K_2=4787$，或 $K_1=4487$ 与 $K_2=4587$，成对使用水准尺。

（一）每一测站的观测程序

后视黑面尺，读取下、上、中丝读数，即（1）、（2）、（3）；

前视黑面尺，读取下、上、中丝读数，即（4）、（5）、（6）；

前视红面尺，读取中丝读数，即（7）；

后视红面尺，读取中丝读数，即（8）。

以上（ ）内的号码，表示观测与记录的顺序，见表 2-6。四等水准也可采用后—后—前—前的观测程序。

表 2-6 三、四等水准测量观测记录

自测至	天气： 成像：		测量者： 记录者：				
20 年 月 日			始： 时 分		终： 时 分		

测站编号	点号	后尺 下丝 上丝 后视距 视距差 d	前尺 下丝 上丝 前视距 $\sum d$	方向及尺号	水准尺读数 黑面 / 红面		$K+$黑 $-$红	平均高差 /m	备注
		（1）（2）（15）（17）	（4）（5）（16）（18）	后 前 后－前	（3）（6）（11）	（8）（7）（12）	（10）（9）（13）	（14）	
1	BM$_1$— ZD$_1$	1.426 0.995 43.1 +0.1	0.801 0.371 43.0 +0.1	后 106 前 107 后－前	1.211 0.586 +0.625	5.998 5.273 +0.725	0 0 0	+0.6250	
2	ZD$_1$— ZD$_2$	1.812 1.296 51.6 −0.2	0.570 0.052 51.8 −0.1	后 107 前 106 后－前	1.554 0.311 +1.243	6.241 5.097 +1.144	0 +1 −1	+1.2435	K为尺长数，如： $K_{106}=4.787$ $K_{107}=4.687$ 已知 BM$_1$高程为 $H=56.345$m
3	ZD$_1$— ZD$_3$	0.889 0.507 38.2 +0.2	1.712 1.333 38.0 +0.1	后 106 前 107 后－前	0.698 1.523 −0.825	5.486 6.210 +0.724	−1 0 −1	−0.8245	
4	ZD$_3$—A	1.891 1.525 36.6 −0.2	0.758 0.390 36.8 −0.1	后 107 前 106 后－前	1.708 0.534 +1.134	6.395 5.361 +1.034	0 0 0	+1.1340	
每页检核		$\sum(15)=169.5$ $-)\sum(16)=169.6$ $=-0.1$ $=$末站（18）	$\sum[(3)+(8)]=29.291$ $-)\sum[(6)+(7)]=24.935$ $=+4.356$ 总视距$\sum(15)+\sum(16)=339.1$（mm）		$\sum[(11)+(12)]$ $=4.356$			$\sum(14)=+2.1780$ $2\sum(14)=+4.356$	

（二）测站上的计算方法

1. 视距部分

后视距离 (15) = [(1) − (2)] × 100

前视距离 (16) = [(4) − (5)] × 100

前、后视距差 (17) = (15) − (16)

注：对于三等水准(17) ≤ ± 3 m；对于四等水准(17) ≤ ± 5 m。

前、后视距累积差 (18) = 上站(18) + 本站(17)

注：对于三等水准(18) ≤ ±6 m；对于四等水准(18) ≤ ±10 m。

2．高差部分

同一水准尺红黑面中丝读数之差，应等于该尺红、黑面的零点常数差 K（设 K_{106} = 4.787 m， K_{107} = 4.687 m）。

(9) = (6) + K_{106} − (7)[对于三等水准(9) ≤ ±2 mm；对于四等水准(9) ≤ ±3 mm]

(10) = (3) + K_{106} − (8)[对于三等水准(10) ≤ ±2 mm；对于四等水准(10) ≤ ±3 mm]

黑面高差 (11) = (3) − (6)

红面高差 (12) = (8) − (7)

校核 (13) = (11) − [(12) ± 0.100] = (10) − (9)

注：对于三等水准(13) ≤ ±3 mm；对于四等水准(13) ≤ ±5 mm。

式中，0.100 为两根水准尺红面起点注记之差，即 4.786 − 4.687 = 0.100。

平均高差 (14) = $\frac{1}{2}$(11) + [(12) ± 0.100]

（三）每页的计算校核

（1）高差部分。

测站数为偶数，即

$$\Sigma[(3) + (8)] − [(6) + (7)] = \Sigma[(11) + (12)] = 2\Sigma(14)$$

测站数为奇数，即

$$\Sigma[(3) + (8)] − [(6) + (7)] = \Sigma[(11) + (12)] = 2\Sigma(14) ± 0.100$$

（2）视距部分。

末站视距累积差 = 末站(18) = Σ(15) − Σ(16)

在完成一测段单程测量后，须立即计算其高差总和；完成水准路线往返观测或附合、闭合路线观测后，应尽快计算高差闭合差，并进行成果检验。若高差闭合差未超限，便可进行闭合差调整，最后按调整后的高差计算各水准点的高程。

任务四　水准测量误差分析

【任务介绍】

本任务主要阐述了水准测量施测过程中存在的误差及可采取的相应措施。通过本任务的讲解，促使学生理解并且在施测过程中可以采取合适的测量方法提高观测精度。

【任务目标】

知识目标： ⊙ 明确水准测量过程中的误差来源；
⊙ 掌握水准测量过程中减弱或消除误差的措施。
技能目标： ⊙ 培养学生理解水准测量精度的能力；
⊙ 能够选用合适的测量方法，减小误差的影响。

【任务实施】

一、水准测量误差分析

水准测量误差包括仪器误差、观测误差和外界条件的影响三个方面。

（一）仪器误差

1. 仪器校正后的残余误差

i 角校正残余误差，这种影响与距离成正比，只要观测时注意前、后视距离相等，可消除或减弱此项的影响。

2. 水准尺误差

由于水准尺刻划不准确、尺长变化、弯曲等影响，水准尺必须经过检验才能使用。标尺的零点差可在一水准段中使测站为偶数的方法予以消除。

（二）观测误差

1. 水准管气泡居中误差

设水准管分划值为 τ''，居中误差一般为 $\pm 0.15\tau''$，采用符合式水准器时，气泡居中精度可提高一倍，故居中误差为

$$m_\tau = \pm \frac{0.15\tau''}{2 \cdot \rho''}$$

2. 读数误差

指在水准尺上估读毫米数的误差，与人眼的分辨能力、望远镜的放大倍率以及视线长度有关，通常按下式计算：

$$m_V = \frac{60''}{V} \cdot \frac{D}{\rho''}$$

3. 视差影响

当视差存在时，十字丝平面与水准尺影像不重合，若眼睛观察的位置不同，便读出不同的读数，因而也会产生读数误差。

4. 水准尺倾斜影响

水准尺倾斜将使尺上读数增大。

（三）外界条件的影响

1. 仪器下沉

由于仪器下沉，使视线降低，从而引起高差误差。采用"后、前、前、后"的观测程序，可减弱其影响。

2. 尺垫下沉

如果在转点发生尺垫下沉，将使下一站后视读数增大。采用往返观测，取平均值的方法可以减弱其影响。

3. 地球曲率及大气折光的影响（见图 2.23）

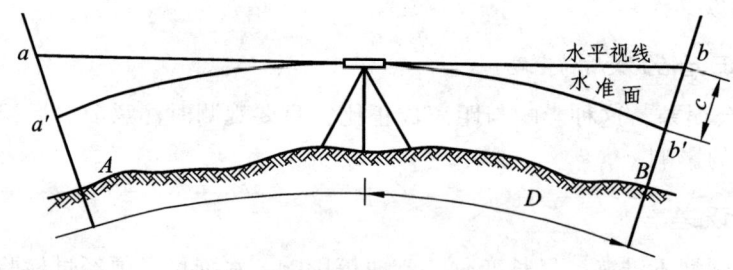

图 2-23 地球曲率的影响

用水平视线代替大地水准面在尺上读数产生的误差为 c，则

$$c = \frac{D^2}{2R}$$

由于大气折光，视线并非是水平，而是一条曲线，曲线的曲率半径为地球半径的 7 倍，其折光量的大小对水准读数产生的影响为

$$r = \frac{D^2}{2 \times 7R}$$

折光影响与地球曲率影响之和为

$$f = c - r = \frac{D^2}{2R} - \frac{D^2}{14R} = 0.43 \frac{D^2}{R}$$

如果前视水准尺和后视水准尺到测站的距离相等，则在前视读数和后视读数中含有相同的 f 值。这样，在高差中就没有此误差的影响了。因此，安置测站时要争取"前后视相等"。

接近地面的空气温度不均匀，所以空气的密度也不均匀。光线在密度不匀的介质中沿曲线传布。这称为"大气折光"。总体上说，白天近地面的空气温度高，密度低，弯曲的光线凹面向上；晚上近地面的空气温度低，密度高，弯曲的光线凹面向下。接近地面的温度梯度大，大气折光的曲率大，由于空气的温度不同时刻、不同的地方一直处于变动之中，所以很难描述折光的规律。对策是避免用接近地面的视线工作，尽量抬高视线，用前后视等距的方法进行水准测量。

除了规律性的大气折光以外，还有不规律的部分：白天，近地面的空气受热膨胀而上升，较冷的空气下降补充。因此，这里的空气处于频繁的运动之中，形成不规则的湍流。湍流会使视线抖动，从而加大读数误差。对策是夏天中午一般不进行水准测量。在沙地、水泥地、湍流强的地区，一般只在上午10点之前进行水准测量。高精度的水准测量也只在上午10点之前进行。

4. 温度对仪器的影响

温度会引起仪器的部件胀缩，从而可能引起视准轴的构件（物镜、十字丝和调焦镜）相对位置的变化，或者引起视准轴相对于水准管轴位置的变化。由于光学测量仪器是精密仪器，很小的位移量可能使轴线产生几秒偏差，从而使测量结果的误差增大。

不均匀的温度对仪器的性能影响尤其大。例如，从前方或后方日光照射水准管，就能使气泡"趋向太阳"水准管轴的零位置改变。

温度的变化不仅引起大气折光的变化，而且当烈日照射水准管时，由于水准管本身和管内液体温度升高，气泡向着温度高的方向移动，影响仪器水平，产生气泡居中误差。故观测时应注意撑伞遮阳。

二、水准测量注意事项

（1）水准测量过程中应尽量用目估或步测保持前、后视距基本相等来消除或减弱水准管轴不平行于视准轴所产生的误差；同时选择适当观测时间，限制视线长度和高度来减少折光的影响。

（2）仪器脚架要踩牢，观测速度要快，以减小仪器下沉。

（3）估数要准确，读数时要仔细对光，消除视差，必须使水准管气泡居中；读完以后，再检查气泡是否居中。

（4）检查塔尺相接处是否严密，消除尺底泥土。扶尺者要身体站正，双手扶尺，保证扶尺竖直。

（5）记录要原始，当场填写清楚，在记错或算错时，应在错字上画一斜线，将正确数字写在错误数字上方。

（6）读数时，记录员要复诵，以便核对，并应按记录格式填写，字迹要整齐、清楚、端正。所有计算成果必须经校核后才能使用。

（7）测量者要严格执行操作规程，工作要细心，加强校核，防止错误。观测时如果阳光较强要撑伞，给仪器遮阳。

任务五 精密水准仪和电子水准仪

【任务介绍】

本任务主要介绍精密水准仪及电子水准仪原理及使用方法。通过本任务学习，使学生对光学水准仪以外的其他现有水准仪有一定的了解。

一、精密水准仪

DS$_{05}$、DS$_1$型水准仪属于精密水准仪,它们主要用于国家一、二等水准测量,以及地震测量、大型建筑工程高程控制与沉降观测、精密机械设备安装等精密工程测量。图 2-24 为我国生产的 DS$_1$ 型精密水准仪。

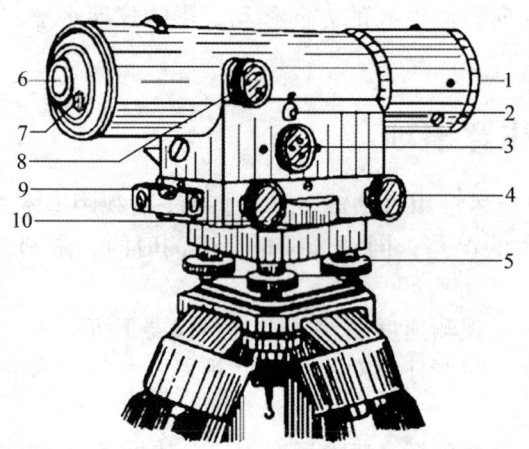

图 2-24 DS$_1$型精密水准仪

1—物镜;2—测微器进光窗;3—测微螺旋;4—微动螺旋;5—脚螺旋;
6—目镜 7—读数显微镜;8—物镜调焦螺旋;9—粗平水准管;10—微倾螺旋

(一)精密水准仪的构造特点与测微原理

精密水准仪的构造与 DS$_3$ 型水准仪基本相同。主要区别在于:一是为了提高安平精度,水准管采用符合水准器,且 $\tau = (8'' \sim 10'')/2\text{mm}$,安平精度不大于 $\pm 0.2''$;望远镜和水准器均套装在隔热壳罩内,结构坚固,$LL//CC$ 稳定,受外界影响因素小。二是为了提高读数精度,望远镜放大倍率一般不小于 $40\times$,并配有测量微小读数 $0.05 \sim 0.1\text{mm}$ 的光学测微器和楔形丝,以及配套的精密水准尺。

图 2-25 为 DS$_1$ 型水准仪光学测微装置示意图:望远镜前装有一块平行玻璃板,转动测微螺旋,齿轮带动齿条推动传导杆使平行玻璃板以视准轴水平垂直线为旋转轴前后倾斜,固定在齿条上方的测微尺也随之移动。标尺影像的光线通过倾斜平行玻璃板后,在垂直面上移动一个量,该移动量的大小可由测微尺量测,并显示在测微目镜视场中。测微尺全长有 100 个分划,标尺影像移动 5 mm 或 10 mm,测微尺移动全长 100 个分划,恰好测微螺旋转动一周。因此,测微尺的分划值为 0.05 mm 或 0.1 mm,测微周值为 5 mm 或 10 mm。

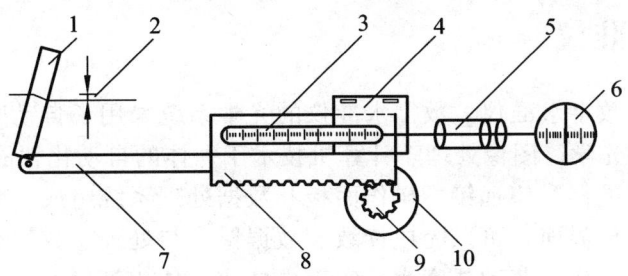

图 2-25　DS_1 型光学测微器的构造

1—平行玻璃板；2—平行移动量；3—测微分划尺；4—测微读数指标 5—读数显微镜；6—测微读数视场；
7—传导杆；8—齿条；9—齿轮；10—测微螺旋

（二）精密水准尺与读数方法

精密水准尺又称因瓦水准尺，与精密水准仪配套使用。这种尺是在优质木质标尺中间的尺槽内，安装一厚度 1 mm、宽度 30 mm、长 3 m 的钢钢合金尺带，尺带底端固定，上端用弹簧绷紧。尺带上刻有间隔为 5 mm 或 10 mm 的左右两排相互错置的分划，左边为基本分划，右边为辅助分划，分米或厘米注记刻在木尺上。两种分划相差常数 K，供读数检核用。有的尺无辅助分划，基本分划按左右分奇偶排列，便于读数。图 2-26 为两种精密水准尺，图 2-26（a）分划值为 10 mm，图 2-26（b）分划值为 5 mm，可与相应测微周值的仪器配套使用。

精密水准仪的操作方法 DS_3 型仪器相同，仅读数方法有差异。读数时，先转动微倾螺旋使符合水准器气泡居中（气泡影像在望远镜视场的左侧，符合程度有格线度量）；再转动测微螺旋，调整视线上、下移动，用十字丝楔形丝精确夹住就近的标尺分划（见图 2-27），而后读数。现以分划值为 5 mm 分划、注记为 1 cm 的尺为例说明读数方法。先直接读出楔形丝夹住的分划注记读数（如 1.94 m），再在望远镜旁测微读数显微镜中读出不足 1 cm 的微小读数（如 1.54 mm），见图 2-27(a)。水准尺的全读数为 1.94 m + 0.001 54 m = 1.941 54 m，实际读数应为 1.941 54 m/2 = 0.970 77 m。对于 1 cm 分划的精密水准尺，读数即为实际读数，无需除 2，如图 2-27（b）读数为 1.496 32 m。

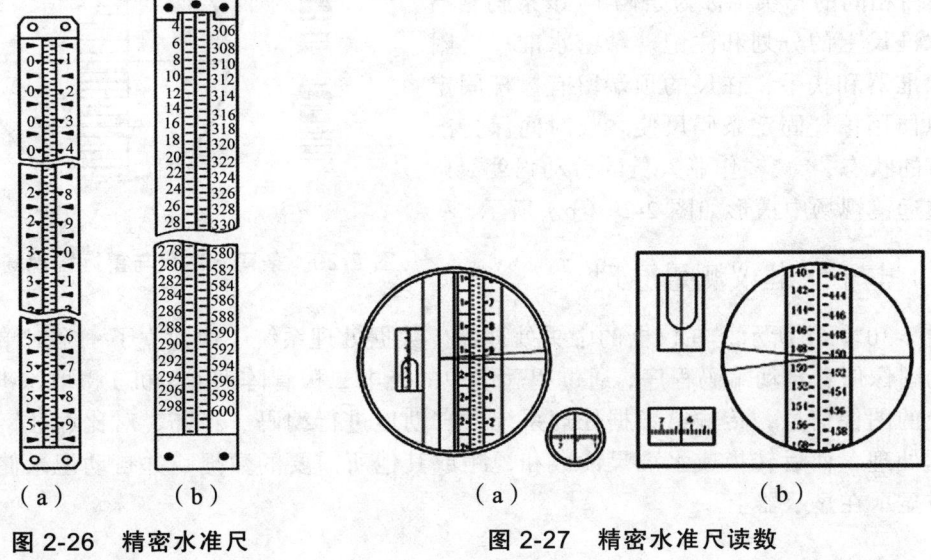

图 2-26　精密水准尺　　　　**图 2-27　精密水准尺读数**

二、电子水准仪

电子水准仪又称数字水准仪。数字水准仪的光学系统采用了自动安平水准仪的基本形式,是一种集电子、光学、图像处理、计算机技术于一体的自动化智能水准仪。如图 2-28 所示,它由基座、水准器、望远镜、操作面板和数据处理系统组成。数字水准仪具有内藏应用软件和良好的操作界面,可以完成读数、数据储存与处理、数据采集自动化等工作,具有速度快、精度高、作业劳动强度小、实现内外业一体化等优点。由电子手簿或仪器自动记录的数据可以传输到计算机内进行后续处理,还可以通过远程通信系统将测量数据直接传输给其他用户。若使用普通水准尺,也可当普通水准仪使用。

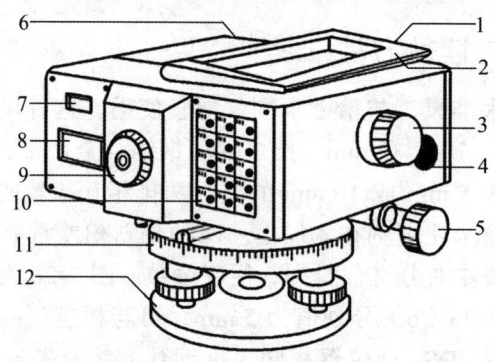

图 2-28 数字水准仪

1—物镜;2—提环;3—物镜调焦螺旋;4—测量按钮;5—微动螺旋;6—RS 接口;7—圆水准器观察窗;8—显示器;9—目镜;10—操作面板;11—带度盘的轴座;12—连接板

(一)条码水准尺

条码水准尺是与数字水准仪配套使用的专用水准尺,如图 2-29(a)所示,它由玻璃纤维塑料制成或用铟钢制成尺面镶嵌在尺基上形成,全长 2~4.05 m。尺面上刻相互嵌套、宽度不同、黑白相间的码条(称为条码),该条码相当于普通水准尺上的分划和注记。精密水准尺上附有安平水准器和扶手,在尺的顶端留有撑杆固定螺孔,以便用撑杆固定条码尺使之长时间保持准确而竖直的状态,减轻作业人员的劳动强度。条码尺在望远镜视场中情形如图 2-29(b)所示。

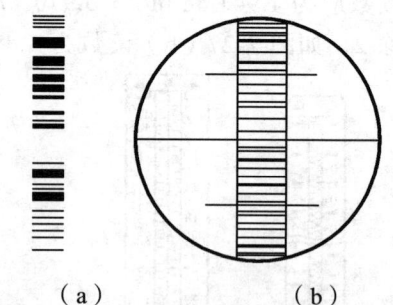

图 2-29 条码水准尺与望远镜视场示意图

(二)电子水准仪测量原理

如图 2-30(a)所示,在仪器的中央处理器(数据处理系统)中建立了一个对单平面上所形成的图像信息自动编码程序,通过望远镜中的光电二极管阵列(相机)摄取水准尺(条码尺)上的图像信息,传输给数据处理系统,自动地进行编码、释译、对比、数字化等一系列数据处理,而后转换成水准尺读数和视距或其他所需要的数据,并自动记录储存在记录器中或显示在显示器上。

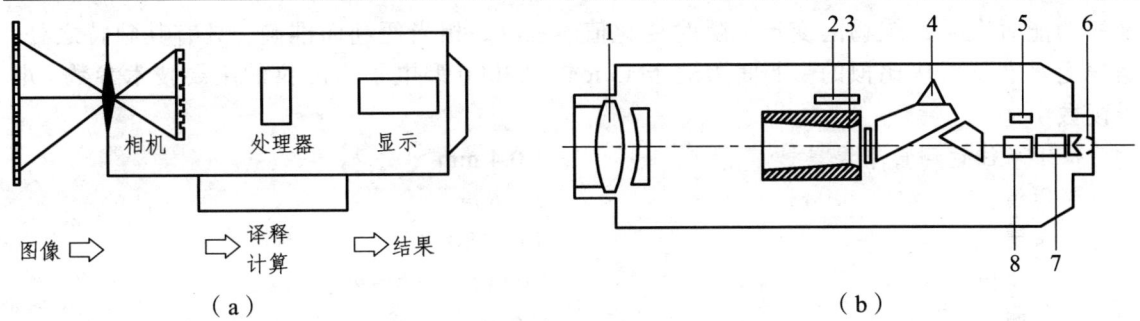

图 2-30 电子水准仪测量与读数原理

1—物镜；2—调焦发送器；3—调焦透镜；4—补偿器；5—CCD 探测器；6—目镜；7—分划板；8—分光镜

目前的电子水准仪采用的读数方法有几何法、相关法和相位法，其基本原理如下：

1. 几何法读数

标尺采用双相位码，标尺上每 2 cm 为一个测量间距，其中的码条构成码词，每个测量间距的边界由过渡码条构成，其下边界到标尺底部的高度，可由该测量间距中的码条判读出来。水准测量时，一般只利用标尺上中丝的上下边各 15 cm 尺截距，即 15 个测量间距来计算视距和视线高。如 Zeiss Dini 系列电子水准仪。

2. 相关法读数

标尺上与常规标尺相对应的伪随机码事先储存在仪器中作为参考信号（条码本源信息），测量时望远镜摄取标尺某段伪随机码（条码影像），转换成测量信号后与仪器内的参考信号进行比较，形成相关过程。按相关方法由电子耦合与本源信息相比较，若两信号相同，即得到最佳相关位置时，经数据处理后读数就可确定。比较十字丝中丝位置周围的测量信号，得到视线高；比较上、下丝的测量信号及条码影像的比例，得到视距。采用本读法的水作仪如 Leica NA 系列电子水准仪。

3. 相位法读数

尺面上刻有三种独立相互嵌套在一起的码条，三种独立条码形成一组参考码 R 和两组信息码 A、B。R 码为三道 2 mm 宽的黑色码条，以中间码条的中线为准，全尺等距分布（一般间隔 3 cm）。A、B 码分别位于 R 码上、下方 10 mm 处，宽度为 0～10 mm，按正弦规律变化，A 码的周期为 600 mm，B 码的周期为 570 mm，这样在标尺长度方向形成明暗强度按正弦规律周期变化的亮度波。将 R、A、B 码与仪器内部条码本源信息进行相关比较确定读数。采用本读数法的水作仪如 Topcon DL 系列电子水准仪。

进行测量时，光电二极管阵列摄取的数码水准尺条码信息（图像）通过分光器将其分为两组：一组转射到 CCD 探测器上，并传输给微处理器，进行数据处理，得到视距和视线高；另一组成像于十字丝分划板上，便于目镜观测。

利用电子水准仪不仅可以进行普通水准仪所能进行的测量，还可以进行高程连续计算、多次测量平均值测量、水平角测量、距离测量、坐标增量测量、断面计算、水准路线和水准网测量闭合差调整（平差）与测量数据自动记录、传输等。尤其是自动连续测量的功能对大型建筑物的变形（瞬时变化值）观测，相当便利而准确，具有其独特之处，是普通水准仪无法比拟的。下面为瑞士 Leica NA3000 型电子水准仪的主要技术参数（电子读数）：

每千米往返测量中误差	±0.4 mm
测距精度	±5 mm
测角精度	±0.1°°
最小视距	2.0 m
最大测程	120 m
高差最小显示值	0.01 mm
视场角	2°
安平补偿精度	±0.1″
外业作业温度	−20 ℃ ~ +50 ℃

数字水准仪的技术操作 数字水准仪的操作步骤同自动安平水准仪一样，分为粗平、照准、读数三步。现以 NA3000 型为例介绍其操作方法。

（1）粗平。

同普通水准仪一样，转动脚螺旋使圆水准器的气泡居中即可。气泡居中情况可在圆水准器观察窗中看到。而后打开仪器电源开关（开机），仪器进行自检。当仪器自检合格后显示器显示程序清单，此时即可进行测量工作。

（2）照准。

先转动目镜调焦螺旋，看清十字丝；照准标尺，转动物镜调焦螺旋，消除视差，看清目标。按相应键选择测量模式和测量程序，如仅测量不记录、测量并记录测量数据等；如按〔PROG〕键，调出程序清单；按〔DSP↑〕键或〔DSP↓〕键选择相应的测量程序，并按〔RUN〕键予以确认。当仅测量水准尺的读数和距离时的程序为"PMEASONLY"；开始进行水准测量时的程序为"PSTARTLEVELING"，水准线路连续高程测量和输入起始点高程的程序为"PCONTLEVELING"，视准轴误差检查的程序为"PCHECK & ADJUST"，删除记录器中数据记录的程序为"PERASEDATA"。而后用十字丝竖丝照准条码尺中央，并制动望远镜。

（3）读数。

轻按一下测量按钮（红色），显示器将显示水准尺读数；按测距键即可得到仪器至水准尺的距离，若按相应键即可得到所需要的相应数据。若在"测量并记录"模式，仪器将自动记录测量数据。

高程测量中，后视观测完毕后，仪器自动显示提示符"FORE＝"提醒观测员观测前视；前视观测完毕，仪器又自动显示提示符"BACK＝"提醒进行下一测站后视的观测。如此连续进行直至观测至终点。仪器显示的待定点的高程是以前一站转点的高程推算的。一站观测完毕，按〔IN/SO〕键结束测量工作，关机、过站。

数字水准仪使用注意事项 数字水准仪是自动化程度较高的电子测量仪器，属高精度精密仪器，使用时除普通水准仪应注意的事项外，还应注意以下几点：

① 避免强阳光下进行测量，以防损伤眼睛和光线折射导致条码尺图像不清晰而产生错误；必要时，可采用仪器和条码尺撑伞遮阳。

② 仪器照准时，尽量照准条码尺中部，避免照准条码尺的底部和顶部，以防仪器识别读数产生误差。

③ 一般来讲，物体在条码尺上的阴影不影响读数，但是当阴影形成与水准尺条码图形相似的图像化投影时，仪器将接收到错误编码信息，此时不能进行测量。

④ 条码尺使用时要防摔、防撞，保管时要保持清洁、干燥，以防变形，影响测量成果精度。有的条码尺可导电，应严防与带电电线（缆）接触，以免危及人身安全。

【技能训练一】

每组同学设计一条附合水准路线，路线长度约 1km，自己设计 3 个水准点，并编号为 BM_1、BM_2、BM_3；起始点 BM_4 高程为 100.000 m。通过外业测量（按等外标准）与内业计算得到合格的水准点成果资料。

1. 仪器准备

每组由仪器室借领：DS_3 型水准仪 1 台，塔尺 2 根，记录板 1 块，尺垫 2 个，等外水准记录表格，水准测量内业计算表格。

2. 人员组成

每个小组平均由 5 名同学组成组成，其中立尺员 2 名、记录员 1 名、观测员 1 名。每个同学可观测一个测段，采取轮换制，最终以小组的观测成果作为评价标准。

【技能训练二】

每组同学设计一条闭合水准路线，路线长度约 1.5km，自己设计 4 个水准点，并编号为 BM_1、BM_2、BM_3、BM_4；起始点 BM_4 高程为 100.000 m。通过外业测量（按四等水准测量规范）与内业计算得到合格的水准点成果资料。

1. 仪器准备

每组由仪器室借领：DS_3 型水准仪 1 台，双面水准尺 2 根，记录板 1 块，尺垫 2 个，四等水准记录表格，水准测量内业计算表格。

2. 人员组成

每个小组平均由 5 名同学组成组成，其中立尺员 2 名、记录员 1 名、观测员 1 名，每个同学可观测一个测段，采取轮换制，最终以小组的观测成果为评价标准。

【项目考核】

一、名词解释

1. 视准轴
2. 闭合水准路线

3. 视差
4. 高差闭合差
5. 高程测量

二、选择题

1. DS$_1$型水准仪的观测精度要（　　）DS$_3$型水准仪。
   A. 高于　　　　　　　B. 接近于　　　　　　C. 低于　　　　　　　D. 等于

2. 水准测量中，设后尺 A 的读数 $a=2.713$ m，前尺 B 的读数为 $b=1.401$ m。已知 A 点高程为 15.000 m，则视线高程为（　　）m。
   A. 13.688　　　　　　B. 16.312　　　　　　C. 16.401　　　　　　D. 17.713

3. 在水准测量中，若后视点 A 的读数大，前视点 B 的读数小，则有（　　）。
   A. A 点比 B 点低
   B. A 点比 B 点高
   C. A 点与 B 点可能同高
   D. A、B 点的高低取决于仪器高度

4. 水准器的分划值越大，说明（　　）。
   A. 内圆弧的半径大
   B. 其灵敏度低
   C. 气泡整平困难
   D. 整平精度高

5. 普通水准测量，应在水准尺上读取（　　）位数。
   A. 5　　　　　　　　B. 3　　　　　　　　C. 2　　　　　　　　D. 4

6. 水准测量时，尺垫应放置在（　　）。
   A. 水准点
   B. 转点
   C. 土质松软的水准点上
   D. 需要立尺的所有点

7. 转动目镜对光螺旋的目的是（　　）。
   A. 看清十字丝　　　　B. 看清物像　　　　　C. 消除视差

8. 水准仪的（　　）应平行于仪器竖轴。
   A. 视准轴　　　　　　B. 圆水准器轴　　　　C. 十字丝横丝　　　　D. 管水准器轴

三、简答与计算题

1. 什么叫视准轴？如何使视准轴水平？
2. DS$_3$型水准仪的技术操作分为哪几步？
3. 试述精平的具体作法。其目的是什么？
4. 附合水准路线、闭合水准路线、支水准路线的高差闭合差的计算公式各是什么？
5. 微倾式水准仪主要做哪几项检验？其目的是什么？
6. 将仪器架设在两水准尺间等距离处可消除哪些误差？
7. 三、四等水准测量一测站的观测程序是怎样的？有哪些限差要求？
8. 题图 2-1 为附合水准路线的观测成果，在表 2-1 上按测段路线长度调整高差闭合差，并进行高程计算。

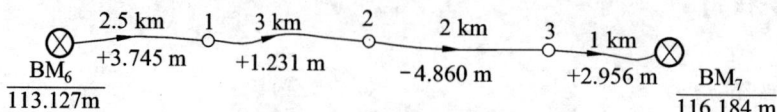

题图 2-1　附合水准路线

题表 2-1 按路线长度调整高差闭合差及高程计算表

测段编号	测点	距离/m	实测高差/m	改正数/m	改正后高差/m	高程/m	备注

10. 题图 2-2 为闭合水准路线的观测成果，在题表 2-2 上按测站数调整高差闭合差并进行高程计算。

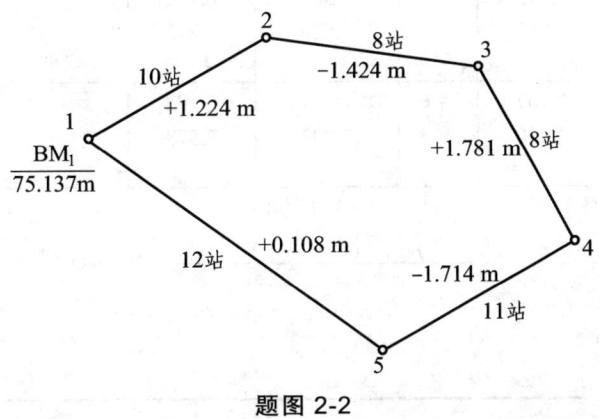

题图 2-2

题表 2-2 按测站数调整高差闭合差及高程计算表

测段编号	测点	测站数	实测高差/m	改正数/m	改正后高差/m	高程/m	备注

11、在检验校正水管管轴与视准轴是否平行时，将仪器安置在距 A、B 两点等距离处，得 A 尺读数 $a_1 = 1.573$ m，B 尺读数 $b_1 = 1.215$ m；将仪器搬至 A 尺附近，得 A 尺读数 $a_2 = 1.432$ m，B 尺读数 $b_2 = 1.066$ m。问：（1）视准轴是否平行于水准管轴？（2）当水准管气泡居中时，视线向上倾斜还是向下倾斜？（3）如何校正？（4）若是自动安平水准仪，如何较正？

12. 根据题表 2-3 中的观测数据完成四等水准测量各测站的计算及每页的计算校核。

题表 2-3 四等水准测量观测记录表

测站编号	点号	后尺 上丝 / 下丝 / 后视距 / 视距差 d	前尺 上丝 / 下丝 / 前视距 / ∑d	方向及尺号	水准尺读数 黑面	水准尺读数 红面	$K+$黑$-$红	平均高差 /m	备注
		(1) (2) (15)=(1)-(2)	(4) (5) (16)=(4)-(5)	后 前 后$-$前	(3) (6) (11)=(3)-(6)	(8) (7) (12)=8-(7)	(10) (9) (13)=(10)-(9)	$(14)=\frac{1}{2}$ $[(11)+(12)$ $\pm 0.100]$	
1	BM_1—ZD_1	2.606 1.761	1.025 0.169	后 5 前 6 后$-$前	2.184 0.596	6.973 5.282			
2	ZD_1—ZD_2	2.627 1.844	1.781 1.031	后 6 前 6 后$-$前	2.236 1.407	6.922 6.195			K 为尺常数 $K_5=4.787$ $K_6=4.687$
3	ZD_2—ZD_3	1.868 0.901	1.993 1.057	后 5 前 6 后$-$前	1.385 1.524	6.172 6.213			
4	ZD_3—ZD_4	1.821 1.161	2.107 1.480	后 6 前 5 后$-$前	1.487 1.793	6.172 6.578			
每页检核		$\sum(15)=$ $-)\sum(16)=$ $=$ 总视距 $\sum(15)+\sum(16)=$			$\sum[(3)+(8)]=$ $-)\sum[(6)+(7)]=$ $=$			$\sum[(11)+(12)]=$ $\sum(14)=$ $2\sum(14)=$	

项目三　角度测量

本项目主要阐述如何应用光学经纬仪观测水平角、竖直角。通过本项目讲解，促使学生掌握角度测量原理，光学经纬仪的构造，经纬仪的操作方法，水平角、竖直角的施测与计算过程等多个重要知识点、技能点。

任务一　经纬仪测角原理及使用方法

【任务介绍】

本任务主要介绍角度测量原理、光学经纬仪的构造及使用方法。通过本任务的讲解，使学生能明确光学经纬仪测水平角与竖直角原理。

【任务目标】

知识目标：⊙ 掌握角度测量原理，包括水平角与竖直角；
　　　　　⊙ 掌握 DJ_6、DJ_2 型光学经纬仪的使用方法。
　　　　　⊙ 掌握光学经纬仪的主要构造，明确经纬仪检验方法。
技能目标：⊙ 培养学生经纬仪对中整平的操作能力；
　　　　　⊙ 明确经纬仪测角的原理与构造关系。

【任务实施】

一、角度测量原理

角度测量是确定地面点位的基本工作之一，经纬仪是最常用到的测角仪器。

角度测量分为水平角测量和竖直角测量。测量水平角的目的是求算地面点的平面位置，而竖直角测量则主要是确定两地面点的高差或将地面两点间的倾斜距离改化为水平距离。

（一）水平角测量原理

地面上两条直线之间的夹角在水平面上的投影称为水平角。如图 3-1 所示，A、B、O 为地面上的任意点，通过 OA 和 OB 直线各作一垂直面，并把 OA 和 OB 分别投影到水平投影面上，其投影线 Oa 和 Ob 的夹角 $\angle aOb$，就是 $\angle AOB$ 的水平角 β。

地面点 A、B、O 三点并不在同一个水平面上,因此,地面 OA 直线与 OB 直线所夹角并不是水平角。要想获得水平角 $\angle AOB$,则在角的顶点 O 点铅垂线方向上安置一个带有水平刻度盘的测角仪器,这个水平刻度盘即相当于水平面。地面上 OA 直线与 OB 直线投影到水平刻度盘上的投影线为 Oa 和 Ob,其夹角为 $\angle aOb$,就是 $\angle AOB$ 的水平角 β。则水平角 β 为

$$\beta = b_1 - a_1 \tag{3-1}$$

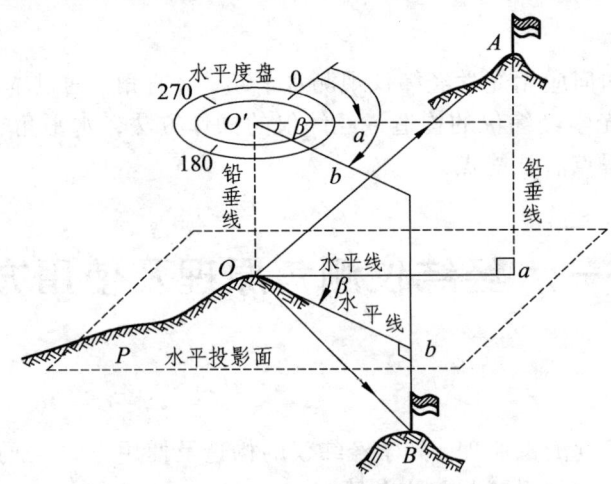

图 3-1 水平角测量原理

(二)竖直角测量原理

在同一竖直面内视线和水平线之间的夹角称为竖直角或称垂直角。如图 3-2 所示,视线在水平线之上称为仰角,符号为正;视线在水平线之下称为俯角,符号为负。

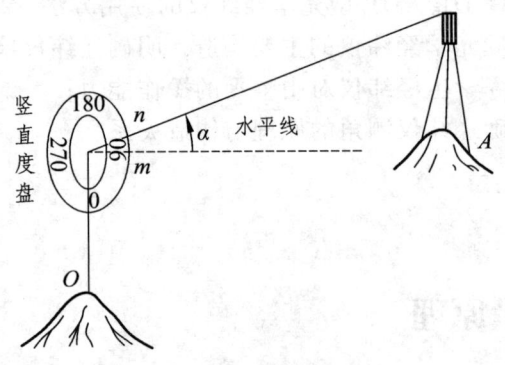

图 3-2 竖直角测量原理

如果在测站点 O 上安置一个带有竖直刻度盘的测角仪器,其竖盘中心通过水平视线,设照准目标点 A 时视线的读数为 n,水平视线的读数为 m,则竖直角 α 为

$$\alpha = n - m \tag{3-2}$$

注意:竖直角也可以以天顶距的形式来表示,天顶距即为地面点的垂线上方向至观测视线的夹角。设在观测的 OA 方向的天顶距为 Z,竖直角为 α,故天顶距与竖直角的关系为

$$\alpha = 90° - Z \tag{3-3}$$

二、光学经纬仪的操作与使用

经纬仪是角度测量的主要仪器,其种类较多,测量工作中用于测角的经纬仪主要有光学经纬仪和电子经纬仪两大类。光学经纬仪是采用光学玻璃度盘和光学测微器读数设备,电子经纬仪则采用光电描度盘和自动显示系统。

(一)光学经纬仪构造

光学经纬仪按精度等级可分为 DJ_1、DJ_2、DJ_6 等多个等级,代号中"D"和"J"分别为"大地测量"与"经纬仪"的汉语拼音的第一个字母;下标的数字是以秒为单位的精度指标,数字越小,其精度越高。工程上广泛使用的是 DJ_6 型和 DJ_2 型。经纬仪因精度的等级不同或生产的厂家不同,其具体部件的结构可能不尽相同,但它们的基本构造是一样的。

1. DJ_6 型光学经纬仪

图 3-3 所示的是我国某光学仪器厂生产的 DJ_6 型光学经纬仪,它主要由照准部(包括望远镜、竖直度盘、水准器、读数设备)、水平度盘、基座三部分组成。现将各组成部分分别介绍如下:

(1)望远镜。

其望远镜构造和水准仪望远镜构造基本相同,用于照准远方目标。它和横轴固连在一起放在支架上,并要求望远镜视准轴垂直于横轴,当横轴水平时,望远镜绕横轴旋转的视准面是一个铅垂面。为了控制望远镜的俯仰程度,在照准部外壳上还设置有一套望远镜制动和微动螺旋。在照准部外壳上还设置有一套水平制动和微动螺旋,以控制水平方向的转动。当拧紧望远镜或照准部的制动螺旋后,转动微动螺旋,望远镜或照准部才能作微小的转动。

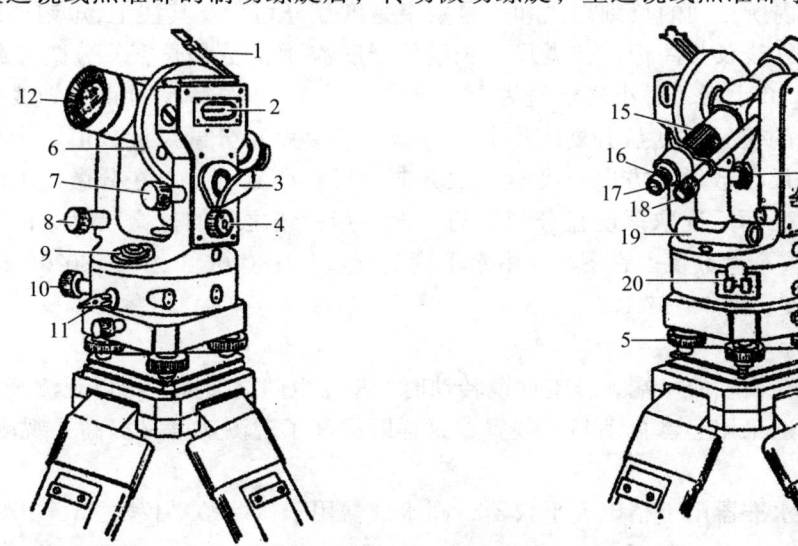

图 3-3 DJ_6 型光学经纬仪构造

1—指标水准管反光镜;2—指标水准管;3—度盘反光镜;4—测微轮;5—脚螺旋;6—竖盘;7—指标水准管微动螺旋;8—望远镜微动螺旋;9—圆水准器;10—水平微动螺旋;11—水平制动螺旋;12—物镜;13—望远镜制动螺旋;14—轴座固定螺旋;15—物镜对光螺旋;16—目镜对光螺旋;17—目镜;18—读数显微镜;19—水准管;20—度盘离合器

（2）水平度盘。

水平度盘是用光学玻璃制成圆盘，在盘上按顺时针方向从 0°到 360°刻有等角度的分划线。相邻两刻划线的格值为 1°。度盘固定在轴套上，轴套套在轴座上。水平度盘和照准部两者之间的转动关系，由离合器扳手或度盘变换手轮控制。

（3）读数设备。

我国制造的 DJ_6 型光学经纬仪采用分微尺读数设备，它把度盘和分微尺的影像，通过一系列透镜的放大和棱镜的折射，反映到读数显微镜内进行读数。在读数显微镜内就能看到水平度盘和分微尺影像，如图 3-4 所示。度盘上两分划线所对的圆心角，称为度盘分划值。

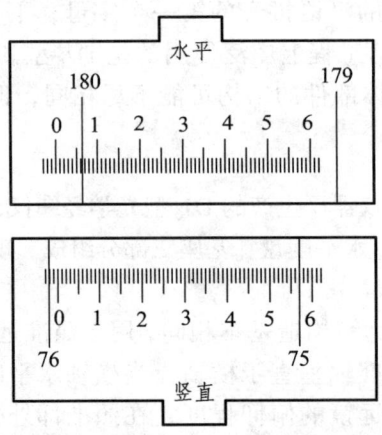

图 3-4　DJ_6 型光学经纬仪读数窗

在读数显微镜内所见到的长刻划线和大号数字是度盘分划线及其注记，短刻划线和小号数字是分微尺的分划线及其注记。分微尺的长度等于度盘 1°的分划长度，分微尺分成 6 大格，每大格又分成 10 小格，每小格格值为 1′，可估读到 0.1′。分微尺的 0°分划线是其指标线，它所指度盘上的位置与度盘分划线所截的分微尺长度就是分微尺读数值。为了直接读出小数值，使分微尺注数增大方向与度盘注数方向相反。读数时，以在分微尺上的度盘分划线为准读取度数，而后读取该度盘分划线与分微尺指标线之间的分微尺读数的分数，并估读到 0.1′，即得整个读数值。在图 3-4 中水平度盘读数为 180°06.4′，即 180°06′24″；竖直度盘读数为 75°57.2′，即 75°57′12″。

（4）竖直度盘。

竖直度盘固定在横轴的一端，当望远镜转动时，竖盘也随之转动，用以观测竖直角。目前，光学经纬仪普遍采用竖盘自动归零装置，这样既提高了观测速度又提高了观测精度。

（5）水准器。

照准部上的管水准器用于精确整平仪器，圆水准器用于概略整平仪器。

（6）基座部分。

基座是支撑仪器的底座。基座上有三个脚螺旋，转动脚螺旋可使照准部水准管气泡居中，从而使水平度盘水平。基座和三脚架头用中心螺旋连接，可将仪器固定在三脚架上。光学经纬仪装有直角棱镜光学对中器。光学对中器具有精确度高的优点。

此外，DJ_6 型光学经纬仪还配有水平度盘拨盘手轮装置，用以配置水平度盘任一读数。

2. DJ₂型光学经纬仪

DJ₂型光学经纬仪的构造，除轴系和读数设备外基本上和 DJ₆型光学经纬仪相同。我国某光学仪器厂生产的 DJ₂型光学经纬仪外形，如图 3-5 所示。下面着重介绍它和 DJ₆型光学经纬仪的不同之处。

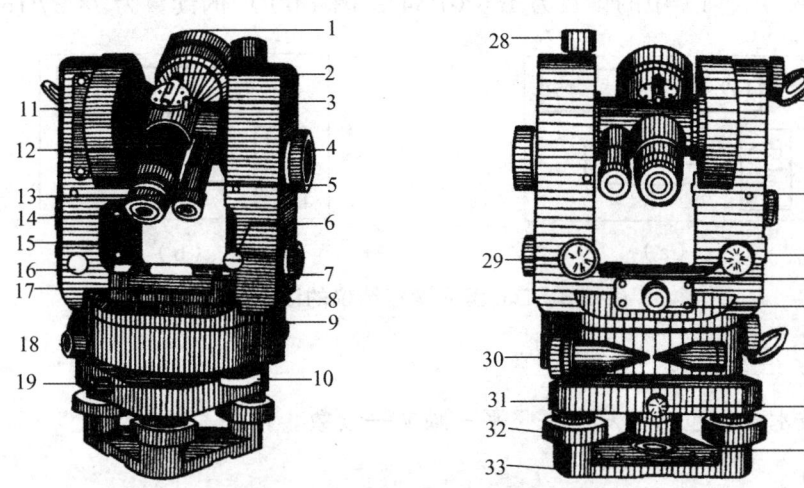

图 3-5　DJ₂型光学经纬仪构造

1—望远镜物镜；2—光学瞄准器；3—十字丝照明反光板螺旋；4—测微轮；5—读数显微镜管；6—垂直微动螺旋弹簧套；
7—度盘影像变换螺旋；8—照准部水准器校正螺丝；9—水平度盘物镜组盖板；10—水平度盘变换螺旋护盖；
11—垂直度盘转像透镜组盖板；12—望远镜调焦环；13—读数显微镜目镜；14—望远镜目镜；
15—垂直度盘物镜组盖板；16—垂直度盘指标水准器护盖；17—照准部水准器；18—水平制动螺旋；
19—水平度盘变换螺旋；20—垂直度盘照明反光镜；21—垂直度盘指标水准器观察棱镜；
22—垂直度盘指标水准器微动螺旋；23—水平度盘转像透镜组盖板；24—光学对点器；
25—水平度盘照明反光镜；26—照准部与基座的连接螺旋；27—固紧螺母；
28—垂直制动螺旋；29—垂直微动螺旋；30—水平微动螺旋；
31—三角基座；32—脚螺旋；33—三角底板

（1）水平度盘变换手轮。

水平度盘变换手轮的作用是变换水平度盘的初始位置。水平角观测中，根据测角需要，对起始方向观测时，可先拨开手轮的护盖，再转动该手轮，把水平度盘的读数值配置为所规定的读数。

（2）换像手轮。

在读数显微镜内一次只能看到水平度盘或竖直度盘的影像，若想读取水平度盘读数，需转动换像手轮 10，使轮上指标红线成水平状态，并打开水平度盘反光镜 5，此时显微镜呈水平度盘的影像。若打开竖直度盘反光镜 1 时，转动换像手轮，使轮上指标线竖直时，则可看到竖盘影像。

（3）测微手轮。

每次读数时需转测微手轮使中间窗口的分划线上下重合。

（4）DJ₂型光学经纬仪的读数方法。

DJ₂型光学经纬仪的读数方法如图 3-6 所示。

图 3-6（a）所示为水平盘读数窗，图 3-6（b）所示为竖直盘读数窗。利用 DJ₂型光学经纬仪读数时，首先观察读数窗内的影像，旋转测微手轮，使得右下角度盘分划的影像上下

对齐,此时可进行读数。读数方法是:在右上方的大窗口内读取读数,原则是读取中间最小的读数数值;在右上方大窗口的中间凹陷口内,读取整10′的读数;在左侧的测微窗口内读取不足10′的读数,在测微窗口的左侧读取10′的数值,在右侧读取秒数。将上述3次读数的值相互累加,即得到经纬仪所对应的读数。

在图3-6中,图(a)中的读数为150°01′54″;图(b)中的读数为78°37′16″。

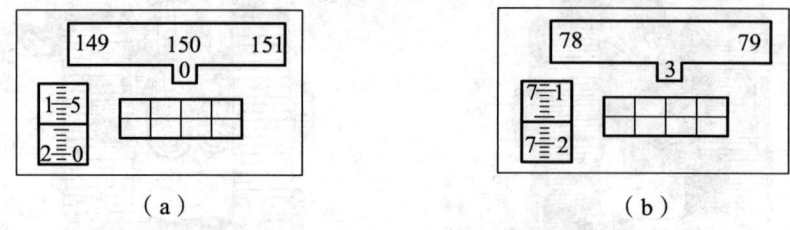

图3-6 DJ₂型光学经纬仪的读数窗

(二)光学经纬仪的技术操作

经纬仪的技术操作包括:对中—整平—瞄准—读数。

1. 对 中

对中的目的是使仪器的中心与测站的标志中心位于同一铅垂线上。对中方法如下:

(1)将仪器安置于测站点上,三个脚螺旋调至中间位置,架头大致水平。使光学对中器大致位于测站上,将三脚架踩牢。

(2)旋转光学对中器的目镜,看清分划板上的圆圈,拉或推动对中目镜使测站点影像清晰。

(3)移动脚架或旋转脚螺旋使光学对中器精确对准测站点。

2. 整 平

整平的目的是使仪器的竖轴铅垂,水平度盘水平。其方法如下:

(1)伸缩脚架使圆水准气泡居中。

(2)使水准管气泡居中,水准管平行于两脚螺旋的连线,如图3-7(a)所示。操作时,两手同时向内(或向外)旋转两个脚螺旋使气泡居中,气泡移动方向和左手大拇指转动的方向相同。然后将仪器绕竖轴旋转90°,如图3-7(b)所示,旋转另一个脚螺旋使气泡居中。按上述方法反复进行,直至仪器旋转到任何位置时,水准管气泡都居中为止。

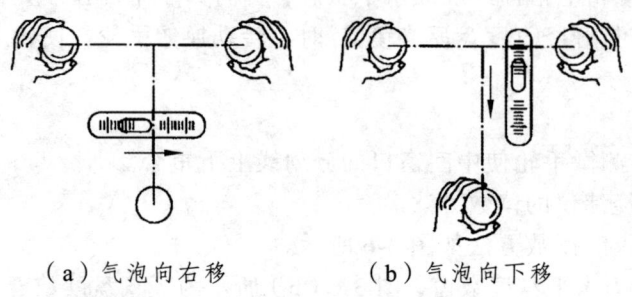

(a)气泡向右移   (b)气泡向下移

图3-7 整平

上述两步技术操作称为经纬仪的安置工作。整平完后要检查对中情况。如果光学对中器分划圈不在测站点上，应松开连接螺旋，在架头上平移仪器，使分划圈对准测站点。再伸缩脚架整平圆气泡，转脚螺旋使水准气泡居中。对中、整平两项工作相互影响，应反复进行对中、整平切换工作，直至仪器整平后，光学对中器分划圈对准测站点为止。

3. 瞄 准

经纬仪安置好后，用望远镜瞄准目标。首先将望远镜照准远处，调节对光螺旋使十字丝清晰；然后旋松望远镜和照准部制动螺旋，用望远镜的光学瞄准器照准目标。转动物镜对光螺旋使目标影像清晰；而后旋紧望远镜和照准部的制动螺旋，通过旋转望远镜和照准部的微动螺旋，使十字丝交点对准目标，并观察有无视差，如有视差，应予以消除，具体方法与水准仪相同，即仔细转动物镜对光螺旋，直至尺像与十字丝平面重合。

4. 读 数

打开读数反光镜，调节视场亮度，转动读数显微镜对光螺旋，使读数窗影像清晰可见。读数时，除分微尺型直接读数外，凡在支架上装有测微轮的，均需先转动测微轮，使中间窗口对径分划线重合后方能读数，最后将度盘读数加分微尺读数或测微尺读数，才是整个读数值。

（三）经纬仪的检校方法

经纬仪在外业作业前，先要进行检验。

为了保证测角的精度，经纬仪主要部件及轴系应满足下述几何条件：照准部水准管轴应垂直于仪器竖轴（$LL \perp VV$）；十字丝纵丝应垂直于横轴；视准轴应垂直于横轴（$CC \perp HH$）；横轴应垂直于仪器竖轴（$HH \perp VV$）；竖盘指标差应为零；光学对中器的视准轴应与仪器竖轴重合，如图3-8所示。

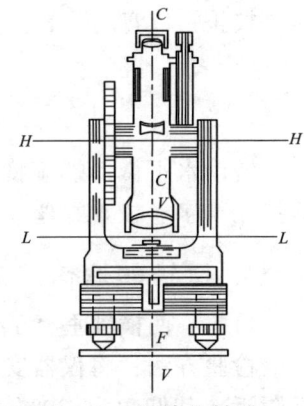

图3-8 经纬仪轴线

由于仪器经过长期外业使用或长途运输及外界影响等，会使各轴线的几何关系发生变化，因此在使用前必须对仪器进行检验和校正。

1. 照准部水准管的检校

目的：当照准部水准管气泡居中时，应使水平度盘水平、竖轴铅垂。

检验方法：将仪器安置好后，使照准部水准管平行于一对脚螺旋的连线，转动这对脚螺旋使气泡居中。再将照准部旋转180°，若气泡仍居中，说明条件满足，即水准管轴垂直于仪器竖轴；否则应进行校正。

校正方法：转动平行于水准管的两个脚螺旋使气泡退回偏离零点的格数的一半，再用拨针拨动水准管校正螺丝，使气泡居中。

2. 十字丝竖丝的检校

目的：使十字丝竖丝垂直横轴。当横轴居于水平位置时，竖丝处于铅垂位置。

检验方法：用十字丝竖丝的一端精确瞄准远处某点，固定水平制动螺旋和望远镜制动螺旋，慢慢转动望远镜微动螺旋。如果目标不离开竖丝，说明此项条件满足，即十字丝竖丝垂直于横轴，否则需要校正。

校正方法：要使竖丝铅垂，就要转动十字丝板座或整个目镜部分。图 3-9 所示为十字丝板座和仪器连接的结构示意图。图中，2 是压环固定螺丝，3 是十字丝校正螺丝。校正时，首先旋松固定螺丝，转动十字丝板座，直至满足此项要求；然后旋紧固定螺丝。

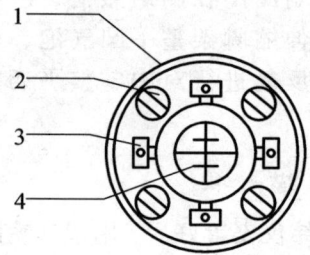

图 3-9 十字丝板座示意图
1—镜筒；2—压环固定螺丝；3—十字丝校正螺丝；4—十字丝分划板

3．视准轴的检校

目的：使望远镜的视准轴垂直于横轴。视准轴不垂直于横轴的倾角 c 称为视准轴误差，也称为 $2c$ 误差，它是由于十字丝交点的位置不正确而产生的。

检验：选与视准轴近于水平的一点作为照准目标，盘左照准目标的读数为 $a_左$，盘右再照准原目标的读数为 $a_右$。如 $a_左$ 与 $a_右$ 不相差 $180°$，则表明视准轴不垂直于横轴，视准轴应进行校正。

校正：以盘右位置读数为准，计算两次读数的平均数 α，即

$$\alpha = \frac{a_右 + (a_左 \pm 180°)}{2}$$

转动水平微动螺旋将度盘读数值配置为读数 α，此时视准轴偏离了原照准的目标，然后拨动十字丝校正螺丝，直至使视准轴再照准原目标为止，即视准轴与横轴相垂直。

4．横轴的检校

目的：使横轴垂直于仪器竖轴。

检验方法：将仪器安置在一个清晰的高目标附近，其仰角为 $30°$ 左右。盘左位置照准高目标 M 点，固定水平制动螺旋，将望远镜大致放平，在墙上或横放的尺上标出 m_1 点，如图 3-10 所示。纵转望远镜，盘右位置仍然照准 M 点，放平望远镜，在墙上标出 m_2 点。如果 m_1 和 m_2 相重合，则说明此条件满足，即横轴垂直于仪器竖轴；否则，需要进行校正。

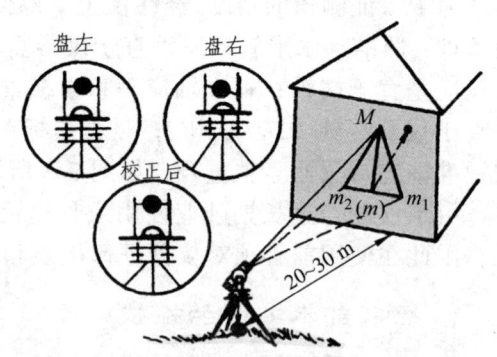

图 3-10 经纬仪横轴检验示意图

校正方法：此项校正一般应由厂家或专业仪器修理人员进行。

5．竖盘指标差的检校

目的：使竖盘指标差 X 为零，指标处于正确的位置。

检验方法：安置经纬仪于测站上，用望远镜在盘左、盘右两个位置观测同一目标，当竖盘指标水准管气泡居中后，分别读取竖盘读数 L 和 R，计算出指标差 X。如果 X 超过限差，则须校正。

校正方法：求得正确的竖直角 α 后，不改变望远镜在盘右所照准的目标位置，转动竖

盘指标水准管微动螺旋,根据竖盘刻划注记形式,在竖盘上配置竖角为 α 值时的盘右读数 R' ($R' = 270° + \alpha$),此时竖盘指标水准管气泡必然不居中,然后用拨针拨动竖盘指标水准管上、下校正螺丝使气泡居中即可。对带补偿器的经纬仪仅需调节补偿装置。

6. 光学对中器的检校

目的:使光学对中器视准轴与仪器竖轴重合。

检验方法如下:

(1)装置在照准部上的光学对中器的检验。

精确地安置经纬仪,在脚架的中央地面上放一张白纸,由光学对中器目镜观测,将光学对中器分划板的刻划中心标记于纸上;然后,水平旋转照准部,每隔 120°用同样的方法在白纸上作出标记点。如三点重合,说明此条件满足;否则,需要进行校正。

(2)装置在基座上的光学对中器的检验。

将仪器侧放在特制的夹具上,照准部固定不动,而使基座能自由旋转,在距离仪器不小于 2 m 的墙壁上钉贴一张白纸,用上述同样的方法,转动基座,每隔 120°在白纸上作出一标记点,若三点不重合,则需要校正。

校正方法:在白纸的三点构成误差三角形,绘出误差三角形外接圆的圆心。由于仪器的类型不同,校正部位也不同。有的校正转向直角棱镜,有的校正分划板,有的两者均可校正。校正时均须通过拨动对点器上相应的校正螺丝,调整目标偏离量的一半,并反复 1~2 次,直到照准部转到任何位置观测时,目标都在中心圈以内为止。

必须指出:光学经纬仪这六项检验校正的顺序不能颠倒,而且照准部水准管轴垂直于仪器竖轴的检校是其他项目检验与校正的基础,这一条件不满足,其他几项检验与校正就不能正确进行。另外,竖轴不铅垂对测角的影响不能用盘左、盘右两个位置观测而消除,所以此项检验与校正也是主要的项目。其他几项,在一般情况下有的对测角影响不大,有的可通过盘左、盘右两个位置观测来消除其对测角的影响,因此是次要的检校项目。

任务二 水平角观测

【任务介绍】

本任务主要阐述如何应用光学经纬仪测量水平角。通过本任务的讲解,使学生能熟练掌握水平角的观测及计算方法。

【任务目标】

知识目标:⊙ 掌握测回法观测水平角方法;
⊙ 了解方向观测法观测水平角方法。
技能目标:⊙ 培养学生使用经纬仪测回法独立观测水平角的操作能力;
⊙ 培养学生对方向观测法观测水平角的认知。

【任务实施】

一、测回法观测

在水平角观测中,为发现错误并提高测角精度,一般要用盘左和盘右两个位置进行观测。当观测者对着望远镜的目镜,竖盘在望远镜的左边时称为盘左位置,又称正镜;竖盘在望远镜的右边时称为盘右位置,又称倒镜。水平角一般采用测回法观测。测回法观测水平角的操作方法如下:

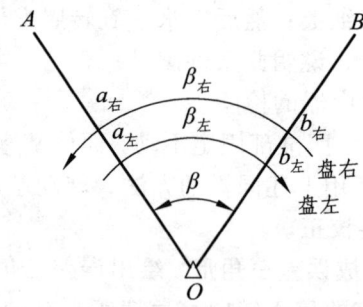

图 3-11 测回法观测水平角示意图

设 O 为测站点,A、B 为观测目标,$\angle AOB$ 为观测角,如图 3-11 所示。先在 O 点安置仪器,进行整平、对中,然后按以下步骤进行观测:

(1)盘左位置:先照准左方目标,即后视点 A,读数为 $a_{左}$,并记入测回法测角记录表中,见表 3-1。然后顺时针转动照准部照准右方目标,即前视点 B,读取水平度盘读数为 $b_{左}$,并记入记录表中。以上称为上半测回,其观测角值为

$$\beta_{左} = b_{左} - a_{左}$$

表 3-1 测回法测角记录表

测站	盘位	目标	水平度盘读数	水平角		备注
				半测回角	测回角	
O	左	A	0°01′24″	60°49′06″	60°49′03″	60°49′03″
		B	60°50′30″			
	右	A	180°01′30″	60°49′00″		
		B	240°50′30″			

(2)盘右位置:倒镜,逆时针旋转照准部,先照准右方目标,即前视点 B,读取水平度盘读数 $b_{右}$,并记入记录表中;再逆时针转动照准部照准左方目标,即后视点 A,读取水平度盘读数为 $a_{右}$,并记入记录表中。则得下半测回角值为

$$\beta_{右} = b_{右} - a_{右}$$

(3)上、下半测回合起来称为一测回。一般规定,用 DJ_6 型光学经纬仪进行观测,上、下半测回角值之差不超过 40″ 时,可取其平均值作为一测回的角值,即

$$\beta = 1/2\ (\beta_左 + \beta_右) \tag{3-4}$$

采用测回法观测水平角时，一般在盘左位置时使起始方向（即左目标）的水平度盘读数配置为略大于 0°的度数。对于 DJ_6 型经纬仪，配数方法为：盘左位置瞄准左目标后，水平制动，拨动水平度盘拨盘手轮使水平度盘读数略大于 0 即可，如表 3-1 中的 0°01′24″。

二、方向观测法

上面介绍的测回法是对两个方向的单角观测。如要观测三个及以上的方向，则采用方向观测法进行。

1. 方向观测法定义

如图 3-12 所示，若测站上有 5 个待测方向：A、B、C、D、E，选择其中的一个方向（如 A）作为起始方向（亦称零方向），在盘左位置，从起始方向 A 开始，按顺时针方向依次照准 A、B、C、D、E，并读取度盘读数，称为上半测回；然后纵转望远镜，在盘右位置按逆时针方向旋转照准部，从最后一个方向 E 开始，依次照准 E、D、C、B、A 并读数，称为下半测回。上下半测回合为一测回。这种观测方法就叫做方向观测法（又叫方向法）。

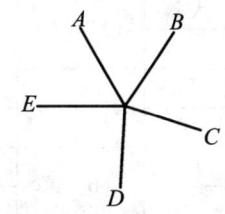

图 3-12 方向观测法

如果在上半测回照准最后一个方向 E 之后继续按顺时针方向旋转照准部，重新照准零方向 A 并读数；下半测回也从零方向 A 开始，依次照准 A、E、D、C、B、A，并进行读数。这样，在每半测回中，都从零方向开始照准部旋转一整周，再闭合到零方向上的操作，就叫"归零"。通常把这种"归零"的方向观测法称为全圆方向法。习惯上把方向观测法和全圆方向法统称为方向观测法或方向法。当观测方向多于 3 个时，采用全圆方向法。

注意：为了提高测量精度，有时需要观测若干个测回，各测回的观测方法相同。但是为了减少度盘分划误差的影响，在各测回间应进行水平度盘的配置，按测回数 n，将度盘位置依次变换为 $180°/n$。如观测三个测回，则各测回的起始读数应按 60°递增，即分别设置成略大于 0°、60°、120°。

2. 观测、记录及计算

进行方向观测时，半测回观测结束后，应检查归零差是否超过限差。归零差即零方向的起始照准和闭合照准的读数之差。

一测回观测结束后，计算各方向盘左、盘右的读数差，即 $2c$ 值，并检核一测回中各方向的 $2c$ 互差是否超限。若满足限差要求，则取各方向盘左、盘右读数的平均值作为该测回的方向观测值。

由于零方向有起始照准和闭合照准的两个方向值，一般取其平均值作为零方向的方向观测值，将零方向的方向观测值归零为 0°00′00.0″，其他各方向的方向观测值依次减去零方向的方向观测值即得归零后的各方向观测值。各测回归零后的同一方向观测值的互差称为测回互差，应小于规定的限差。

表 3-2 为三等三角测量水平方向观测手簿的记录与计算示例。

表 3-2 水平方向观测手簿

第Ⅰ测回　　　仪器：北光 J_2　　　点名：岭西屯　　　等级：三　　　日期：×月×日
天气：晴，东风二级　　　　　　　　　　　　　　　　　　　　　　　开始：×时×分
成像：清晰　　　　　　　　　　　　　　　　　　　　　　　　　　　结束：×时×分

方向号数名称及照准目标		读数						左-右(2c)	左+右/2	方向值	附注
		盘 左			盘 右						
		°	′	″	°	′	″	″	″	°　′　″	
1	小山 T	0	00	33 34	180	00	37 37	-03	(35.2) 35.5	0　00　00.0	
2	锡南 T	60	11	10 10	240	11	13 15	-04	12.0	60　10　36.8	
3	大镇 T	131	49	32 31	311	49	38 39	-06	35.0	131　48　59.8	
4	河山 T	217	34	51 49	37	34	53 55	-04	52.0	217　34　16.8	
1	小山 T	0	00	35 34	180	00	37 35	-02	35.0		
								归零差： $\Delta_左 = 0''$		$\Delta_右 = -1''$	

最后必须强调指出，一切原始观测数据和记事项目，必须做到记录真实，注记明确，格式统一，书写端正，字迹清楚整齐，整饰清洁美观，手簿中记录的任何数据不得有涂改、擦改、转抄现象。

3. 测站检核

由于某些系统误差的残余和各种偶然误差的影响，使测站上的观测成果与其理论值存在一定程度的差异。为了保证观测成果的精度，根据误差传播规律和大量实验验证，对其差异规定一个界限，称为限差。测站限差是根据不同的仪器类型制定的，它是检核和保证测角成果精度的重要指标。《工程测量规范》对方向观测法中的各项限差规定如表 3-3 所示。

表 3-3 水平角方向观测法的技术要求

等　级	仪器型号	光学测微器两次重合读数之差/″	半测回归零差/″	一测回内 2c 互差/″	同一方向值各测回较差/″
四等及以上	1″级仪器	1	6	9	6
	2″级仪器	3	8	13	9
一级及以下	2″级仪器	—	12	18	12
	6″级仪器	—	18	—	24

注：① 全站仪、电子经纬仪水平角观测时不受光学测微器两次重合读数之差指标的限制。
② 当观测方向的垂直角超过±3°的范围时，该方向 2c 互差可按相邻测回同方向进行比较，其值应满足表中一测回内 2c 互差的限值。
③ 观测的方向数不多于 3 个时，可不归零。

4. 计算测站方向观测值

由于受各种误差的影响，一份合格的方向观测成果中，各方向不同测回的归零方向值也可能不完全相等，为了获得观测成果的最可靠值，需要进行测站平差。根据误差传播定律得出，各测回归零后方向值的平均值即各测回方向的测站平差值。

任务三　竖直角观测

【任务介绍】

本任务主要阐述如何应用光学经纬仪测量竖直角。通过本任务的讲解，使学生熟练使用光学经纬仪完成竖直角的观测及计算。

【任务目标】

知识目标：⊙ 明确竖直度盘构造原理；
　　　　　⊙ 掌握竖直角观测方法与计算。
技能目标：⊙ 培养学生使用经纬仪独立观测竖直角的操作能力；
　　　　　⊙ 理解光学经纬仪观测竖直角的原理。

【任务实施】

一、光学经纬仪竖直度盘

1. 经纬仪竖直度盘的构造

竖直度盘垂直固定在望远镜旋转轴的一端，随望远镜的转动而转动。竖直度盘的刻划与水平度盘基本相同，但其注记随仪器构造的不同分为顺时针和逆时针两种形式，如图 3-13 所示。

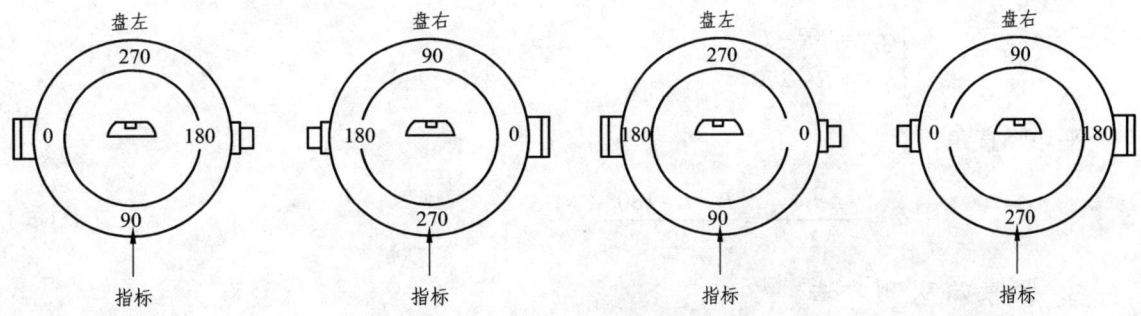

图 3-13　经纬仪竖直度盘构造示意图

2. 竖直度盘自动归零装置

目前光学经纬仪普遍采用竖盘指标自动归零补偿器装置代替传统竖盘指标水准管，竖盘指标自动归零补偿器的作用是能消除仪器整平后的剩余误差给竖盘读数带来的影响。使用时，在仪器整平后，按一下按钮，竖盘刻线（读数窗中）互相摆开，然后缓慢回复到初始位置。

二、竖直角观测

1. 竖直角指标差

竖直角的计算公式是当竖盘读数指标线处于正确位置时推导出的。即当视准轴水平时，竖盘指标线所指读数应为 90°倍数，称为始读数。但当指标线所指的读数比始读数增大或减小一个角值 x，此值称为竖盘指标差。也就是竖盘指标线位置不正确所引起的读数误差。

竖盘指标差计算公式为

$$x = \frac{L + R - 360°}{2}$$

竖盘指标差可以通过盘左、盘右观测取平均值予以抵消。

2. 竖直角的计算公式

当经纬仪在测站上安置好后，首先应依据竖盘的注记形式，推导出测定竖直角的计算公式。其具体做法如下：

（1）盘左位置把望远镜大致置水平位置，这时竖盘读数值约为 90°（若置盘右位置约为 270°），这个读数称为始读数。

（2）慢慢仰起望远镜物镜，观测竖盘读数（盘左时记作 L，盘右时记作 R），并与始读数相比，看是增加还是减少。

（3）以盘左为例，若 $L > 90°$，则竖角计算公式为

$$\begin{cases} \alpha_{左} = L - 90° \\ \alpha_{右} = 270° - R \end{cases}$$

若 $L < 90°$，则竖角计算公式为

$$\begin{cases} \alpha_{左} = 90° - L \\ \alpha_{右} = R - 270° \end{cases}$$

平均竖直角：

$$\alpha = \frac{\alpha_{左} + \alpha_{右}}{2} = \frac{R - L - 180°}{2} \tag{3-5}$$

3. 竖直角观测方法

在测站上安置仪器，用下述方法测定竖直角：

（1）盘左位置：瞄准目标后，用十字丝横丝卡准目标的固定位置，打开竖盘自动归零按钮，读取竖盘读数 L，并记入竖直角观测记录表中，见表3-4。用所推导好的竖角计算公式，计算出盘左时的竖直角，上述观测称为上半测回观测。

（2）盘右位置：仍照准原目标，读取竖盘读数值 R，并记入记录表中。用所推导好的竖角计算公式，计算出盘右时的竖角，称为下半测回观测。上、下半测回合称一测回。

表 3-4 竖直角观测记录表

测站	目标	盘位	竖盘读数	半测回竖直角	指标差	一测回竖直角	备 注
O	M	左	59°29′48″	+30°30′12″	−12″	+30°30′00″	盘左
		右	300°29′48″	+30°29′48″			
	N	左	93°18′40″	−3°18′40″	−13″	−3°18′53″	
		右	266°40′54″	−3°19′06″			

（3）计算测回竖直角 α：

$$\alpha = \frac{\alpha_{左}+\alpha_{右}}{2} \text{ 或 } \alpha = \frac{R-L-180°}{2} \quad (3\text{-}6)$$

（4）计算竖盘指标差 X：

$$X = \frac{\alpha_{左}+\alpha_{右}}{2} \text{ 或 } X = \frac{R+L-360°}{2} \quad (3\text{-}7)$$

任务四　角度测量误差分析

【任务介绍】

本任务主要介绍角度测量误差来源及消除或减弱误差的方法。通过本任务的讲解，促使学生在角度测量过程中注意提高精度。

【任务目标】

知识目标：⊙ 明确角度测量误差来源；
⊙ 掌握角度测量过程中误差消除或减弱的措施、方法。
技能目标：⊙ 确保学生角度观测过程中提高精度意识；
⊙ 理解角度测量观测方法的误差含义。

【任务实施】

由于多种原因，任何测量结果中都不可避免地会含有误差。影响测量误差的因素可分为三类：仪器误差、观测误差、外界条件影响。分析各因素对误差的影响，有助于在测量过程中尽可能减弱误差影响、预估影响大小，进而判定成果的可靠性。

一、角度测量误差误差分析

（一）仪器误差

虽然仪器经过校正，各轴线处于理想状态，但由于长时间的使用和测量作业的特点，残余误差总会存在。前者是相对的，后者是绝对的。

主要仪器误差有以下几项：

1. 视准轴误差

视准轴误差由视准轴不垂直于横轴引起。如图3-14所示，A、A'两点位于同一铅垂线，若OC不垂直于HH而存在一夹角c，则视线水平时瞄准A'点后，当照准部不动，望远镜纵转α角时，视线并不能瞄准A点。由于有c角的存在，视线划过一圆弧后瞄准C点，也即A'与C两点水平度盘读数一样。这有悖于水平角的定义。

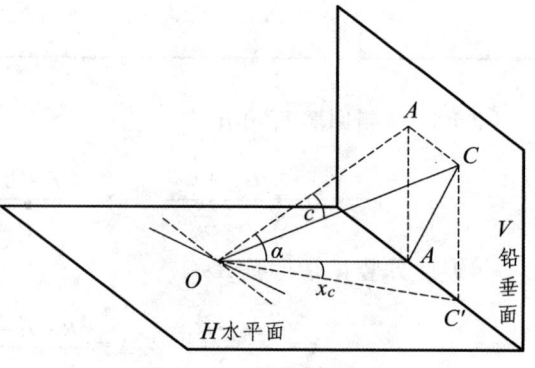

图3-14 视准轴误差

（1）分析。

① c对方向读数的影响：

$$\tan x_c = \frac{A'C'}{OA'} = \frac{AC}{OA\cos\alpha} = \tan c \cdot \sec\alpha$$

由于x_c、c均很小，可认为$\tan x_c \approx x_c$，$\tan c \approx c$，故

$$x_c = c \cdot \sec\alpha$$

② c对水平角值的影响：

由于角度由两个方向构成，设两目标点A、B的竖直角分别为α_A、α_B，则c对水平角值的影响为

$$\Delta x_c = x_{cB} - x_{cA} = c(\sec\alpha_B - \sec\alpha_A)$$

③ 由上式可知：视准轴误差与c角及目标点的竖直角有关：c角越大、两目标点高差越大，则Δx_c越大，当$\alpha_A = \alpha_B$时，$\Delta x_c = 0$。

（2）消减措施。

一个测回中，盘左、盘右观测水平角时，x_c值大小相等而符号相反，所以盘左、盘右观测取平均值，可自动抵消视准轴误差的影响。

2. 横轴误差

如图 3-14 所示,当横轴不垂直于竖轴时,与视准轴误差对水平角测量的影响类似。仪器整平后竖轴处于铅垂,而横轴必然倾斜,视线绕横轴旋转时形成一垂直于横轴的倾斜面 OAC,而非铅垂面 OAA'。它对水平度盘读数的影响为 x_i。设横轴对于水平线的倾角为 i,则 $\angle A'AC = i$。

（1）分析。

① i 对方向读数的影响:

$$\tan x_i = \frac{A'C}{OA'} = \frac{AA'\tan i}{oa'} = \tan i \cdot \tan \alpha$$

由于 x_i、i 均很小,可认为 $\tan x_i \approx x_i$, $\tan i \approx i$,故 $x_i = i \cdot \tan \alpha$。

② i 对水平角值的影响:

由于角度由两个方向构成,设两目标点 A、B 的竖直角分别为 α_A、α_B,则 i 对水平角值的影响为

$$\Delta x_i = x_{iB} - x_{iA} = i(\tan \alpha_B - \tan \alpha_A)$$

③ 由上式可知：横轴轴误差与 i 角及目标点的竖直角有关：i 角越大、两目标点高差越大,则 Δx_i 越大,当 $\alpha_A = \alpha_B$ 时,$\Delta x_i = 0$。

（2）消减措施。

一个测回中,盘左、盘右观测水平角时,角值大小相等而符号相反,所以盘左、盘右观测取平均值可抵消视准轴误差的影响。

3. 竖轴误差

（1）分析。

若水准管轴与竖轴不垂直,则使 $CC \perp HH$、$HH \perp VV$；当水准气泡居中时,VV 并不垂直,HH 也不水平。但它与横轴误差的区别在于,因 VV 不垂直,盘左、盘右观测水平角时,HH 总是向一个方向倾斜,盘左、盘右观测取平均值并不能消除水准管轴的误差影响。

（2）消减措施。

关键是保证竖轴铅垂。在某方向上使水准管气泡居中,然后使照准部旋转 180°,记录偏移量。用经纬仪整平的方法,使照准部在任何位置时,气泡偏移量总是总偏移量的 1/2,这时 VV 即处于铅垂状态。

4. 照准部偏心误差

照准部偏心差是指水平度盘的刻划中心与照准部的旋转中心不重合而产生的误差。如图 3-15 所示,当两中心重合时,盘左瞄准某一方向的正确读数为 a_1,盘右瞄准同一方向的正确读数为 a_2。但当有照准部偏心差存在时,照准部旋转中心 O' 就偏离水平度盘的刻划中心 O,此时盘左、盘右的读数为 a'_1、a'_2 与正确读数 a_1、a_2 各相差一个 x,并且符号相反。因此对于单指标读数的 DJ_6 型光学经纬仪,取同一方向盘左、盘右观测的平均值,即可消除此项影响。由于 DJ_2 型仪器采用了对径符号读数装置,在读数中已消除照准部偏心差的影响。

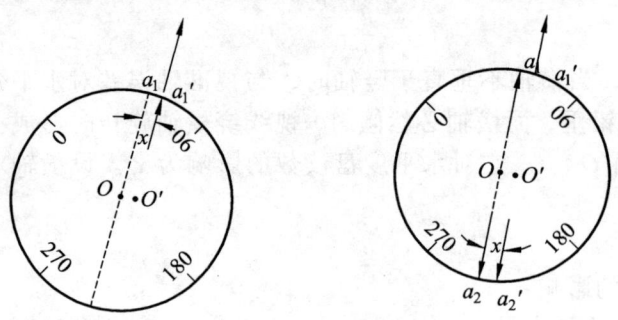

图 3-15 照准部偏心差

5．光学对中器误差

该误差导致测站偏心，其影响在观测误差中详述。

（二）观测误差

由于操作仪器时不够细心以及眼睛分辨率及仪器性能的客观限制，不可避免地在观测中会带有误差。

1．测站偏心误差

观测水平角时，对中不准确使得仪器中心与测站点的标志中心不在同一铅垂线上，造成测站偏心。

如图 3-16 中，设 O 为地面点，O' 为仪器中心，e 为测站偏心距，β 为实际水平角，β' 为所测水平角，过 O 点分别做平行于 $O'A$、$O'B$ 的平行线。则

$$\Delta\beta = \beta' - \beta = \delta_1 + \delta_2$$

因 δ_1、δ_2 很小，则

$$\delta_1 \approx \sin\delta_2 = \frac{e\sin\theta}{S_{OA}}\rho''$$

$$\delta_2 \approx \sin\delta_2 \frac{e\sin(\beta'-\theta)}{S_{OB}}\rho''$$

因此

$$\Delta\beta = e\left(\frac{\sin\theta}{S_{OA}} + \frac{\sin(\beta'-\theta)}{S_{OB}}\right)\rho''$$

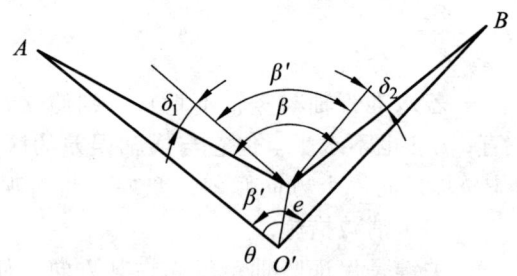

图 3-16 测站偏心误差

根据上式：

当 β'、θ 一定时，$\Delta\beta \propto e$；

当 e、θ 一定时，边长 S 越短，$\Delta\beta$ 则越大；

当 e、S 一定时，若 β' 接近 180°，θ 接近 90°，则 $\Delta\beta$ 为最大。

由此可知：目标点较近或水平角接近于 180°时，应尤其注意仔细对中。

2．目标偏心误差

造成目标偏心的原因是观测标志与地面点未在同一铅垂线上，致使视线偏移。其影响类似于测站偏心。

不难理解，目标偏心距越大，误差也越大。在目标点较近时，观测标志应尽可能使用垂球；并仔细瞄准，尽量瞄准目标底部。

3．照准及读数误差

照准目标时应仔细操作，用单丝切取目标中央或用双丝夹中目标。认真估读，DJ_6型经纬仪估读时宜特别注意。

（三）外界条件的影响

观测在一定的条件下进行，外界条件对观测质量有直接影响，如松软的土壤及大风影响仪器的稳定、日晒与温度变化影响水准管气泡的运动、大气层受地面热辐射的影响会引起目标影像的跳动等，这些都会给观测水平角带来误差。因此，要选择目标成像清晰稳定的有利时间观测，设法克服或避开不利条件的影响，以提高观测成果的质量。

二、角度测量注意事项

（1）仪器要稳定：防止仪器的不均匀下沉，测站应选在土质坚实的地方，要踩实三脚架使其稳定，观测时不要碰动三脚架。

（2）对中要准确：安置仪器时应仔细对中；当视线短时，对中误差不应超过3 mm；当水平角接近180°时，在与短边垂直方向上，对中尤其要严格。

（3）整平要仔细：一般规定在观测过程中水准管气泡偏离中央不应大于半格，若偏离超过一格，应重新整平；当观测目标的竖直角很大时，更要注意仪器的整平。

（4）目标要照准：观测时应尽量照准标志中心或目标的底部；后视要选在长边上，对光要仔细，注意消除视差。

（5）操作要规范：用测微轮时要用同一方向进行符合；强光时要给仪器打伞，选择在天气比较稳定和清晰的天气条件下进行观测。

（6）估读要准确：要记住所用仪器的度盘注记形式，精确估读尾数。

（7）观测要校核：为了消除视准轴不垂直横轴以及横轴不垂直竖轴对测角的影响，应采取盘左和盘右两次观测，误差在允许范围内，取平均值作为观测成果。

任务五 电子经纬仪

【任务介绍】

本任务主要介绍电子经纬仪的原理及使用方法。通过本任务的讲解，使学生掌握电子经纬仪的操作方法。

【任务目标】

知识目标：⊙ 了解精密电子经纬仪原理；
　　　　　⊙ 明确电子经纬仪操作方法。
技能目标：⊙ 培养学生使用电子经纬仪的操作能力。

【任务实施】

一、电子经纬仪原理

随着电子技术的发展，19世纪80年代出现了能自动显示、自动记录和自动传输数据的电子经纬仪。这种仪器的出现标志着测角工作向自动化迈出了新的一步。

电子经纬仪与光学经纬仪相比，外形结构相似，但测角和读数系统有很大的区别。电子经纬仪测角系统主要有编码度盘测角系统、光栅度盘测角系统、动态测角系统三种。由于目前电子经纬仪大部分是采用光栅度盘测角系统和动态测角系统，现介绍这两种的测角原理。

1. 光栅度盘测角原理

在光学玻璃上均匀地刻划出许多等间隔细线，即构成光栅。刻在直尺上用于直线测量，称为直线光栅。刻在圆盘上由圆心向外辐射的等角距光栅，称为经向光栅，因用于角度测量，故也称光栅度盘，见图3-17。

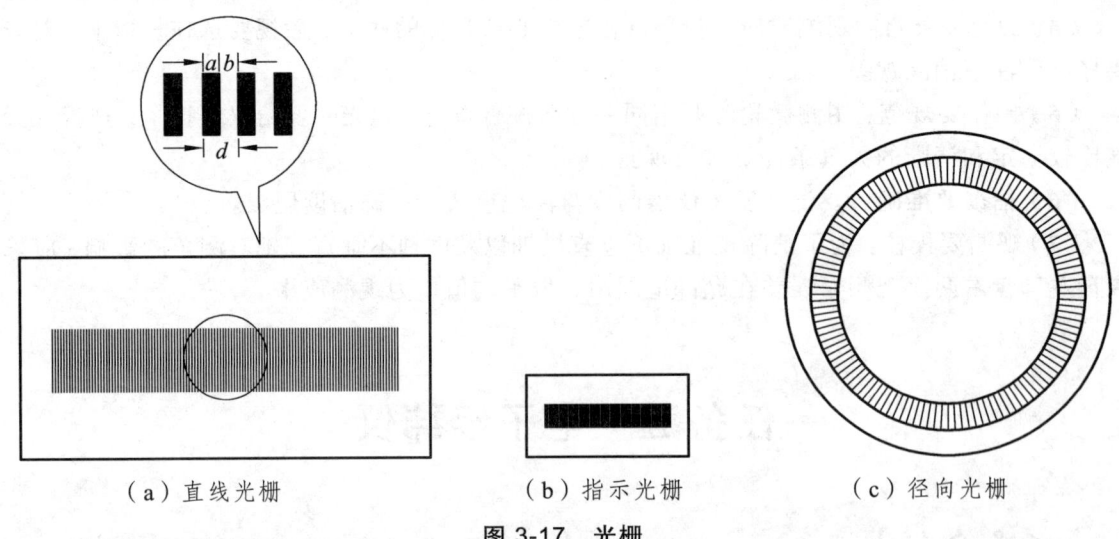

（a）直线光栅　　　　（b）指示光栅　　　　（c）径向光栅

图 3-17　光栅

光栅的基本参数是刻划线的密度和栅距。密度为一毫米内刻划线的条数。栅距为相邻两栅的间距。光栅宽度为 a，缝隙宽度为 b，栅距为 $d = a + b$。

电子经纬仪是在光栅度盘的上、下对称位置分别安装光源和光电接收机。由于栅线不透光，而缝隙透光，则可将光栅盘是否透光的信号变为电信号。当光栅度盘移动时，光电接收管就可对通过的光栅数进行计数，从而得到角度值。这种靠累计计数而无绝对刻度数的读数系统称为增量式读数系统。

由此可见，光栅度盘的栅距就相当于光学度盘的分划，栅距越小，则角度分划值越小，即测角精度越高。为了再提高测角精度，在光栅度盘测角系统中，采用了莫尔条纹技术进行测微。

所谓莫尔条纹，就是将两块密度相同的光栅重叠，并使它们的刻划线相互倾斜一个很小的角度，此时便会出现明暗相间的条纹，如图 3-18（a）所示，该条纹即称为莫尔条纹。

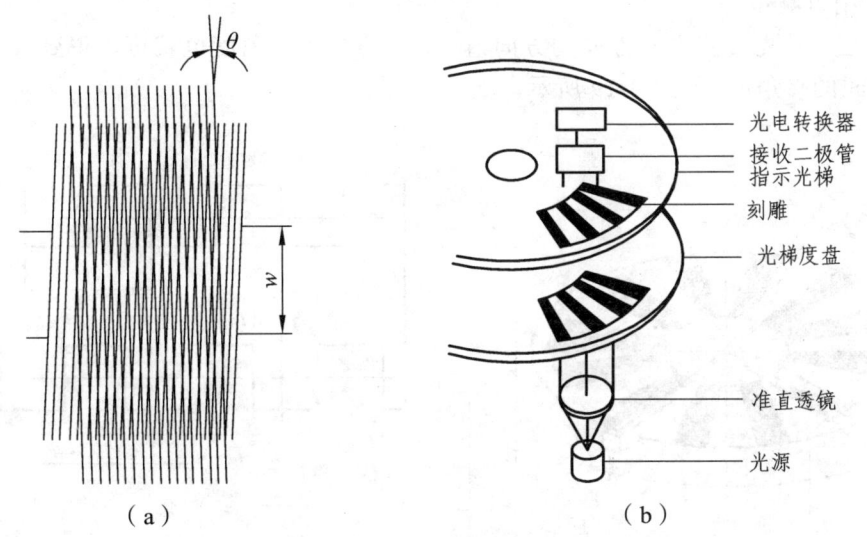

图 3-18　光栅度盘测角原理

使用光栅度盘的电子经纬仪，如图 3-18（b）所示，其指示光栅、发光管（光源）、光电转换器和接收二极管位置固定，而光栅度盘与经纬仪照准部一起转动。发光管发出的光信号通过莫尔条纹落到光电接收管上，度盘每转动一栅距（d），莫尔条纹就移动一个周期（ω）。所以，当望远镜从一个方向转动到另一个方向时，流过光电管光信号的周期数，就是两方向间的光栅数。由于仪器中两光栅之间的夹角是已知的，所以通过自动数据处理，即可算得并显示两方向间的夹角。为了提高测角精度和角度分辨率，仪器工作时，在每个周期内再均匀地填充 n 个脉冲信号，计数器对脉冲计数，则相当于光栅刻划线的条数又增加了 n 倍，即角度分辨率就提高了 n 倍。

为了判别测角时照准部旋转的方向，采用光栅度盘的电子经纬仪其电子线路中还必须有判向电路和可逆计数器。判向电路用于判别照准时旋转的方向，若顺时针旋转时，则计数器累加；若逆时针旋转时，则计数器累减。

2. 动态测角原理

后述 WILDT2000 电子经纬仪采用的就是动态测角原理。该仪器的度盘仍为玻璃圆环，测角时，由微型马达带动而旋转。共度盘分成 1 024 个分划，每一分划由一对黑白条纹组成，白的透光，黑的不透光，相当于栅线和缝隙，其栅距设为 φ_0，如图 3-19 所示。光阑 L_S 固定在基座上，称固定光阑（也称光闸），相当于光学度盘的零分划；光阑 L_R 在度盘内侧，随照准部转动，称活动光阑，相当于光学度盘的指标线。它们之间的夹角即为要测的角度值。

因此这种方法称为绝对式测角系统。两种光阑距度盘中心远近不同,照准部旋转以瞄准不同目标时,彼此互不影响。为消除度盘偏心差,同名光阑按对径位置设置,共4个(两对),图中只绘出两个。竖直度盘的固定光阑指向天顶方向。

光阑上装有发光二极管和光电二极管,分别处于度盘上、下侧。发光二极管发射红外光线,通过光阑孔隙照到度盘上。当微型马达带动度盘旋转时,因度盘上明暗条纹而形成透光亮的不断变化,这些光信号被设置在度盘另一侧的光电二极管接收,转换成正弦波的电信号输出,用以测角。

测量角度,首先要测出各方向的方向值,有了方向值,角度也就可以得到。方向值表现为 L_R 与 L_S 间的夹角 φ,如图3-19所示。

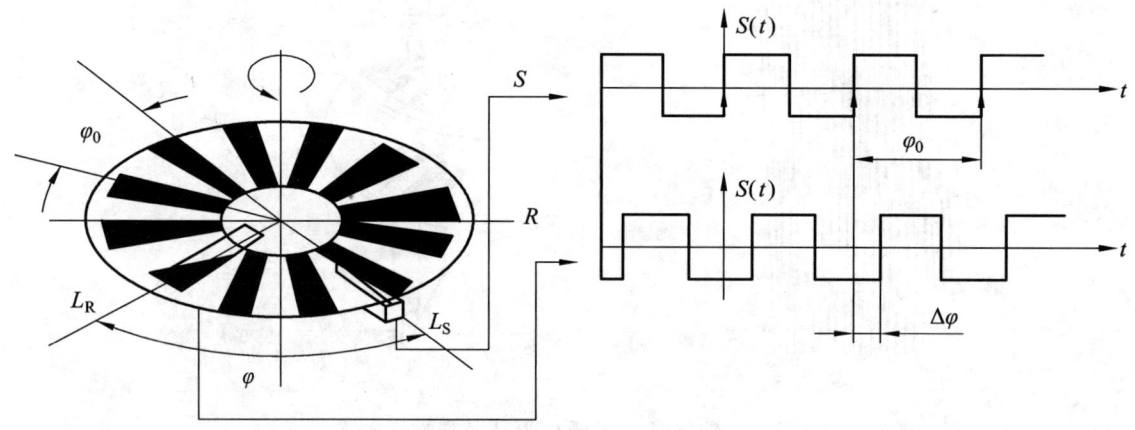

图 3-19 动态测角原理

设一对明暗条纹(即一个分划)相应的角值即栅距为 φ_0。

由图3-19可知,角度 φ 为 n 个整周期 φ_0 和不足整周数的 $\Delta\varphi$ 分划值之和。它们分别由粗测和精测求得,即

$$\varphi = n\varphi_0 + \Delta\varphi$$

粗测,求出 φ_0 的个数 n。然后精测,测算 $\Delta\varphi$,如图3-19所示,当光阑对度盘扫描时,L_R 与 L_S 各自输出正弦波电信号 R 和 S,经过整形成方波,运用测相技术便可测出相位差 $\Delta\varphi$。粗测和精测信号送角度处理器处理并衔接成完整的角度(方向)值,送中央处理器,然后由液晶显示器显示或记录于数据终端。

动态测角直接测得的是时间 T 和 ΔT,因此,微型马达的转速要均匀、稳定,这是十分重要的。

二、电子经纬仪使用

图3-20是瑞士 WILD 厂生产的 T2000 电子经纬仪。该仪器测角精度为 ±0.5″。其竖直角测量采用硅油液体补偿器,可实现竖盘自动归零。补偿器工作范围为 ±10′,补偿精度为 ±0.1″。

仪器两侧都设有操纵面板,由键盘和三个显示器组成。键盘上有18个键。在三个显示器中,一个提示显示内容,两个显示数据。

仪器的测角模式有两种：一种是单次测量，精度较高；另一种是跟踪测量，即随着经纬仪的转动自动测角。测角显示可以设置到 0.1″、1″、10″或 1′。

仪器内嵌有电池盒。充满后可用单次测角 1 500 个。测量结果存储在仪器内，通过数据传输线传到计算机上。

若将电子经纬仪与光电测距仪联机，即构成电子速测仪，或称电子全站仪。

使用电子经纬仪时，首先要在测站点上安置仪器，在目标点上安置反射棱镜，然后瞄准目标，最后在操作键盘上按测角键，显示屏上即显示角度值。电子经纬仪对中、整平以及瞄准目标的操作方法与光学经纬仪一样。

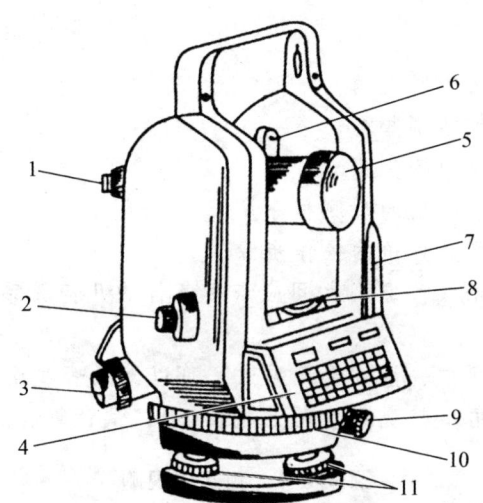

图 3-20 电子经纬仪构造

1—目镜；2—望远镜制动、微动螺旋；3—水平制动、微动螺旋；4—操纵面板；5—望远镜；6—瞄准器；7—内嵌式电池盒；8—管水准器；9—轴座连接螺旋；10—概略定向度盘；11—脚螺旋

【技能训练一】

每个小组每个同学应用测回法观测∠AOB 三个测回，并独立完成记录和计算。注意测回间要按要求变换读盘位置。

1. 仪器准备

每组由仪器室借领：经纬仪 1 台，测钎 2 根，水平角测回法外业记录表格。

2. 人员组成

每个小组平均由 5 名同学组成，其中每个同学观测三测回，独立完成观测及记录，最终以小组的观测成果为评价标准。

【技能训练二】

每个小组每个同学应用测回法观测∠AOB 两个方向 A、B 竖直角各 2 个测回，并独立完成记录和计算。

1. 仪器准备

每组由仪器室借领：经纬仪1台，花杆2根，外业记录表格。

2. 人员组成

每个小组平均由5名同学组成，其中每个同学观测两个方向各2测回，独立完成观测及记录，最终以小组的观测成果为评价标准。

【项目考核】

1. 什么叫水平角？什么叫竖直角？
2. 经纬仪的技术操作包括哪些？
3. 简述用光学对中器对中的步骤。
4. 叙述用测回法观测水平角的观测程序。
5. 试述光学经纬仪观测竖直角的操作步骤。
6. 经纬仪有哪些主要轴线？它们之间应满足怎样的几何关系？为什么必须满足这些几何关系？
7. 观测水平角时采用盘左、盘右观测方法，可以消除哪些误差对测角的影响？
8. 用测回法观测水平角，其观测数据见题表3-1，试计算各测回角值。

题表3-1 测回法观测

测站	盘位	目标	水平度盘读数/(°′″)	水平角/(°′″)		备注
				半测回水平角	测回值	
O	左	A	00 00 12			
		B	304 40 30			
	右	A	180 00 48			
		B	124 40 54			
M	左	C	00 01 10			
		D	60 40 20			
	右	C	180 02 40			
		D	240 41 40			

9. 在 O 点架设经纬仪，观测 M、N 两点，其竖盘读数见题表3-2。
（1）试计算各竖直角；（2）求竖盘指标差 X。

题表 3-2　竖直角观测

测站	目标	盘位	竖盘读数 /(° ′ ″)	半测回竖直角	指标差	一测回竖直角 /(° ′ ″)	备注
O	M	左	69　17　24				
		右	290　41　54				
	N	左	98　35　48				
		右	261　23　40				

10. 计算题表 3-3 中全圆方向观测法观测记录（DJ_2 型仪器）。

题表 3-3　方向观测法

测站	测回数	目标	读数 盘左	读数 盘左	左-(右±180°) (2c)	左+右±180° 2 方向值	归零方向值	各测回平均方向值	角值	略图
			° ′ ″	° ′ ″	″	° ′ ″	° ′ ″	° ′ ″	° ′ ″	
		A	0　02　00	180　02　18						
		B	60　32　30	240　32　24						
		C	135　03　48	315　03　36						
		D	210　53　42	30　53　54						
		A	0　02　18	180　02　24						
		A	90　17　26	270　17　34						
		B	150　47　47	330　47　57						
		C	225　18　59	45　18　47						
		D	301　09　09	121　09　21						
		A	90　17　38	270　17　30						

项目四　距离测量

本项目主要介绍钢尺量距、视距测量、光电测距等距离测量的几种方法。通过本项目的学习，确保学生能掌握距离测量的基本知识点，并且能够采用以上三种方法完成距离观测任务。

任务一　钢尺量距

【任务介绍】

本任务主要介绍钢尺量距方法。通过本任务的讲解，促使学生熟练掌握钢尺量距的方法。

【任务目标】

知识目标：⊙ 掌握直线定线方法；
　　　　　⊙ 掌握钢尺量距方法及精度。
技能目标：⊙ 培养学生直线定线的操作能力；
　　　　　⊙ 培养学生钢尺量距的操作能力。

【任务实施】

距离是确定地面点位置的基本要素之一，测量上要求的距离是指两点间的水平距离（简称平距）。若测得的是倾斜距离（简称斜距），还须将其换算为平距。水平距离测量的方法很多，按所用测距工具的不同，测量距离的方法一般有钢尺量距、视距测量、光电测距等。钢尺量距，其工具简单，但易受地形限制，一般适用于平坦地区的测距。视距测量能克服地形条件限制，但其测距精度低于钢尺量距，且随着所测距离的增大而大大降低，适合于低精度的近距离测量。电磁波测距操作轻便、效率高，测距精度高，目前已普遍应用于各种工程测量中。

一、钢尺量距

钢尺量距工具简单、经济实惠，其测距的精度可达到 1/5 000 ~ 1/1 000，精密测距的精度可以达到 1/40 000 ~ 1/10 000，适合于平坦地区距离测量。

（一）钢尺量距常用工具

1. 钢 尺

钢尺也称钢卷尺，是用钢制成的带状尺，尺的宽度为 1 ~ 1.5 cm，厚度约 0.4 cm，长度有 20 m、30 m、50 m 等几种。钢尺有卷放在圆盘形的尺壳内的，也有卷放在金属尺架上的，如图 4-1 所示。钢尺的分划也有好几种，有的以厘米为基本分划，适用于一般量距；有的也以厘米为基本分划，但尺端第一分米内有毫米分划；有全部以毫米为基本分划的。后两种适用于较精密的距离丈量。钢尺的分米和米的分划线上都有数字注记。

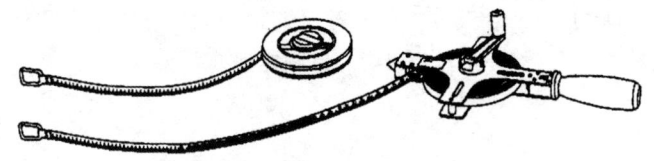

图 4-1 钢尺量距

根据零点位置的不同，钢尺有端点尺和刻划尺两种。端点尺是以尺的最外端作为尺的零点。端点尺方便从墙根起量距；刻划尺是以尺前端的一刻划线作为尺的零点，这种尺可以获得较高的丈量精度。

钢尺的优点：钢尺抗拉强度高，不易拉伸，所以量距精度较高。在工程测量中常用钢尺量距。

钢尺的缺点：钢尺性脆，易折断，易生锈。使用时要避免扭折，防止受潮。

2. 标 杆

标杆主要用于直线的定线和在倾斜尺段上进行水平丈量时标定尺段点位。它多用木料或铝合金制成，直径约 3 cm，全长有 2 m、2.5 m 及 3 m 等几种规格。杆上油漆成红、白相间的 20 cm 色段，标杆下端装有尖头铁脚，便于插入地面，作为照准标志。

3. 测 钎

测钎一般用 $\phi 8$ 的铅丝或 $\phi 4$ 的钢筋制成，长 30 ~ 40 cm，一端磨尖便于插入土中准确定位；另一端卷成圆环，便于串在一起携带。测钎主要用于标定尺段和作为定线的标志。

（二）直线定线

一般丈量的边长都比整根尺子长，这样两点之间的距离就需要丈量若干尺段，为使尺段点位不偏离测线的方向，就需要进行直线定线。所谓直线定线，就是用木桩在地面上标定欲丈量直线走向的工作，即将所有尺段点（也称节点）都标定在两点连线所决定的铅垂面内。定线工作一般用目估或仪器进行。

1. 目测定线

一般精度量距对定线的精度要求不高，可采用目测定线的方法。如图 4-2 所示，设 A、B 两点相互通视，要在 A、B 两点的直线上分段 1、2 点。先在 A、B 点上竖立标杆，甲站在

A 点标杆后约 1 m 处，指挥乙左右移动标杆，直到甲在 A 点沿标杆的同一侧看到 A、2、B 三支标杆成一条线为止。同理，可以定出直线上的其他点。定线时一般要求点与点之间的距离稍小于一整尺长，地面起伏较大时则宜更短；乙所持的标杆应竖直，利用食指和拇指夹住标杆的上部，稍微提起，利用重心使标杆自然竖直。此外。为了不挡住甲的视线，乙应持标杆站立在直线方向的左侧或右侧。目测定线的偏差一般小于 10 cm，若尺段长为 30 m 时，由此引起的距离误差小于 0.2 mm，在图根控制测量中是可以忽略不计的。

图 4-2　目测定线

2. 仪器定线

仪器定线一般用经纬仪进行，经纬仪定线主要用于精密量距中。设 A、B 两点相互通视，将经纬仪安置在 A 点，用望远镜纵丝瞄准 B 点，如图 4-3 所示，制动照准部，望远镜上下转动，指挥在两点间某一点上的助手，左右移动标杆，直至标杆像为纵丝所平分。为了减小照准部误差，精密定线时，可用直径更细的测钎或垂球线代替标杆。

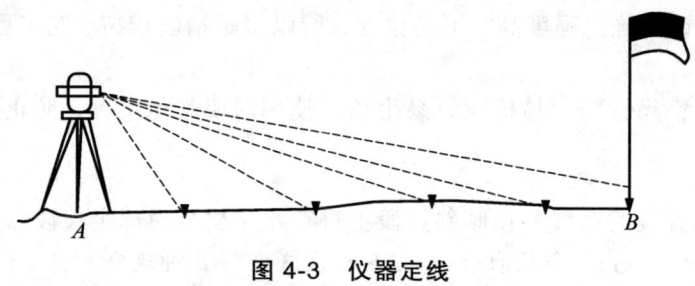

图 4-3　仪器定线

二、钢尺距离测量方法

（一）钢尺测距的一般方法

1. 平坦地面的距离丈量

当地面平坦时，可沿地面直接丈量水平距离。丈量距离时一般需要 3 人，前、后尺各 1 人，记录 1 人。如图 4-4 所示，丈量前先在直线两端点 A、B 立标杆，并清除待量直线上的障碍物。丈量时，后尺手持钢尺零点一端，前尺手持钢尺末端并持一束测钎沿定线方向丈量。丈量时用适当的拉力（100N 左右）拉紧钢尺，并保持钢尺水平，当后尺手将钢尺零点对准起点（或测钎）后，前尺手对准钢尺末端插入测钎（如果在水泥地面上丈量插不下测钎时，也可以用粉笔在地面上画线做记号）喊"好"，得到 1 点，即量完一个尺段。然后前、后尺手抬尺前进，当后尺手到达 1 点处时停住，再重复上述操作，量完第二尺段。依次前进，直到量完 AB 直线的最后一段为止。

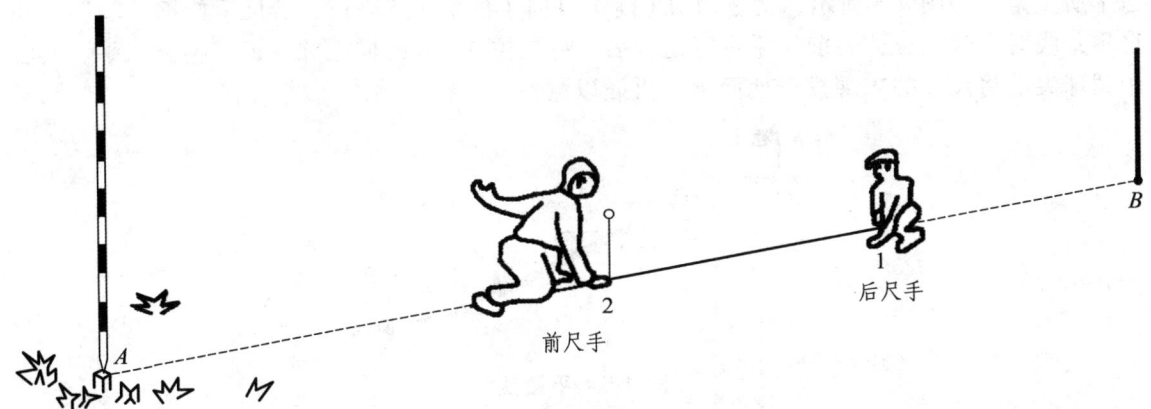

图 4-4 平坦地面的距离丈量

最后的一段距离一般不会刚好是整尺段的长度，称为余长。丈量余长时，前尺手在钢尺上读取余长值，则最后 A、B 两点间的水平距离为

$$D_{AB} = n \cdot l_0 + q$$

式中　n——整尺段数；
　　　l_0——整尺段长；
　　　q——余长。

为了防止错误和提高丈量的精度，通常要进行往返丈量。往返丈量结果之差与距离全长之比称为相对误差。距离丈量一般用相对误差的形式来表示成果的精度，其值不应超过规定限差。符合限差规定时，取往返丈量结果平均值作为丈量的最后结果。

往返丈量距离较差的相对误差定义式为

$$K = \frac{|D_{AB} - D_{BA}|}{\overline{D_{AB}}} = \frac{1}{M} \tag{4-1}$$

式中，$\overline{D_{AB}}$ 为往、返丈量距离的平均值。在计算相对误差时，一般化成分子为 1 的分式，相对误差的分母越大，说明量距的精度越高。

在平坦地区，钢尺的相对误差一般应不大于 1/3 000；在量距困难地区，其相对误差也不应大于 1/1000。当量距的相对误差没有超出上述规定时，可取往、返测距离的平均值 $\overline{D_{AB}}$ 作为两点间的水平距离。

例：一条直线往测长度为 423.56 m，返测长度为 423.46 m，则其相对误差为

$$K = \frac{423.56 - 423.46}{423.51} \approx \frac{1}{4\,200}$$

平坦地区要求相对误差不大于 1/3 000。该次丈量结果合乎要求，取其平均值作为最后结果，即 (423.56 + 423.46)/2 = 423.51 m。

2. 倾斜地面的距离丈量

（1）平量法。

沿倾斜地面丈量距离，当地势起伏不大时，可将钢尺的一端抬高或两端同时抬高使尺子

水平后丈量。如图 4-5 所示，丈量由 A（高）点向（低）B 点进行，后尺手持钢尺零端，并将零刻线对准起点 A 点，前尺手进行定线后，将尺拉在 AB 方向上并使尺子抬高水平，然后用锤球尖端将尺段的末端投于地面上，再插以测钎。

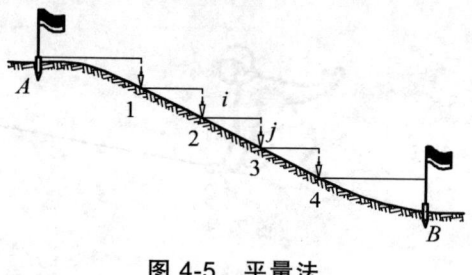

图 4-5　平量法

若地面倾斜较大，将钢尺抬平有困难时，可将一尺段分为几段来平量。由于从坡下向坡上丈量困难较大，故一般采用两次从坡上到坡下的独立丈量；若两次丈量较差在规定范围内，则取其平均值作为最后结果。

（2）斜量法。

当倾斜地面的坡度比较均匀时，如图 4-6 所示，可以沿着斜坡丈量出 A、B 的斜距 L，测出地面倾斜角 α 或两端点的高差 h，然后按下式计算 A、B 的水平距离：

$$D = L\cos\alpha = \sqrt{L^2 - h^2} \tag{4-2}$$

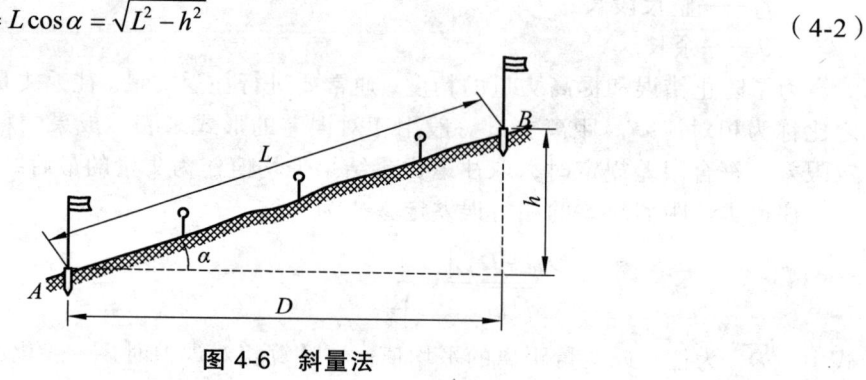

图 4-6　斜量法

任务二　视距测量

【任务介绍】

本任务主要介绍视距测量原理及方法。通过本任务的讲解，促使学生能应用视距测量方法观测距离。

【任务目标】

知识目标：⊙ 掌握视距测量原理；

⊙ 掌握视距测量施测方法及计算。
技能目标： ⊙ 培养水准仪进行视距测量的能力；
⊙ 培养学生使用经纬进行视距测量的能力。

【任务实施】

一、视距测量原理

视距测量是一种间接测距方法，它是利用仪器望远镜内十字丝分划板上的视距丝及刻有厘米分划的视距标尺（塔尺或普通水准尺），根据光学和三角学原理同时测定两点间的水平距离和高差的一种快速方法。普通视距测量与钢尺量距相比较，具有速度快、劳动强度小、受地形条件限制少等优点。但测距精度较低，其测量距离的相对误差约为 1/300，低于钢尺量距；测定高差的精度低于水准测量和三角高程测量。视距测量广泛用于地形测量的碎部测量。

1．视线水平时的视距测量原理

如图 4-7 所示，AB 为待测距离，在 A 点安置经纬仪，B 点竖立视距尺，设望远镜视线水平，瞄准 B 点的视距尺，此时视线与视距尺垂直。

图 4-7 中，$P=\overline{nm}$ 为望远镜上、下视距丝的间距，$l=\overline{NM}$ 为视距间隔，f 为望远镜物镜焦距，δ 为物镜中心到仪器中心的距离。

由于望远镜上、下视距丝的间距 p 固定，因此从这两根丝引出去的视线在竖直面内的夹角 φ 是固定的角度。设由上、下视距丝 n、m 引出去的视线在标尺上的交点分别为 N、M，则在望远镜视场内可以通过读取交点的读数 N、M 求出视距间隔 l。图 4-7（b）所示的视距间隔为 $l=1.385-1.188=0.197$ m。（注：图示为倒像望远镜的视场，应从上往下读数）

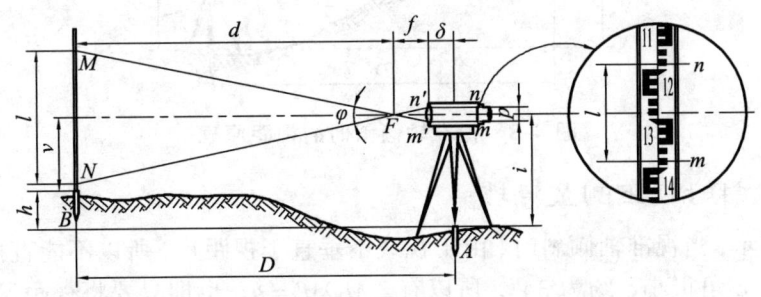

图 4-7 视准轴水平时的视距测量原理图

由于 $\triangle n'm'F$ 相似于 $\triangle NMF$，所以有 $\dfrac{d}{f}=\dfrac{l}{p}$，则

$$d=\dfrac{f}{p}l \qquad (4-3)$$

顾及式（4-3），由图 4-7 得

$$D = d + f + \delta = \frac{f}{p}l + f + \delta \tag{4-4}$$

令 $K = \frac{f}{p}, C = f + \delta$，则有

$$D = Kl + C \tag{4-5}$$

式中，K、C 分别为视距乘常数和视距加常数。设计制造仪器时，通常使 $K = 100$，C 接近于零，因此，视准轴水平时的视距计算公式为

$$D = Kl = 100l \tag{4-6}$$

如果再在望远镜中读出中丝读数 V（或者取上、下丝读数的平均值），用小钢尺量出仪器高 i，则 A、B 两点的高差为

$$h = i - v \tag{4-7}$$

如果已知测站点的高程 H_A，则立尺点 B 的高程为

$$H_B = H_A + h = H_A + i - v$$

图 4-7 所示的视距为

$$D = 100 \times 0.197 = 19.7 \text{ (m)}$$

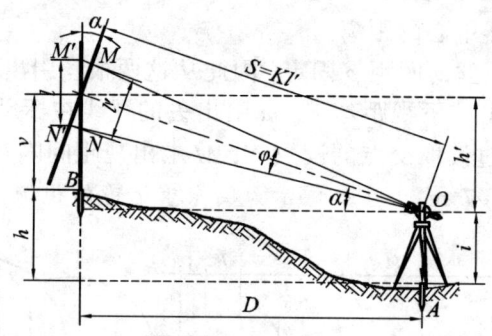

图 4-8　视准轴倾斜时的视距原理

2. 视线倾斜时视距测量原理

如图 4-8 所示，当视准轴倾斜时，由于视线不垂直于视距尺，所以不能直接应用式（4-6）计算视距。由于 φ 角很小，约为 $34''$，所以有 $\angle MOM' = \alpha$，也即只要将视距尺绕与望远镜视线的交点 O 旋转（如图中的 α 角）后就能与视线垂直，并有

$$l' = l \cos \alpha \tag{4-8}$$

则望远镜旋转中心 Q 与视距尺旋转中心 O 的视距为

$$S = Kl' = Kl \cos \alpha \tag{4-9}$$

由此求得 A、B 两点间的水平距离为

$$D = S\cos\alpha = KL\cos^2\alpha \qquad (4\text{-}10)$$

设 A、B 的高差为 h，由图 4-8 容易列出方程：

$$h + v = h' + i$$

式中，

$$h' = S\sin\alpha = Kl\cos\alpha\sin\alpha$$
$$= \frac{1}{2}Kl\sin 2\alpha$$

将其代入上式，得高差计算公式为

$$h = h' + i - v$$
$$= \frac{1}{2}Kl\sin 2\alpha + i - v$$
$$= D\tan\alpha + i - v \qquad (4\text{-}11)$$

这样就可以由已知高程点推算出待求高程点的高程，即

$$H_B = H_A + h = H_A + h + i - v \qquad (4\text{-}12)$$

例：设测站点的高程 $H_A = 50.25$ m，仪器高 $i = 1.43$ m，观测竖直角时以中丝切准尺面使 $v = 1.43$ m，此时下丝读数 $m = 1.684$ m，上丝读数 $n = 1.132$ m，竖直度盘盘左读数 $L = 88°05'36''$（竖盘为顺时针注记，竖盘指标差为 0）。计算 A 到 B 点的平距 D 及 B 点的高程 H_B。

解：$\alpha = 90° - L = 90° - 88°05'36'' = 1°54'24''$

$D = Kl\cos^2\alpha = 100(1.684 - 1.132)\cos^2 1°54'24'' = 55.14$（m）

$h_{AB} = D\tan\alpha = 55.14 \times \tan 1°54'24'' = 1.84$（m）

$H_B = H_A + h_{AB} = 50.25 + 1.84 = 52.09$（m）

视距测量的主要误差来源有视距丝在标尺上的读数误差、标尺不竖直的误差、垂直角观测误差及大气折光影响等。

二、视距测量方法

（1）将经纬仪安置在测站 A 上，对中、整平，如图 4-7 所示，量取仪器高 i（量至厘米）。

（2）将视距尺立于 B 点上，盘左位置，转动望远镜照准视距尺，依次读取上丝、下丝和中丝读数，计算视距间隔（$l = $ 上丝读数 – 下丝读数）。

（3）在中丝读数不变的情况下读取竖盘读数（读数前必须使竖盘指标水准管气泡居中或自动补偿器归零），并计算出竖直角 α。

（4）根据测得的 l、α、V 和 i 按式（4-11）、（4-12）计算水平距离 D 和高差，再根据测站点高程计算出各点高程。

三、视距测量注意事项

（1）因为视距测量主要按视距丝来读取标尺分划数，而视距会遮盖一定的宽度，估读难

以确定。因此。可都依视距丝的上边缘（或下边缘）读数，以减少读数误差。

（2）当倾斜视距的竖角超过8°时，应特别注意立直标尺，否则将产生较大的视距误差。为此，标尺上最好安有圆水准器且其工作正常，以保证标尺竖直。

（3）视线应距地面有一定高度，以减少地面辐射热对读数的影响。

（4）视距乘常数 k 值对视距结果有系统的影响，测量前必须准确测定 k 值，必要时对距离数值进行改正。

任务三　光电测距仪原理及全站仪使用

【任务介绍】

本任务主要介绍电磁波测距原理、测距精度、全站仪的原理及操作方法。通过本任务的讲解，使学生具备操作全站仪测距、测角、测坐标的能力。

【任务目标】

知识目标：⊙ 掌握电磁波测距原理；
　　　　　⊙ 掌握全站仪原理及使用方法。
技能目标：⊙ 培养学生电磁波测距的理解能力；
　　　　　⊙ 培养学生全站仪测角、测距的操作能力。

【任务实施】

一、电磁波测距基本方法

电磁波测距（简称 EDM）是利用电磁波作为测距信号和载波进行长度测量的一门技术。电磁波的波谱包括：无线电波（含微波）、红外光、可见光、紫外光、X射线和 γ 射线等。

电测波测距是通过测定电磁波波束在待测距离上往返传播的时间来确定待测距离的。如图4-9所示，欲测量 A、B 两点间的距离 D，在 A 点安置电磁波测距仪，在 B 点设置反射棱镜，测距仪发出的电磁波信号经反射棱镜反射，又回到测距仪主机。如果测定电磁波信号在 A、B 往返之间传播的时间 t，则距离 D 可按下式计算：

$$D = \frac{1}{2} C \cdot t \tag{4-13}$$

式中，C 为电磁波在大气中的传播速度（约 3×10^8 m/s）。而电磁波往返传播的时间 t，可以直接测定，也可以间接测定。

不难看出，利用电磁波测距，只要在测距仪的测程范围内，中间无障碍，在任何地形条件下的距离测量都是十分快捷便利的，因此被广泛用于大地测量、工程测量、地形测量、地籍测量和房地产测绘中。

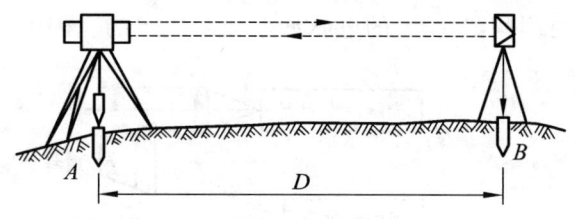

图 4-9 电测波测距基本方法

二、电磁波测距仪种类

电磁波测距仪按原理分为脉冲式测距仪、相位式测距仪、脉冲-相位式测距仪；按载波不同分为微波测距仪、激光测距仪、红外测距仪等；按结构分为分离式测距仪、组合式测距仪；按精度分为Ⅰ级（$m_D \leq 5$ mm）、Ⅱ级（5 mm $\leq m_D \leq 10$ mm）、Ⅲ级（10 mm $\leq m_D \leq 20$ mm）；按测程分为短程测距仪、中程测距仪和远程测距仪等几种。微波和激光测距仪多属于长程测距，测程可达 60 km，一般用于大地测量；而红外测距仪属于中、短程测距仪（测程为 15 km 以下），一般用于小地区控制测量、地形测量、地籍测量和工程测量等。

测距仪的标称精度一般表示为

$$a + b \times 10^{-6} \times D \tag{4-14}$$

式中　a——固定误差（mm），与测程长短无关；

　　　b——比例误差，与测程 D 成正比。

例：某测距仪的出厂标称精度为 2 mm + 2 ppm$D$，用此仪器测量 2 km 的测程。问：其边长误差为多少？

解：由式（4-14）可知，$a = 2$ mm，$b = 2 \times 10^{-6} \times 2 \times 10^{-3} = 4$（mm），设边长误差为 m_D，则 $m_D = 2 + 4 = 6$ mm。

三、电磁波测距的基本原理

电磁波测距仪按测量测距信号往返传播时间 t 的方法不同，分为脉冲式测距仪和相位式测距仪两种。脉冲式测距仪直接测定 t，而相位式测距仪间接测定 t。

（一）脉冲式测距基本原理

脉冲法测距就是直接测定仪器所发射的脉冲信号往返于被测距离的传播时间，从而得到待测距离。图 4-10 为其工作原理框图。

由光电脉冲发射器发射出一束光脉冲，经发射光学系统投射到被测目标上。与此同时，由取样棱镜取出一小部分光脉冲送入光电接收系统，并由光电接收器转换为电脉冲（称为主脉冲波），作为计时的起点；从被测目标反射回来的光脉冲也通过光电接收系统后，由光电接收器转换为电脉冲（也称回脉冲波），作为计时的终点。可见，主脉冲波和回脉冲波之间的时间间隔是光脉冲在测线上往返传播的时间 t_{2D}。而 t_{2D} 是通过计数器并由标准时间脉冲

振荡器不断产生的具有时间间隔（t）的电脉冲数 n 来决定的。因为

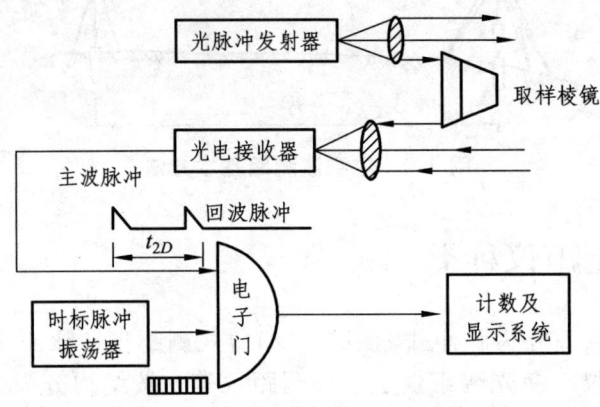

图 4-10 脉冲法测距的基本原理

$$t_{2D} = nt \tag{4-15}$$

则

$$D = Cnt/2 = nd \tag{4-16}$$

式中，n 为标准时间脉冲的个数；$d = Ct/2$，即在时间 t 内，光脉冲往返所走的一个单位距离。所以，我们只要事先选定一个 d 值（如 10 m、5 m、1 m 等），记下送入计数系统的脉冲数目，就可以直接把所测距离（$D = nd$）用数码显示器显示出来。

（二）相位式测距基本原理

所谓相位法测距，就是通过测量连续的调制信号在待测距离上往返传播产生的相位变化来间接测定传播时间，从而求得被测距离。图 4-11 表示其工作原理。

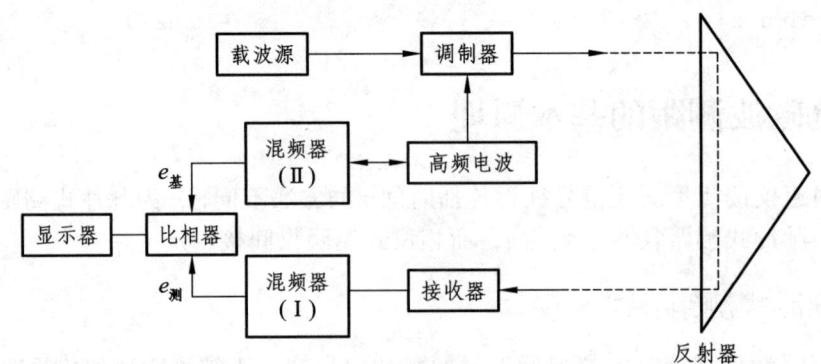

图 4-11 相位式测距的基本原理

由载波源产生的光波经调制器被高频电波所调制，成为连续调制信号。该信号经测量路线达到彼端反射器，经反射后被接收器所接收，再进入混频器（Ⅰ），变成低频（或中频）测距信号 $e_{测}$。另外，在高频电波对载波进行调制的同时，仪器发射系统还产生一个高频信号，此信号经混频器（Ⅱ）混频后成为低频（或中频）基准信号 $e_{基}$。$e_{测}$ 和 $e_{基}$ 在比相器中进行相

位比较，由显示器显示出调制信号在两倍测线距离上传播所产生的相位移，或者直接显示出被测距离值。

如图 4-12 所示，若在 A 点的测距仪向 B 处反射棱镜连续发射角频率 ω 振幅 e_m 的调制光波信号 e_1，经接收系统接收反射回来的反射波信号为 e_2，则经过 t_{2D}（调制波往返于测线所经历的时间）后，发射波与反射波之间的相位差为

$$\varphi = e_2 - e_1 = e_m \sin(\omega t - \omega t_{2D}) - e_m \sin \omega t = \omega t_{2D} \tag{4-17}$$

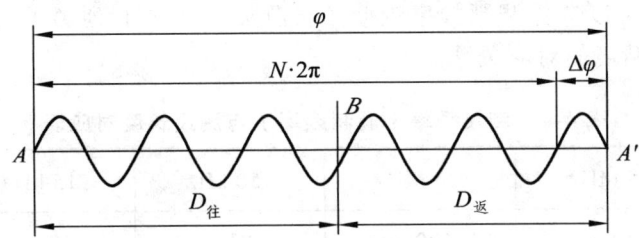

图 4-12 信号往返一次的相位差

若测出相位差，则可以由式（4-17）解出调制波在测线上往返传播的时间 t_{2D} 为

$$t_{2D} = \frac{\varphi}{\omega} = \frac{\varphi}{2\pi f} \tag{4-18}$$

式中，f 为调制波频率。将上式代入式（4-13）中可得用相位差表示的测距公式：

$$D = \frac{1}{2} C \frac{\varphi}{\omega} = \frac{1}{2} C \frac{\varphi}{2\pi f} = \frac{C}{4\pi f} \varphi \tag{4-19}$$

由图 4-16 可以看出：

$$\varphi = 2N\pi + \Delta\varphi = 2\pi(N + \Delta N) \tag{4-20}$$

式中　N——相位差中的整周期数；

$\Delta\varphi$——不足一个周期的相位差的尾数；

ΔN——$\Delta\varphi$ 对应的小数周期，$\Delta N = \dfrac{\Delta\varphi}{2\pi}$。

将式（4-20）代入式（4-19），得

$$D = \frac{C}{4\pi f} \cdot 2\pi(N + \Delta N) = \frac{\lambda}{2}(N + \Delta N) \tag{4-21}$$

式中，λ 为测距信号波长，$\lambda = C/f$。为便于说明问题，令 $U = \lambda/2$，则上式变为

$$D = U(N + \Delta N) \tag{4-22}$$

式（4-22）就是相位法测距的基本公式。显然相位法测距相当于用一把长度为 U 的"电

尺"来丈量被测距离。被测距离等于 N 个整尺段再加上余长 $\Delta N \cdot U$。由于 U 是已知的，因此欲得到距离 D 必须测定两个量：一个是"整波数" N；另一个是"余长" ΔN，亦即相位差尾数 $\Delta\varphi$ 值（因 $\Delta N = \Delta\varphi/2\pi$）。在相位式测距仪中，一般只能测定 $\Delta\varphi$（或 ΔN），无法测定整波数 N。这好比钢尺量距，记录员忘了丈量的整尺段数，只记住了最后不足一尺的余长。因此相位法测距必须设法测定整波数 N 才能确定被测距离。

从式（4-22）可以看出，如果测尺长度足够大，大到距离 D 不够一个测尺长度 U 时，则只有 ΔN，而整尺数 $N=0$，这时就能够确定被测距离 $D=\Delta N \cdot U$，根据 $U=\lambda/2=C/2f$，$C=3\times10^{-5}$ km/s，可以选择调制频率较低的长测尺。表 4-1 列出了测尺长度与测尺频率（调制频率）及测相精度的对应关系。

表 4-1 测尺频率（调制频率）与测尺长度对应表

测尺频率	15 MHz	1.5 MHz	150 kHz	15 kHz	1.5 kHz
测尺长度	10 m	100 m	1 km	10 km	100 km
精度	1 cm	10 cm	1 m	10 m	100 m

由上表可以看出，测尺越长，测距精度越低。为了实现测程远且精度又高的要求，在测距仪上采用合理搭配的一组测尺共同测距，以长测尺（又称粗测尺）解决 N 的问题，保证测程；短测尺（又称精测尺）保证精度。这就如同钟表上用时、分、秒三针互相配合来确定 12 h 内的准确时刻一样，根据测距仪的最大测程与精度要求，设置调制频率的个数，即选择测尺数目和测尺精度。对于短程测距仪，一般采用两个测尺频率。

四、全站仪测量

（一）全站仪概述

全站型电子速测仪简称全站仪，是一种可以同时进行角度（水平角、竖直角）测量、距离（斜距、平距、高差）测量和数据处理，由机械、光学、电子元件组合而成的测量仪器。由于只需一次安置，仪器便可以完成测站上所有的测量工作，故被称为"全站仪"。

全站仪的结构原理如图 4-13 所示。图中上半部分包括测量的四大光电系统，即水平角测量系统、竖直角测量系统、水平补偿系统和测距系统。通过键盘可以输入操作指令、数据和设置参数。以上各系统通过 I/O 接口接入总线与微处理机联系起来。

微处理机（CPU）是全站仪的核心部件，主要有寄存器系列（缓冲寄存器、数据寄存器、指令寄存器）、运算器和控制器组成。微处理机的主要功能是根据键盘指令启动仪器进行测量工作，执行测量过程中的检核和数据传输、处理、显

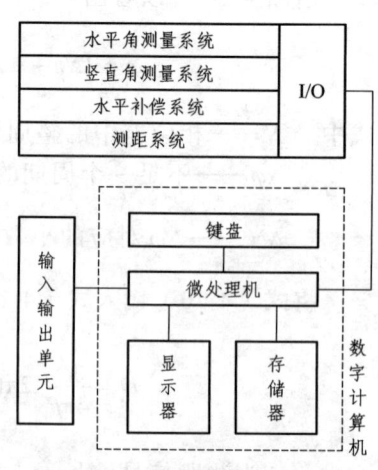

图 4-13 全站仪结构原理

示、储存等工作,保证整个光电测量工作有条不紊地进行。输入输出设备是与外部设备连接的装置(接口),输入输出设备使全站仪能与磁卡和微机等设备交互通讯、传输数据。

目前,世界上许多著名的测绘仪器生产厂商均生产有各种型号的全站仪。例如,日本索佳(SOKKIA)、尼康(NIKON)、拓普康(TOPCON)、宾得(PENTAX),瑞士徕卡(Leica),德国蔡司(Zeiss),美国天宝(Trimble),我国南方 NTS 系列、苏光 OTS 系列、RTS 系列等。

(二)全站仪的基本操作与使用方法

全站仪的基本测量功能有:角度(水平角、竖直角)测量、距离测量、坐标测量。下面以拓普康(TOPCON)GPT—3000N 系列全站仪(见图 4.14)为例详细介绍其操作过程与使用方法:

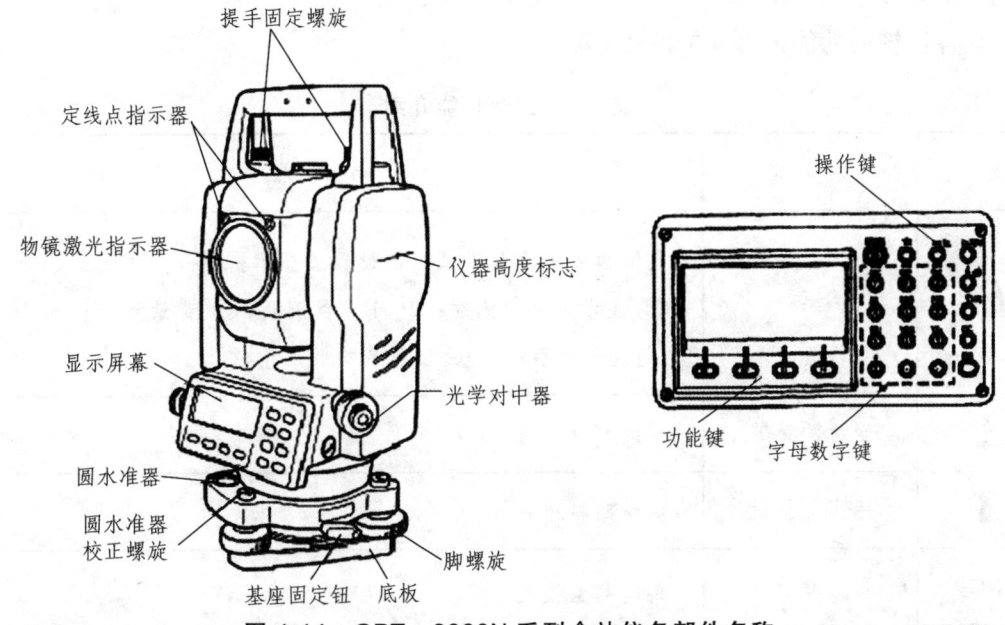

图 4-14 GPT—3000N 系列全站仪各部件名称

1. 基本技术参数说明

(1)技术规格。

① 距离测量。

距离测量的测程与精度见表 4-2。

表 4-2 测程与精度

无棱镜模式		棱镜模式	
目标	天气状况	目标	天气状况
	低强度阳光、没有热闪烁		薄雾、能见度约 20 km、中等阳光、稍有闪烁
白色表面	1.5~250 m	1 块棱镜	3 000 m
测量精度	1.5~25 m : ±(10 mm) m.s.e	测量精度	±(3 mm+2×10⁻⁶ D) m.s.e (D: 距离)
	25 m 到更远 : ±(5 mm) m.s.e		

② 角度测量。

精度（标准差）

GPT—3002N   2″

GPT—3005N   5″

GPT—3007N   7″

测量时间   小于0.3″

倾斜改正补偿范围   ±3′

（2）各部件名称。

（3）键盘介绍。

键盘各按键的功能键表4-3和表4-4。

表4-3 键盘功能介绍

键	名　称	功　能
★	星键	星键模式用于如下项目的设置或显示： ① 显示屏对比度；② 十字丝照明；③ 背景光；④ 倾斜改正； ⑤ 定线点指示器；⑥ 设置音响效果
 ⌕	坐标测量键	坐标测量模式
◢	距离测量键	距离测量模式
ANG	角度测量键	角度测量模式
POWER	电源键	电源开关
MENU	菜单键	在菜单模式和正常测量模式之间切换，在菜单模式下可设置应用测量与照明调节，仪器系统误差纠正
ESC	退出键	① 返回测量模式或上一层模式 ② 从正常测量模式直接进入数据采集模式或放样模式 ③ 也可用作正常测量模式下的记录键 设置退出键功能需要按住[F2]键开机在模式设置中更改
ENT	确认键	在输入值之后按此键
F1—F4	软键（功能键）	对应于显示的软键功能信息

表 4-4 ★键功能介绍

键	显示符号	功 能
F1	照明	显示屏背景光开/关
F2	NP/P	无棱镜/棱镜模式切换
F3	激光	激光指示器打开/闪烁/关闭
F4	对中	激光对中器开/关（仅适用于有激光对中器的类型）
再按一次（★）键		
F1	—	—
F2	倾斜	设置倾斜改正，若设置为开，则显示倾斜改正值
F3	定线	定线点指示器开/关
F4	S/A	显示 EDM 回光信号强度（信号）、大气改正值（1×10^{-6}）
▲ ▼	黑白	调节显示屏对比度（0~9级）
◄ ►	亮度	调节十字丝照明亮度（1~9级） 十字丝照明开关和显示屏背景光开关是联通的

2．角度测量

水平角（右角）和垂直角测量在角度测量模式下进行，键盘功能和角度测量操作见表 4-5 和表 4-6。

表 4-5 角度测量功能介绍

屏幕显示页数	软键	显示符号	功 能
1	F1	置零	水平角置为 0°00′00″
1	F2	锁定	水平角读数锁定
1	F3	置盘	通过键盘输入数字设置水平角
1	F4	P1↓	显示第 2 页软键功能
2	F1	倾斜	设置倾斜改正开或关，若选开，即显示倾斜改正值
2	F2	复测	角度重复测量模式
2	F3	V%	垂直角百分比坡度（%）显示
2	F4	P2↓	显示第 3 页软键功能
3	F1	H-蜂鸣	仪器每转动水平角 90°是否要发出蜂鸣声的设置
3	F2	R/L	水平角右/左计数方向的转换
3	F3	竖盘	垂直角显示格式（高度角/天顶距）的切换
3	F4	P3↓	显示下一页（第 1 页）软键功能

表 4-6 角度测量操作

操作过程	操作	显示
① 照准第一个目标 A	照准 A	49.9
② 设置目标 A 的水平角为 0°00′00″，按[F1](置零)键和(是)键	[F1]	1 透明方纸法 8-11 透明方格纸法 图 8-12 平行线法
	[F3]	8-13 坐标计算法
③ 照准第二个目标 B，显示目标 B 的 V/H	照准目标 B	V:　　90°10′20″ HR:　122°09′30″ 置零　锁定　置盘　P1

3. 距离测量

（1）按键功能

距离测量模式下各按键功能见表 4-7。

表 4-7 距离测量功能介绍

屏幕显示页数	软键	显示符号	功　能
1	F1	测量	启动测量
1	F2	模式	设置测距模式精测/粗侧/跟踪
1	F3	NP/P	无/有棱镜模式切换
1	F4	P1↓	显示第 2 页软键功能
2	F1	偏心	偏心测量模式
2	F2	放样	放样测量模式
2	F3	S/A	设置音响模式
2	F4	P2↓	显示第 3 页软键功能
3	F2	m/f/i	米、英尺或则英尺、英寸单位的变换
3	F4	P3↓	显示第 1 页软键功能

（2）大气改正的设置。

本仪器标准状态：温度 15 ℃，气压 1 013.25 hPa，此时大气改正为 0 ppm。可以通过直接设置温度和气压值的方法进行设置。

在距离测量模式第 2 页，按[F3]（S/A）键，选择（T-P），按[F1]（输入）键，输入温度和大气压。

（3）棱镜常数的设置。

拓普康的棱镜常数为 0，设置棱镜改正为 0。在无棱镜模式下测量时，请确认无棱镜常数改正设置为 0。在无棱镜测量时小于 1 m 或大于 400 m 的距离将不会显示。

在距离测量模式第 2 页，按[F3]（S/A）键，选择[F1]（棱镜）键，按上下键选择有无棱镜常数，按[F1]（输入）键，输入棱镜常数。

（4）距离测量。

确认处于测角模式。按距离测量键（▲），即可进行距离测量，屏幕上显示 HR、HD、V，再按一次距离测量键，屏幕上则显示 HR、V、SD。

提示 1：当光电测距（EDM）在工作时，"*"标志会出现显示窗。

提示 2：要从距离测量模式返回到正常的角度测量模式下，可按[ANG]键。

（5）精测模式/跟踪模式/粗测模式。

在距离测量模式下，选择[F2]（模式）键，进行精测、跟踪、粗测模式的选择。

精测模式（F）为正常模式。跟踪模式（T）观测时间比精测模式短，在跟踪移动的目标或放样时用。粗测模式（C）观测时间比精测模式短。

（6）N 次距离测量。

在测量模式下可设置 N 次测量模式或者连续测量模式。同时按[F2] + [POWER]开机进入选择模式下的模式设置状态第二页，选择[F2]（N 次/重复）键进行 N 次设置重复测量。通过[F3]（测量次数）键设置测量次数。

按下距离测量键开始连续测量，当连续测量不需要时，按[F1]测量键，屏幕上显示平均值。

4．参数设置模式

同时按 F2 和 POWER 键开机，可进入参数设置模式，工作参数设置见表 4-8。

表 4-8　参数设置

菜单	项目	选择项	内容
1：单位设置	温度和气压	C/F hPa/mmHg/inHg	选择大气改正用的温度和气压单位
	角度	DEG（360°） /GON（400G）/ MIL（640M）	选择测角单位，deg/gon/mil（度/哥恩/密位）
	距离	METER/FEET/FEET 和 inch	选择测距单位，m/ft/ft.in（米/英尺/英尺.英寸）
	英尺	美国英尺/国际英尺	选择 m/ft 转换系数 美国英尺 Lm = 3.2808333333333ft 国际英尺 Lm = 3.280839895013123ft

续表 4-8

菜 单	项 目	选择项	内 容
2：模式设置	开机模式	测角/测距	选择开机后进入测角模式或测距模式
	精测/粗测/跟踪	精测/粗测/跟踪	选择开机后的测距模式，精测/粗测/跟踪
	平距/斜距	平距和高差/斜距	说明开机后优先显示的数据项，平距和高差或斜距
	竖角 ZO/HO	天顶0/水平0	选择竖直角读数从天顶方向为零基准或水平方向为零基准
	N-次重复	N次/重复	选择开机后测距模式，N 次/重复测量
	测量次数	0-99	设置测距次数，若设置1次，即为单次测量
	NEZ/ENZ	NEZ/ENZ	选择坐标显示顺序，NEZ/ENZ
	HA 存储	开/关	设置水平角在仪器关机后可被保存在仪器中
	ESC 键模式	数据采集/放样/记录/关	可选择[ESC]键的功能 数据采集/放样：在正常测量模式下按[ESC]键，可以直接进入数据采集模式下的数据输入状态或放样菜单 记录：在进行正常或偏心测量时，可以输出观测数据 关：回到正常功能
	坐标检查	开/关	选择在设置放样点时是否要显示坐标（开/关）
	EDM 关闭时间	0-99	设置电测测距（EDM）完成后到测距功能中断的时间可以选择此功能，它有助于缩短从完成测距状态到启动测距的第一测量时间（缺省值为 3 min） 0：完成测距后立即中断测距模式 1~98：在 1~98 min 后中断 99：测距功能一直有效
	精读数	0.2/1MM	设置测距模式（精测模式）最小读数单位 1 mm 或 0.2 mm
	偏心竖角	自由/锁定	在角度偏心测量模式中选择垂直角设置方式 FREE：垂直角随望远镜上、下转动而变化 HOLDA：垂直角锁定，不因望远镜转动而变化
	无棱镜/棱镜	无棱镜/棱镜	选择开机时距离测量的模式
	激光对中器关闭时间（仅适用于激光对中类型）	1-99	激光对中功能可自动关闭 1~98：在激光对中器工作 1-98 分钟后自动关闭 99：人工控制关闭
3：其他设置	水平角蜂鸣声	开/关	说明每当水平角为 90°时是否发出蜂鸣声
	信号蜂鸣声	开/关	说明在设置音响模式下是否发出蜂鸣声
	两差改正	关/K=0.14/K=0.20	设置大气折光和地球曲率改正，折光系数有：$K=0.14$ 和 $K=0.20$ 或不进行两差改正

续表 4-8

菜单	项 目	选择项	内 容
3:其他设置	坐标记忆	开/关	选择关机后测站点坐标、仪器高和棱镜高是否可以恢复
	记录类型	REC-A/REC-B	数据输出的两种模式：REC-A 或 REC-B REC-A：重新进行测量并输出新的数据 REC-B：输出正在显示的数据
	ACK 模式	标准方式/省略方式	设置与外部设备进行通讯的过程 STANDARD：正常通讯 OMITED：即使外部设备略去[ACK]联络信息数据也不再被发送
	格网因子	使用/不使用	确定在测量数据计算中是否使用坐标格网因子
	挖与填	标准方式/挖和填	在放样模式下，可显示挖和填的高度，而不显示 dZ
	回显	开/关	可输出回显数据
	对比度	开/关	在仪器开机时，可显示用于调节对比度的屏幕并确认棱镜常数（PSM）和大气改正值（PPM）

5．全站仪三维坐标测量

（1）基本原理。

全站仪可直接测算测点的三维坐标（X，Y，H）。如图 4-15 所示，A 为测站点，B 为后视点，两点坐标分别为（X_A，Y_A，H_A）和（X_B，Y_B，H_B），求测点 P 的坐标。

在测站 A 安置全站仪后，设定测站点的三维坐标，并设置已知方向 AB 的水平度盘读数为其坐标方位角 α_{AB}，当照准目标 P 时，便可自动计算 P 点的坐标。全站仪内部计算未知点坐标原理如下：

$$\begin{cases} X_P = X_A + D_{AP} \cdot \cos\alpha_{AP} \\ Y_P = Y_A + D_{AP} \cdot \sin\alpha_{AP} \\ H_P = H_A + h_{AB} = H_A + D \cdot \tan\alpha + h_i - h_r \end{cases}$$

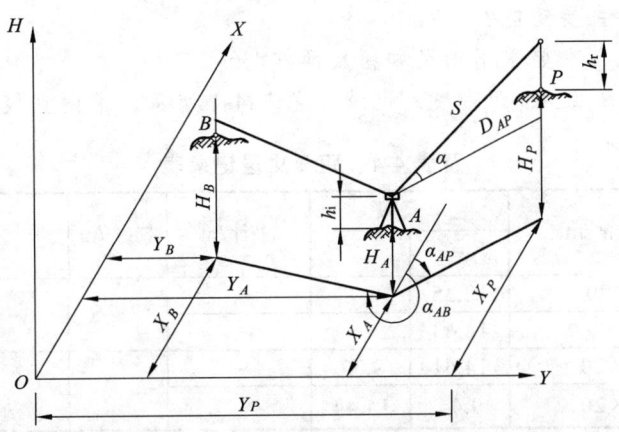

图 4-15　全站仪坐标测量示意图

需要说明的是，全站仪上多用（N，E，Z）表示点的三维坐标，其中 N 对应 X、E 对应 Y、Z 对应 H。

（2）全站仪三维坐标测量的实施。

全站仪坐标测量的一般操作程序如下：

① 设定测站点的三维坐标。

② 输入后视点的坐标或后视方位角。当给定后视点的坐标时，全站仪会自动计算后视方向的方位角，并设定后视方向的水平度盘读数为其方位角。

③ 设置棱镜常数。

④ 设置大气改正值或气温、气压值。

⑤ 量仪器高、棱镜高并输入全站仪。

⑥ 照准目标棱镜，按坐标测量键，全站仪开始测距并显示测点的三维坐标。

【技能训练】

每个小组每个同学应用全站仪独立完成测角、测距，熟练掌握坐标测量的操作程序。

1. 仪器准备

每组由仪器室借领：TOPCON 全站仪 1 台，棱镜 2 套，外业记录表格。

2. 人员组成

每个小组平均由 5 名同学组成，每个同学应用全站仪完成 2 测回的测角、测距，熟练掌握坐标测量操作程序。

【项目考核】

1. 简述在平坦地面上钢尺一般量距的步骤。如何评定丈量精度？
2. 直线定线方法？
3 视距测量的方法？
4. 全站仪有哪些主要功能？
5. 红外测距仪为什么要采用精尺和粗尺两把"光尺"？
6. 用钢尺丈量 AB 及 AC 两直线，记录如题表 4-1 所示，求两直线的距离及丈量精度。

题表 4-1　距离丈量记录表

测线		整尺段/m	零尺段		总计/m	较差/m	平均值/m	精度	备注
			一	二					
AB	往	9×20	12.35						
	返	9×20	12.43						
AC	往	11×20	14.61	9.37					
	返	11×20	9.44	14.44					

7. 用钢尺丈量一直线，往测丈量的长度为 326.40 m，返测为 326.50 m，今规定其相对误差不应大于 1/2 000。试问：（1）此测量成果是否满足精度要求？（2）按此规定，若丈量 500 m，往返丈量最大可允许相差多少 m？

项目五 测量误差的基础知识

本项目主要介绍测量平差的研究对象——误差的来源与分类、偶然误差的特性、衡量精度的常用指标、方差-协方差传播定律及其在测量中的应用。通过本项目的讲解,帮助学生明确测量误差理论的基础知识,掌握评定观测值及其函数的精度指标,包括中误差、相对中误差、极限误差等的计算方法。

任务一 观测值与观测误差

【任务介绍】

本任务主要介绍了测量误差的来源与分类、测量误差的处理方法,明确了平差这门课程的两大任务及学习思路。

【任务目标】

知识目标:⊙ 明确测量平差的研究对象与研究目的;
⊙ 掌握测量误差的来源与分类,处理系统误差、偶然误差、粗差的方法。
能力目标:⊙ 初步培养学生对于误差与精度重要性的认知。

【任务实施】

一、观测值及其函数

误差理论的研究对象就是观测值。观测值,就是通过观测得到的测量信息。

所谓测量观测值,是指用一定的仪器、工具、传感器或其他手段获取的地球与其他实体的空间分布有关信息的数据。测量观测值可以是直接测量的结果,也可以是经过某种变换的结果。

根据测量方式,测量观测值可分为直接观测值和间接观测值。

直接观测值是指直接从仪器或量具上读出待测量的数值。例如,钢尺量距的读数,经纬仪或全站仪测某方位的度盘读数,水准测量中每一站的前、后视读数,都是直接观测值。

然而，在测量工作中，有些未知量往往不能直接测得，而需要由其他的直接观测值按一定的函数关系计算出来，这样的测量值称为间接观测值。这类例子很多，如水准测量中，高差 $h = a - b$ 就是关于直接观测值 a、b 的函数，这里的函数 h 就是间接观测值。

一个量是否是直接观测值不是绝对的。随着科学技术的发展，测量仪器的改进，很多原来只能间接测量的量，现在可以直接测量了。在测量工作中，现在大多数所求的量还都是间接测量值，即观测值的函数。

二、观测误差

任何一个被观测的量，客观上总是存在着代表其真正大小的数值，简称真值。在测量工作中，由于测量仪器、外界条件、测量人员等诸多因素的影响，对某量的测量值不可能是无限精确的，即测量中的误差是不可避免的。我们把对某量（如某一个角度、某一段距离或某两点间的高差等）进行多次观测，所得的各次观测结果存在着的差异，实质上表现为每次测量所得的观测值与该量的真值之间的差值，称为测量误差，也称观测误差，即

$$测量误差（\Delta）= 真值 - 观测值$$

测量误差存在于一切测量之中，贯穿于测量过程的始终。随着科学技术水平的不断提高，测量误差可以被控制得越来越小，但是却永远不会降低到零。

三、观测误差来源

测量误差产生的原因主要有以下三个方面：

1. 仪器设备

测量工作是利用测量仪器进行的。常用测量仪器设备有钢尺、水准仪、经纬仪、全站仪、GPS 等，每一种测量仪器都具有一定的精确度，同时仪器本身在设计、制造、安装、校正等方面也存在一定的误差，因此，会使测量结果受到一定影响。例如，钢尺的实际长度和名义长度总存在差异，由此所测的长度总存在尺长误差。又如，水准仪的视准轴不平行于水准管轴，也会使观测的高差产生 i 角误差。再如经纬仪度盘的偏心差。同样，全站仪、GPS 等仪器的观测结果也会有误差的存在。

2. 观测者

由于观测者感觉器官的鉴别能力存在一定的局限性，所以，对于仪器的对中、整平、瞄准、读数等操作都会产生误差。例如，在厘米分划的水准尺上，由观测者估读毫米数，则 mm 级估读误差是完全有可能产生的。另外，观测者的技术熟练程度、工作态度也会给观测成果带来不同程度的影响。

3. 外界环境

观测时所处的外界环境中的温度、风力、大气折光、湿度、气压等时刻在变化，外界条件发生变化，观测成果将随之变化，也会使测量结果产生误差。例如，温度变化使钢尺

产生伸缩,大气折光使望远镜的瞄准产生偏差等。

上述三方面的因素是引起观测误差的主要来源,因此把这三方面因素综合起来称为观测条件。观测条件的好坏与观测成果的质量有着密切的联系。观测条件的优劣直接影响观测成果的质量,反之观测成果的质量也反映观测条件的好坏。但是,不管观测条件如何,观测的结果都会受到上述因素的影响而产生这样或那样的误差,因此测量中的误差是不可避免的。当然,在客观条件允许的限度内,我们可以而且必须确保观测成果具有较高的质量。

我们把在同一观测条件下的观测称为等精度观测;反之,称为不等精度观测。而相应的观测值称为等精度观测值和不等精度观测值。

四、观测误差分类

观测误差按其对观测成果的影响性质,可分为粗差、系统误差、偶然误差三种。

(一)粗 差

粗差就是测量中出现的错误,如读错、记错、照错等。这主要是由于工作中的粗心大意而引起。一般粗差值很大,不仅大大影响测量成果的可靠性,甚至造成返工,给工作带来难以估量的损失,因此必须采取适当的方法和措施,杜绝其发生。

粗差作为一种大量级的观测误差,在测量成果中,是不允许存在的。在观测数据中应设法避免出现粗差。

处理粗差的办法主要有以下两种:

(1)采用 3σ 准则。统计理论表明,测量值的偏差超过 3σ 的概率已小于1%。因此,可以认为偏差超过 3σ 的测量值是其他因素或过失造成的,为异常数据,应当剔除。

(2)进行必要的重复观测和多余观测。通过必要而又严格的检核、验算等方式均可发现粗差。国家的测绘机构制定的各类测量规范和细则,也能起到防止粗差出现和发现粗差的作用。

含有粗差的观测值都不能采用。因此,一旦发现粗差,该观测值必须舍弃或重测。尽管观测过程十分小心,粗差有时也在所难免。因此,如何在大量的观测数据中发现和剔除粗差,或在数据处理中削弱含粗差的观测值对平差成果的影响,乃是测绘界十分关注的课题之一。

(二)系统误差

在相同的观测条件下,对某量进行一系列的观测,若观测误差的符号及大小保持不变或按一定的规律变化,这种误差称为系统误差。这种误差往往随着观测次数的增加而逐渐积累,且对测量成果质量影响也特别显著。在实际工作中,应该采用各种方法来消除或减弱系统误差对观测成果的影响,达到实际上可以忽略不计的程度。

1. 系统误差规律

系统误差的特点是测量结果向一个方向偏离,其数值按一定规律变化,具有重复性、单向性。我们应根据具体的测量条件,系统误差的特点,找出产生系统误差的主要原因,从而采取适当措施降低它的影响。

系统误差的产生主要有以下几个方面:

（1）仪器误差。

这是由于仪器制造或校正不完善而造成的。例如，角度测量时经纬仪的视准轴不垂直于横轴而产生的视准轴误差，水准尺刻划不精确所引起的读数误差。

（2）环境误差。

指外界环境（光线、温度、湿度、电磁场等）对测量仪器的影响等所产生的误差等。例如，测角时因大气折光而产生的角度误差。

（3）人为误差。

这是由于观测者个人感官和运动器官的反应或习惯不同而产生的误差。例如，由于观测者照准目标时，总是习惯于偏向中央某一侧而使观测结果带有系统误差。

需要注意的是，由于系统误差总是使测量结果偏向一边，或者偏大，或者偏小，因此，多次测量求平均值并不能消除系统误差。

2. 系统误差的处理办法

消除和减少系统误差的方法一般有以下三种：

（1）检校仪器，把系统误差降低到最低程度。例如，每次水准测量前都要进行 i 角检验，对 i 角误差超限的，应校正后才能用于观测。

（2）观测方法和观测程序上采用必要的措施，限制或削弱系统误差的影响。这是消除系统误差的主要方法。

① 如测水平角时采用盘左、盘右观测并在每个测回起始方向上改变度盘的配置等；方向观测法测角时，为了检查水平度盘在观测过程中是否发生变动，计算归零误差。

② 水准测量中，保证前后视距尽量相等，以减弱 i 角影响。在水准观测过程中，水准仪和水准标尺的自重对地面施加了一定荷载，随安置时间的延长会产生连续的沉降。因此在一测站的观测过程中，须采用后—前—前—后的观测顺序减弱其影响；对于整条水准线路来说，应进行往返观测，并取往测高差与返测高差的中数作为一条线路最后观测高差。这样做可以使得在观测过程中由仪器与标尺下沉所引起的观测高差大部分得到消除。另外，外业观测一测段设站时一定要设为偶数站以消除标尺零点差。

（3）找出产生系统误差的原因和规律，对观测值进行系统误差的改正。

如在钢尺量距中，某钢尺的注记长度为 30 m，经鉴定后，它的实际长度为 30.016 m，即每量一整尺，就比实际长度量小 0.016 m，也就是每量一整尺段就有 +0.016 m 的系统误差。这种误差的数值和符号是固定的，误差的大小与距离成正比，若丈量了 5 个整尺段，则长度误差为 5×（+0.016）= +0.080 m。若用此钢尺丈量结果为 167.213 m，则实际长度为

$$167.213 + \frac{167.213}{30} \times 0.0016 = 167.213 + 0.089 = 167.302 \text{（m）}$$

因此，钢尺量距时，要计算尺长改正数对丈量结果进行改正，从而消除系统误差。

（三）偶然误差

在相同的观测条件下作一系列观测，若误差的大小及符号都表现出偶然性，即从单个误差来看，该误差的大小及符号没有规律，但从大量误差的总体来看，具有一定的统计规律，这类误差称为偶然误差或随机误差。

例如，经纬仪测角误差是由照准误差、读数误差、外界条件变化所引起的误差和仪器本身不完善而引起的误差等综合的结果，而其中每一项误差又是由许多偶然因素所引起的小误差。又如，照准误差可能是由于照准部旋转不正确、脚架或觇标的晃动与扭转、风力风向的变化、目标的背影、大气折光等偶然因素影响而产生的小误差。因此，测角误差实际上是许许多多微小误差项构成，而每项微小误差又随着偶然因素的影响不断变化，其数值的大小和符号的正负具有随机性。这样，由它们所构成的误差，就其个体而言，无论是数值的大小或符号的正负都是不能事先预知的。因此，把这种性质的误差称为偶然误差。

当观测值中剔除了粗差，排除了系统误差的影响，或者与偶然误差相比系统误差处于次要地位后，占主导地位的偶然误差就成了我们研究的主要对象。如何处理这些随机变量的偶然误差，是测量平差这一学科所要研究的主要内容。

五、测量平差的任务

由于观测结果不可避免地存在着偶然误差的影响，在实际工作中，为了提高成果的质量，防止错误发生，通常要使观测值的个数多于未知量的个数，也就是要进行多余观测。例如，一个平面三角形，只需要观测其中的两个内角，即可决定它的形状，但通常是观测三个内角。由于偶然误差的存在，通过多余观测必然会发现在观测结果之间不相一致，或不符合应有关系而产生的不符值。因此，必须对这些带有偶然误差的观测值进行处理，消除不符值，得到观测量的最可靠的结果。由于这些带有偶然误差的观测值是一些随机变量，因此，可以根据概率统计的方法来求出观测量的最可靠结果，这就是测量平差的一个主要任务。测量平差的另一个主要任务是评定测量成果的精度。

概括来说，测量平差的任务就是：

（1）对一系列带有观测误差的观测值，运用概率统计的方法来消除他们之间的不符值，求出未知量的最可靠值。

（2）评定测量成果的精度。

任务二　偶然误差统计特性

【任务介绍】

本任务主要介绍了偶然误差的分布特性，明确了偶然误差的意义。

【任务目标】

知识目标：⊙ 掌握偶然误差的统计方法；
　　　　　⊙ 掌握偶然误差的分布规律。
能力目标：⊙ 理解偶然误差的意义。

【任务实施】

本项目任务一中,我们知道偶然误差是一种随机变量,一组误差表面上没有规律性,但就总体来说具有一定的统计规律。即在相同观测条件下,大量偶然误差分布表现出一定的统计规律性,因此我们可以应用概率统计的方法来研究偶然误差的规律性。

为了便于理解,我们先引入一个直观的例子。

大家都熟悉"抛硬币"的游戏。如果我们抛次数较少,正、反面出现的频率是难以预计的事,可能是正面,也可能是反面。但是如果连续抛无数多次,正反面出现的频率就会趋近相等,表现出统计规律性。

一、偶然误差的统计方法

为了研究偶然误差的统计规律性,我们可以用下列方法来表示:

1. 真误差

设进行了 n 次观测,各观测值为 $L_1, L_2, \cdots, L_n$,观测量的真值为 $\tilde{L}_1, \tilde{L}_2, \cdots, \tilde{L}_n$。由于各观测值都带有一定的误差,所以,每一个观测值的真值 $\tilde{L}_i$ [或($E(L_i)$)] 与观测值 L_i 之间必存在一个差数,设为

$$\Delta_i = \tilde{L}_i - L_i \tag{5-1}$$

称 Δ_i 为真误差(在此仅包含偶然误差),有时简称为误差。若记

$$\underset{n,1}{L} = [L_1 \quad L_2 \quad \cdots \quad L_n]^T, \quad \underset{n,1}{\tilde{L}} = [\tilde{L}_1 \quad \tilde{L}_2 \quad \cdots \quad \tilde{L}_n]^T, \quad \underset{n,1}{\Delta} = [\Delta_1 \quad \Delta_2 \quad \cdots \quad \Delta_n]^T$$

则有

$$\Delta = \tilde{L} - L \tag{5-2}$$

从概率论与数理统计的观点知道,当只含偶然误差时,可以以被观测值的数学期望表示该观测值的真值,即

$$E(L) = [E(L_1) \quad E(L_2) \quad \cdots \quad E(L_n)]^T = [\tilde{L}_1 \quad \tilde{L}_2 \quad \cdots \quad \tilde{L}_n] = \tilde{L}$$

则有

$$\Delta = E(L) - L \tag{5-3}$$

在此,我们用观测值的真值与观测值之差定义真误差,有些教材和文献上用观测值与观测值的真值之差定义真误差。这两种定义方式仅仅是使真误差符号相反,对于后续各种计算公式的推导没有影响。

2. 误差分布表

在某测区,在相同的条件下,独立地观测了 358 个三角形的全部内角,由于观测值带有偶然误差,故三内角观测值之和不等于其真值 180°。各个三角形内角和的真误差:

$$\Delta_i = 180° - (L_1 + L_2 + L_3)_i \quad (i = 1, 2, \cdots, 358)$$

式中，$(L_1 + L_2 + L_3)_i$ 表示各三角形内角和的观测值。

现取误差区间的间隔 x 为 $0.20''$，将这一组误差按其正负号与误差值的大小排列，统计误差出现在各区间内的个数 v_i，以及"误差出现在某个区间内"这一事件的频率 V_i/n（$n = 358$），其结果列于表 5-1 中。

表 5-1　某测区三角形内角和的误差分布

误差值 /″	<−1.60	−1.6	−1.4	−1.2	−1.0	−0.8	−0.6	−0.4	−0.2	0.0	0.2	0.4	0.6	0.8	1.0	1.2	1.4	1.6	>1.6
个数	0	4	6	13	17	23	33	40	45		46	41	33	21	16	13	5	2	0
频率/‰	0	11	17	36	47	64	92	112	126		128	115	92	59	45	36	14	6	0
$\dfrac{v_i/n}{d\Delta}$ (10^{-3})	0	55	85	180	235	320	460	560	630		640	575	460	295	225	180	70	30	0

从表 5-1 可以看出，偶然误差具有以下性质：

（1）在一定的观测条件下，偶然误差的绝对值不会超过一定的限值，也称有界性。
（2）绝对值小的误差比绝对值大的误差出现的机会多，也称单峰性。
（3）绝对值相等的正、负误差出现的机会基本相等，也称对称性。
（4）偶然误差的算术平均值随着观测次数的无限增加而趋于零，也称补偿性。

3．直方图法

上述例子误差的分布情况，除了采用表 5-1 的形式表达外，还可用直方图来表达。例如，以横坐标表示误差的大小，纵坐标表示各区间内误差出现的频率除以区间的间隔值，即 $\dfrac{v_i/n}{d\Delta}$，根据表 5-1 的数据绘制出图 5-2。此时图中每一个误差区间上的长方条面积就代表误差出现在该区间内的频率，如图 5-2 中画斜线的长方条面积就代表误差出现在 $0.4''\sim 0.6''$ 区间内的频率为 0.092，这种图称为直方图，它形象地表示了误差分布情况。

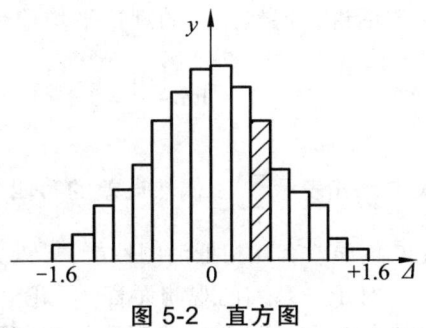

图 5-2　直方图

4．误差概率分布曲线——正态分布曲线

当在同一观测条件下，随着观测个数的无限增多，即 $n\to\infty$ 时，误差出现在各区间的频率也就趋于一个确定的数值，这就是误差出现在各区间的概率。就是说在一定的观测条件下，对应着一种确定的误差分布，若 $n\to\infty$，$d\Delta\to 0$，图 5-2 中各长方条顶边所形成的折线将变成图 5-3 所示的一条光滑曲线。该曲线就是误差的概率分布曲线，或称为误差分布曲线。

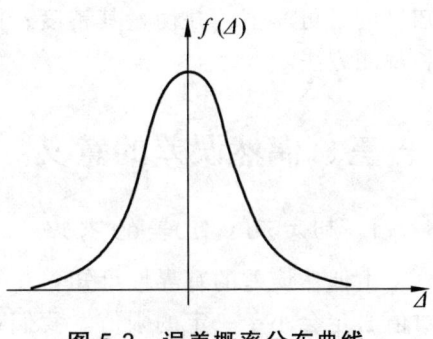

图 5-3　误差概率分布曲线

由此可见，偶然误差的频率分布随着 n 的逐渐增大，都是以正态分布为其极限的。通常也称偶然误差的频率分布为其经验分布，而将正态分布称为它们的理论分布，这样 Δ 的概率密度式为

$$f(\Delta) = \frac{1}{\sqrt{2\pi}\sigma} e^{-\frac{\Delta^2}{2\sigma^2}}$$

式中，σ 为标准差，测量上称中误差。

而误差出现在某一区间内的概率 $P(\Delta)$ 为

$$P(\Delta) = f(\Delta)\mathrm{d}\Delta$$

二、偶然误差的分布特性

通过以上讨论，可以进一步用概率术语概括出偶然误差的几个特性：

（1）在一定的观测条件下，误差的绝对值有一定的限值；或者讲，超出一定限值的误差其出现的概率为零。

（2）绝对值较小的误差比绝对值较大的误差出现的概率大。

（3）绝对值相等的正负误差出现的概率相同。

（4）偶然误差的数学期望为零，即

$$E(\Delta) = 0$$

换句话讲，偶然误差的理论平均值为零，即

$$\lim_{n\to\infty} \frac{[\Delta]}{n} = 0 \tag{5-4}$$

式中，$[\Delta]$ 表示 $\sum_{i=1}^{n}\Delta_i$ 偶然误差的第四个特性是由前三个特性导出的。因为在大量的偶然误差中正、负误差有互相抵消的性能，当观测次数无限增加时，真误差的算术平均值必然趋向于零。

对于一系列的观测而言，不论其观测条件是好是差，也不论是对同一个量还是对不同的量进行观测，只要这些观测是在相同的条件下独立进行的，则所产生的一组偶然误差必然都具有上述的四个特性。掌握了偶然误差的特性，就能根据带有偶然误差的观测值求出未知量的最可靠值，并衡量其精度；同时，也可应用误差理论来研究最合理的测量工作方案和观测方法。

三、偶然误差的意义

1. 制定测量限差的依据

由偶然误差的有界性可知：在一定的观测条件下，若仅有偶然误差的影响，误差的绝对值必定会小于一定的限值。我们在实际工作中，就可依据观测条件确定一个误差限值，

若观测值的误差绝对值小于该限值,认为观测值合乎要求;否则应剔除或重测。

2. 判断系统误差(粗差)的依据

由偶然误差的对称性和偶然性可知,误差的理论平均值为零,即观测值的期望值为真值,观测值中不含有系统误差和粗差。若误差的理论平均值不为零,且数值较大,说明观测成果中含有系统误差和粗差。

任务三　衡量精度的指标

【任务介绍】

本任务主要介绍精度的定义和评定精度的几种常用指标。通过本任务的讲解,确保学生对数据精度的概念有深刻认识。

【任务目标】

知识目标:⊙ 掌握精度、准确度、精确度的区别;
⊙ 掌握中误差、极限误差、相对中误差的定义;
⊙ 掌握几种误差的应用方法与相互关系。
能力目标:⊙ 具有中误差、极限误差、相对误差的计算能力与理解能力。

【任务实施】

一、精度、准确度、精确度

1. 精　度

评定测量成果的精度是测量平差的主要任务之一。为了正确理解精度的含义,我们先分析任务二的实例。

从任务二直方图中可以看出:误差分布较为密集的,其图形在纵轴附近的顶峰则较高,且由长方形所构成的阶梯比较陡峭;误差分布较为分散的,其图形在纵轴附近顶峰则较低,且其阶梯较为平缓。这个性质同样反映在误差分布曲线的形态上,即有误差分布曲线较高而陡峭和误差分布曲线较低而平缓两种情形。

不难理解,误差分布密集的,即离散度较小时,则表示该组观测质量较好,也就是说该组观测精度高;反之,如果分布较为离散,即离散度大时,表示该组观测质量较差,也就是说,这一组观测精度较低。综上所述,精度是指在一定观测条件下,误差分布的密集或离散的程度。

另外,根据数学中方差的定义也可以知道,精度实际上反映的是该组观测值与其理论平均值(即数学期望)的接近程度。也可以说,精度是以观测值自身的平均值为标准的。从概率与数理统计的观点可知:当观测量仅含偶然误差时,其数学期望就是它的真值。在这种情况下,精度描述的是该组观测值与真值的接近程度,可以说它表示观测结果的偶然误差大小程度,是衡量偶然误差大小程度的指标。

2. 准确度

准确度是指随机变量 X 的真值 $\tilde{X}$ 与其数学期望 $E(X)$ 之差,即 $E(X)$ 的真误差,这是存在系统误差的情况。因此准确度表征了观测结果系统误差大小的程度,是衡量系统误差大小程度的指标。准确度高,则随机变量 X 的数学期望偏离真值较小,测量的系统误差小,但数据较分散,偶然误差的大小不确定。

3. 精确度

精确度是精度和准确度的总称,指观测结果与其真值的接近程度,包括观测结果与其数学期望的接近程度和数学期望与其真值的偏差。精确度反映了偶然误差和系统误差联合影响的大小程度,是一个全面衡量观测质量的指标。精确度高,测量数据较集中在真值附近,测量的偶然误差及系统误差都比较小。当仅含偶然误差时,精确度就是精度。

可以用打靶实验来形象地说明这三个概念之间的区别。打靶可以看成是用枪对靶心进行"观测"。如图 5-4 所示,甲、乙、丙三人分别对(a)、(b)、(c)靶进行射击。

在图 5-4 中,(a)图表示弹着点比较密集,但都偏离靶心,说明甲射出的精度高,但准确度较低,一定是某些因素影响(如准星偏)而产生了系统误差;(b)图表示乙弹着点比较离散,但是它们的中心位置比较接近靶心,说明射击的准确度比甲高,但精度比甲低;(c)图表示丙弹着点比较集中靶心,说明射击的精度和准确度都较高,即精确度较高。

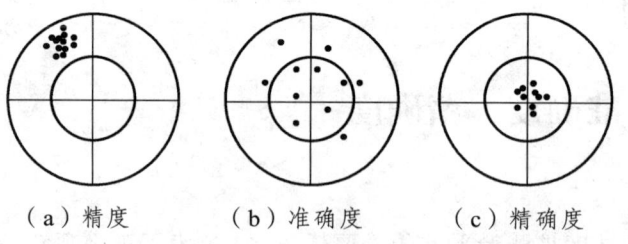

(a)精度　　(b)准确度　　(c)精确度

图 5-4　精度、准确度与精确度

二、精度指标

判断观测误差对观测结果的影响,必须建立衡量观测值精准度的标准。测量平差的研究对象是一系列含有误差的观测值。我们知道,当认为仅含偶然误差时,精确度就是精度,因此测量平差把精度作为衡量观测质量的指标。观测质量优劣或者说精度高低,可以按任务二所述方法组成误差列表,绘制直方图、画出误差分布曲线的方法来比较,但在实际工作中比较麻烦,而且人们需要对精度有一个数字概念来说明误差分布的密集或离散的程度,作为衡量精度的指标。衡量精度的指标有很多种,下面介绍几种常用的精度指标:

1. 中误差

由方差的定义：

$$\sigma^2 = D(\Delta) = E(\Delta^2) - (E(\Delta))^2 \quad (5-5)$$

如果在相同的条件下得到了一组独立的观测误差，根据定积分的定义可以写出：

$$\sigma^2 = D(\Delta) = E(\Delta^2) \int_{-\infty}^{+\infty} \Delta^2 f(\Delta) d\Delta \quad (5-6)$$

对于离散型：

$$\sigma^2 = D(\Delta) = E(\Delta^2) = \lim_{n \to \infty} \frac{[\Delta\Delta]}{n} \ ; \quad \sigma = \lim_{x \to \infty} \sqrt{\frac{[\Delta\Delta]}{n}} \quad (5-7)$$

方差是真误差平方（Δ^2）的数学期望，也就是Δ^2的理论平均值。在分布律为已知的情况下，$E(\Delta^2)$是一个确定的常数。或者说，方差σ^2是$\frac{[\Delta\Delta]}{n}$的极限值，它们都是理论上的数值。实际上观测个数n总是有限的，由有限个观测值的真误差只能得到方差和中误差的估值，方差σ^2和中误差σ的估值分别用符号$\hat{\sigma}^2$和$\hat{\sigma}$表示，即

$$\hat{\sigma}^2 = \frac{[\Delta\Delta]}{n}, \quad \hat{\sigma} = \sqrt{\frac{[\Delta\Delta]}{n}} \quad (5-8)$$

这就是根据一组等精度独立真误差计算方差和中误差估值的基本公式。在后续的文字叙述中，在不需要特别强调"估值"意义的情况下，也将"中误差的估值"简称为"中误差"。

例：对同一三角形用不同的仪器分两组各进行了10次观测，每次测得内角和的真误差Δ如下：

第一组：$+3''$、$-3''$、$+4''$、$-2''$、$0''$、$+3''$、$-2''$、$+1''$、$-1''$、$0''$

第二组：$-1''$、$0''$、$+8''$、$+2''$、$-3''$、$-7''$、$0''$、$+1''$、$-2''$、$-1''$

求两组观测值的中误差，并比较其精度。

解：$\sigma_1 = \sqrt{\dfrac{3^2 + 3^2 + 4^2 + 2^2 + 0^2 + 3^2 + 2^2 + 1^2 + 1^2 + 0^2}{10}} = 1.3''$

$\sigma_2 = \sqrt{\dfrac{1^2 + 0^2 + 8^2 + 2^2 + 3^2 + 7^2 + 0^2 + 1^2 + 2^2 + 1^2}{10}} = 2.7''$

由于$\sigma_1 < \sigma_2$，说明第一组观测值的离散度小于第二组，故前者的观测精度高于后者。

中误差作为度量观测质量的"尺子"，在测量中形成各种各样的精度指标。例如，三级导线测量中规定测角中误差不超过$12''$，测距中误差不超过15 mm；四等水准测量中规定每千米高差中数偶然中误差不超过5 mm；地形测量中地形图图上地物点相对于邻近图根点的点位中误差，一般地区不应超过0.8 mm，等等。上述角度中误差、测距中误差、点位中误差等都称为绝对误差。

2. 极限误差

中误差不是代表个别误差的大小，而是代表误差分布的离散度的大小。由中误差的定义

可知，它是代表一组同精度观测误差平方的平均值的平方根极限值，中误差越小，即表示在该组观测中，绝对值较小的误差越多。按正态分布表查得，在大量同精度观测的一组误差中，误差落在（$-\sigma$, $+\sigma$）、（-2σ, $+2\sigma$）和（-3σ, $+3\sigma$）的概率分别为

$$\left.\begin{array}{l}P(-\sigma<\Delta<+\sigma)\approx 68.3\% \\ P(-2\sigma<\Delta<+2\sigma)\approx 95.5\% \\ P(-3\sigma<\Delta<+3\sigma)\approx 99.7\%\end{array}\right\} \quad (5\text{-}9)$$

上式反映了中误差与真误差间的概率关系。绝对值大于中误差的偶然误差，其出现的概率为 31.7%；而绝对值大于二倍中误差的偶然误差出现的概率为 4.5%；特别是绝对值大于三倍中误差的偶然误差出现的概率仅有 0.3%，这已经是概率接近于零的小概率事件，或者说这是实际上的不可能事件。一般以三倍中误差作为偶然误差的极限值$\Delta_{限}$，并称为极限误差。即

$$\Delta_{限}=3\sigma \quad (5\text{-}10)$$

实践中，也常采用 2σ 作为极限误差的。例如，测量规范中的限差通常是以 2σ 作为极限误差的。在测量工作中，如果某误差超过了极限误差，那就可以认为它是错误，相应的观测值应进行重测、补测或舍去不用。

3．相对误差

衡量测量成果的精度，有时用中误差还不能完全表达观测结果的优劣。例如，用钢尺分别丈量两段距离，其结果为 100 m 和 200 m，中误差均为 2 cm。显然，后者的精度比前者要高。也就是说观测值的精度与观测值本身的大小有关。相对误差是中误差的绝对值与观测值的比值，通常以分子为 1 的分数形式来表示，即

$$K=\frac{\sigma}{L}$$

$$K=\frac{1}{L/\sigma} \quad (5\text{-}11)$$

如上述前者的相对误差 $K_1=\frac{0.020}{100}=\frac{1}{5\,000}$，后者的相对误差 $K_2=\frac{0.020}{200}=\frac{1}{10\,000}$，说明后者比前者精度高。相对误差是个无名数，而真误差、中误差、容许误差是带有测量单位的数值。

对于真误差与极限误差，有时也用相对误差来表示。例如，经纬仪导线测量时，规范中所规定的相对闭合差不能超过 1/2 000，即它就是相对极限误差；而在实测中所产生的相对闭合差，则是相对真误差。

例：观测了两段距离，分别为 1 000 m±2 cm 和 500 m±2 cm。问：这两段距离的真误差是否相等？中误差是否相等？它们的相对精度是否相同？

解：这两段距离的真误差不相等。这两段距离中误差是相等，均为 ±2 cm。它们的相对精度不相同，前一段距离的相对中误差为 1/50 000，后一段距离的相对中误差 1/25 000。

相对精度是对长度元素而言的。如果不特别说明，相对精度是指相对中误差。角度元素没有相对精度。

任务四 协方差传播律及其应用

【任务介绍】

本任务主要介绍协方差传播律的定义及作用、协方差传播律的应用。通过本任务的讲解，促使学生能根据实际测量问题，应用协方差传播律评定观测值函数的精度。

【任务目标】

知识目标：⊙ 掌握线性函数、非线性函数协方差传播律；
⊙ 掌握协方差传播律在水准测量、三角形闭合差等测量工作中的应用。
能力目标：⊙ 培养学生应用协方差传播律评定观测值及其函数精度的计算能力。

【任务实施】

在实际工作中，往往会遇到某些量不是直接测定的，而是由观测值通过一定的函数关系计算出来的，这就是我们在前面提到的间接观测值。例如，在测量学中，观测了一个三角形的全部内角 L_1、L_2 和 L_3，将计算得出的闭合差 W 反号后平均分配到各个角上，改正后的三角形内角的角度值和三角形内角和闭合差分别为

$$\left. \begin{array}{l} \hat{L}_i = L_i - \dfrac{W}{3} \ (i = 1,\ 2, 3) \\ W = L_1 + L_2 + L_3 - 180° \end{array} \right\} \quad (5\text{-}12)$$

式中，$\hat{L}$ 为经闭合差分配改正后的角度。这里的 W、$\hat{L}$ 就是观测值 L_i 的函数。

又如，已知水平距离 D，垂直角观测值 α，则由三角高程测量计算高差公式为

$$h = D\tan\alpha \quad (5\text{-}13)$$

式中，高差 h 就是观测值 D 和 α 的函数。

现在提出这样一个问题：观测值含有误差，那么观测值的函数也不可避免的产生误差，那么在已知观测值方差的情况下，如何求得这些观测值函数的方差？观测值的方差与其函数的方差之间有着怎样的关系？阐述这种关系的公式就是协方差传播律。

为了讨论方便，下面首先说明协方差与协方差阵的概念，再推导观测值函数的协方差阵。

一、协方差阵

协方差是用数学期望来定义的。设有观测值 X 和 Y，它们的协方差定义是：

$$\sigma_{xy} = E[(X - E(X))(Y - E(Y))] \quad (5\text{-}14)$$

$$\sigma_{xy} = E(\Delta_x \Delta_y) \ \sigma_P^2 = E^2 + F^2 \quad (5\text{-}15)$$

式中，$\varDelta_x = E(X) - X$ 和 $\varDelta_y = E(Y) - Y$ 分别是 X 和 Y 的真误差。

设 $\varDelta_{xi}$ 是观测值 x_i 的真误差，$\varDelta_{y_i}$ 是观测值 y_i 的真误差，而协方差 σ_{xy} 则是这两种真误差所有可能取值的乘积的理论平均值，即

$$\sigma_{xy} = \lim_{n\to\infty} \frac{[\varDelta_x \varDelta_y]}{n} = \lim_{n\to\infty} \frac{1}{n}(\varDelta_{x_1}\varDelta_{y_1} + \varDelta_{x_2}\varDelta_{y_2} + \cdots \varDelta_{x_n}\varDelta_{y_n})$$

实用上 n 总是有限值，所以也只能求得它的估值，记为

$$\hat{\sigma}_{xy} = \frac{[\varDelta_x \varDelta_y]}{n} \tag{5-16}$$

如果协方差 $\sigma_{xy} = 0$，表示这两个（或两组）观测值的误差之间互不影响，或者说，它们的误差是不相关的，并称这些观测值为不相关观测值；如果协方差不为零，则表示它们的误差之间是相关的，称这些观测值是相关观测值。由于在测量上所涉及的观测值和观测误差都是服从正态分布的随机变量，对于正态随机变量而言，"不相关"与"独立"是等价的，所以把不相关观测值也称为独立观测值，同样把相关观测值也称为不独立观测值。

二、线性函数协方差传播律

1. 观测值线性函数的方差

设有观测值向量 X，其数学期望为 μ_X，协方差阵为 D_{XX}，即

$$X = \begin{bmatrix} X_1 \\ X_2 \\ \vdots \\ X_n \end{bmatrix}, \quad \mu_X = \begin{bmatrix} \mu_1 \\ \mu_2 \\ \vdots \\ \mu_n \end{bmatrix} = \begin{bmatrix} E(X_1) \\ E(X_2) \\ \vdots \\ E(X_n) \end{bmatrix} = E(X), \quad D_{XX} = \begin{bmatrix} \sigma_1^2 & \sigma_2^1 & \cdots & \sigma_{1n} \\ \sigma_{21}^2 & \sigma_2^2 & \cdots & \sigma_{2n} \\ \vdots & \vdots & & \vdots \\ \sigma_{n1}^2 & \sigma_{n2}^1 & \cdots & \sigma_n^2 \end{bmatrix} \tag{5-17}$$

式中，σ_i^2 为 X_i 的方差，σ_{ij} 为 X_i 和 X_j 的协方差。又设有 X 的线性函数为

$$Z = k_1 X_1 + k_2 X_2 + \cdots + k_n X_n + k_0$$

令：$K = [k_1 \quad k_2 \quad \ldots \quad k_n]$

$$\underset{1,1}{Z} = \underset{1,n}{K} \underset{n,1}{X} + \underset{1,1}{k_0} \tag{5-18}$$

对上式两边取数学期望：

$$E(Z) = E(KX + k_0) = KE(X) + k_0 = K\mu_X + k_0 \tag{5-19}$$

Z 的方差为

$$\begin{aligned} D_{ZZ} &= E\left[(Z - E(Z))((Z - E(Z))^T\right] \\ &= E\left[(KX + k_0 - K\mu_X - k_0)(KX + k_0 - K\mu_X - k_0)^T\right] \\ &= E\left[K(X - \mu_X)(X - \mu_X)^T K^T\right] \\ &= KE\left[(X - \mu_X)(X - \mu_X)^T\right]K^T \end{aligned}$$

即
$$D_{ZZ} = \sigma_Z^2 = KD_{XX}K^T \quad (5\text{-}20)$$

D_{ZZ} 的纯量形式：

$$D_{ZZ} = \sigma_Z^2 = k_1^2\sigma_1^2 + k_2^2\sigma_2^2 + \cdots + k_n^2\sigma_n^2 + 2k_1k_2\sigma_{12} + 2k_1k_3\sigma_{13} + \\ \cdots + 2k_1k_n\sigma_{1n} + \cdots + 2k_{n-1}k_n\sigma_{n-1,n} \quad (5\text{-}21)$$

当向量中的各分量 $X_i(i = 1, 2, \cdots, n)$ 两两独立时，它们之间的协方差 $\sigma_{ij} = 0$，此时上式为

$$D_{ZZ} = \sigma_Z^2 = k_1^2\sigma_1^2 + k_2^2\sigma_2^2 + \cdots + k_n^2\sigma_n^2 \quad (5\text{-}22)$$

诸式（5-20）、（5-21）、（5-22）称为协方差传播律。

例：在 1∶500 的图上，量得某两点间的距离 $d = 23.4$ mm，d 的量测中的误差 $\sigma_{ij} = 0.2$ mm。求该两点实地距离 S 及中误差 σ_S。

解：$S = 500d = 500 \times 23.4 = 11\,700$ (mm) $= 11.7$ m

$\sigma_S^2 = 500^2 \sigma_d^2$

$\sigma_S = 500\sigma_d = 500 \times 0.2 = 100$ (mm) $= 0.1$ m

最后写成：$S = 11.7 \pm 0.1$ m

2. 多个观测值线性函数的协方差阵

设有观测值向量 $\underset{n,1}{X}$，X 的数学期望和协方差阵分别为 μ_x 和 D_{XX}。

$$X = \begin{bmatrix} X_1 \\ X_2 \\ \vdots \\ X_n \end{bmatrix}, \quad \mu_X = \begin{bmatrix} \mu_{X_1} \\ \mu_{X_2} \\ \vdots \\ \mu_{X_n} \end{bmatrix} = \begin{bmatrix} E(X_1) \\ E(X_2) \\ \vdots \\ E(X_n) \end{bmatrix}, \quad D_{XX} = \begin{bmatrix} \sigma_{X_1}^2 & \sigma_{X_1 X_2} & \cdots & \sigma_{X_1 X_n} \\ \sigma_{X_2 X_1} & \sigma_{X_2}^2 & \cdots & \sigma_{X_2 X_n} \\ \vdots & \vdots & & \vdots \\ \sigma_{X_n X_1} & \sigma_{X_n X_2} & \cdots & \sigma_{X_n}^2 \end{bmatrix}$$

若有 X 的 t 个线性函数：

$$\left. \begin{array}{l} Z_1 = k_{11}X_1 + k_{12}X_2 + \cdots + k_{1n}X_n + k_{10} \\ Z_2 = k_{21}X_1 + k_{22}X_2 + \cdots + k_{2n}X_n + k_{20} \\ \vdots \\ Z_t = k_{t1}X_1 + k_{t2}X_2 + \cdots + k_{tn}X_n + k_{t0} \end{array} \right\} \quad (5\text{-}23)$$

若令：$\underset{t,1}{Z} = \begin{bmatrix} Z_1 \\ Z_2 \\ \vdots \\ Z_t \end{bmatrix}$, $\underset{t,n}{K} = \begin{bmatrix} k_{11} & k_{12} & \cdots & k_{1n} \\ k_{21} & k_{22} & \cdots & k_{2n} \\ \vdots & \vdots & & \vdots \\ k_{t1} & k_{t2} & \cdots & k_{tn} \end{bmatrix}$, $\underset{t,1}{K_0} = \begin{bmatrix} k_{10} \\ k_{20} \\ \vdots \\ k_{t0} \end{bmatrix}$

则

$$\underset{t,1}{Z} = \underset{t,n}{K}\underset{n,1}{X} + \underset{t,1}{K_0} \quad (5\text{-}24)$$

$$E(Z) = E(KX + K_0) = K\mu_x + K_0 \quad (5\text{-}25)$$

$$D_{ZZ \atop t,t} = E[(Z-E(Z))(Z-E(Z))^{\mathrm{T}}]$$
$$= E[(KX - K\mu_x)(KX - K\mu_x)^{\mathrm{T}}]$$
$$= KE[(X-\mu_x)(X-\mu_x)^{\mathrm{T}}]K^{\mathrm{T}}$$

即
$$D_{ZZ \atop t,t} = K_{t,n} D_{XX \atop n,n} K^{\mathrm{T}}_{n,t} \tag{5-26}$$

设另有 X 的 s 个线性函数
$$\left.\begin{array}{l} W_1 = f_{11}X_1 + f_{12}X_2 + \cdots + f_{1n}X_n + f_{10} \\ W_2 = f_{21}X_1 + f_{22}X_2 + \cdots + f_{2n}X_n + f_{20} \\ \vdots \\ W_s = f_{s1}X_1 + f_{s2}X_2 + \cdots + f_{sn}X_n + f_{s0} \end{array}\right\} \tag{5-27}$$

令：$W_{s,1} = \begin{bmatrix} W_1 \\ W_2 \\ \vdots \\ W_s \end{bmatrix}$，$F_{s,r} = \begin{bmatrix} f_{11} & f_{12} & \cdots & f_{1n} \\ f_{21} & f_{22} & \cdots & f_{2n} \\ \vdots & \vdots & & \vdots \\ f_{s1} & f_{s2} & \cdots & f_{sn} \end{bmatrix}$，$F_{0 \atop s,1} = \begin{bmatrix} f_{10} \\ f_{20} \\ \vdots \\ f_{s0} \end{bmatrix}$

即
$$W = FX + F_0 \tag{5-28}$$
$$E(W) = F\mu_X + F_0 \tag{5-29}$$
$$D_{WW \atop s,s} = F_{s,n} D_{XX \atop n,n} F^{\mathrm{T}}_{n,s} \tag{5-30}$$

根据互协方差阵的定义：
$$D_{ZW} = E[(Z - E(Z))(W - E(W))^{\mathrm{T}}]$$
$$= E[(KX + K_0 - K\mu_X - K_0)(FX + F_0 - F\mu_X - F_0)^{\mathrm{T}}]$$
$$= KE[(X - \mu_X)(Y - \mu_X)^{\mathrm{T}}]F^{\mathrm{T}}$$
$$= K_{t,n} D_{XX \atop n,n} F^{\mathrm{T}}_{n,s} \tag{5-31}$$

例： 以等精度观测了三角形的三个内角 L_1、L_2 和 L_3，其方差都是 σ^2，设观测值间是相互独立的，将闭合差反号平均分配各观测角。试求分配之后的三角形三个内角 $\hat{L}_1$、$\hat{L}_2$ 和 $\hat{L}_3$ 的方差。

解： 计算三角形闭合差为
$$W = L_1 + L_2 + L_3 - 180°$$

反号平均分配闭合差之后三角形三个内角：
$$\hat{L}_1 = L_1 - \frac{W}{3} = \frac{1}{3}(2L_1 - L_2 - L_3) + 60°$$

$$\hat{L}_2 = L_2 - \frac{W}{3} = \frac{1}{3}(-L_1 + 2L_2 - L_3) + 60°$$

$$\hat{L}_3 = L_3 - \frac{W}{3} = \frac{1}{3}(-L_1 - L_2 + 2L_3) + 60°$$

上式的矩阵表示形式为

$$\hat{\boldsymbol{L}}_{3\times1} = \boldsymbol{A}_{3\times3}\boldsymbol{L}_{3\times1} + \boldsymbol{A}_0_{3\times1}$$

式中，$\boldsymbol{L} = \begin{pmatrix} \hat{L}_1 \\ \hat{L}_2 \\ \hat{L}_3 \end{pmatrix}$，$\boldsymbol{A} = \frac{1}{3}\begin{pmatrix} 2 & -1 & -1 \\ -1 & 2 & -1 \\ -1 & -1 & 2 \end{pmatrix}$，$\boldsymbol{A}_0 = \begin{pmatrix} 60° \\ 60° \\ 60° \end{pmatrix}$，$\boldsymbol{L} = \begin{pmatrix} L_1 \\ L_2 \\ L_3 \end{pmatrix}$

由题意知：$\boldsymbol{D}_{LL} = \begin{pmatrix} \sigma^2 & 0 & 0 \\ 0 & \sigma^2 & 0 \\ 0 & 0 & \sigma^2 \end{pmatrix}$，应用协方差传播律得

$$\boldsymbol{D}_{\hat{L}\hat{L}} = \begin{pmatrix} \sigma_{\hat{L}1}^2 & \sigma_{\hat{L}1\hat{L}2} & \sigma_{\hat{L}1\hat{L}3} \\ \sigma_{\hat{L}2\hat{L}1} & \sigma_{\hat{L}2}^2 & \sigma_{\hat{L}2\hat{L}3} \\ \sigma_{\hat{L}3\hat{L}1} & \sigma_{\hat{L}3\hat{L}2} & \sigma_{\hat{L}3}^2 \end{pmatrix} = \boldsymbol{A}\boldsymbol{D}_{LL}\boldsymbol{A}^{\mathrm{T}}$$

$$= \frac{1}{9}\begin{pmatrix} 2 & -1 & -1 \\ -1 & 2 & -1 \\ -1 & -1 & 2 \end{pmatrix}\begin{pmatrix} \sigma^2 & 0 & 0 \\ 0 & \sigma^2 & 0 \\ 0 & 0 & \sigma^2 \end{pmatrix}\begin{pmatrix} 2 & -1 & -1 \\ -1 & 2 & -1 \\ -1 & -1 & 2 \end{pmatrix}$$

$$= \frac{\sigma^2}{3}\begin{pmatrix} 2 & -1 & -1 \\ -1 & 2 & -1 \\ -1 & -1 & 2 \end{pmatrix}$$

三、非线性函数协方差传播律

设观测值 $H_A + \hat{h}_1 + \hat{h}_2 + \hat{h}_3 + \hat{h}_4 - H_B = 0$ 的函数的一般形式为

$$Z = f(X) \text{ 或 } Z = f(X_1, X_2, \cdots, X_n) \tag{5-32}$$

我们在实际工作中，如果是非线性函数，往往要将非线性函数化成线性函数式，具体步骤如下：

假定观测值 X 有近似值：$X_{n,1}^0 = \begin{bmatrix} X_1^0 & X_2^0 & \cdots & X_n^0 \end{bmatrix}^{\mathrm{T}}$

将函数式 $Z = f(X_1, X_2, \cdots, X_n)$ 按台劳级数在点 X_1^0，X_2^0，$\cdots$，X_n^0 处展开为

$$Z = f(X_1^0, X_2^0, \cdots, X_n^0) + \left(\frac{\partial f}{\partial X_1}\right)_0 (X_1 - X_1^0) +$$

$$\left(\frac{\partial f}{\partial x_2}\right)_0 (X_2 - X_2^0) + \cdots + \left(\frac{\partial f}{\partial x_n}\right)_0 (X_n - X_n^0) + (\text{二次以上项}) \tag{5-33}$$

式中，$\left(\frac{\partial f}{\partial X_i}\right)_0$ 是函数对各个变量所取的偏导数，并以近似值 X^0 代入所算得的数值。它们都

是常数，当 X^0 与 X 非常接近时，上式中二次以上各项很微小，可以略去，将上式写为

$$Z = \left(\frac{\partial f}{\partial x_1}\right)_0 X_1 + \left(\frac{\partial f}{\partial X_2}\right)_0 X_2 + \cdots + \left(\frac{\partial f}{\partial x_n}\right)_0 X_n + \\ f(X_1^0, X_2^0, \cdots, X_n^0) - \sum_{i=1}^{n}\left(\frac{\partial f}{\partial X_i}\right)_0 X_i^0 \qquad (5\text{-}34)$$

令：$K = [k_1 \quad k_2 \quad \cdots \quad k_n] = \left[\left(\frac{\partial f}{\partial X_1}\right)_0 \quad \left(\frac{\partial f}{\partial X_2}\right)_0 \quad \cdots \quad \left(\frac{\partial f}{\partial X_n}\right)_0\right]$

$$k_0 = f(X_1^0, X_2^0, \cdots, X_n^0) \sum_{i=1}^{n} k_i X_i^0$$

得

$$Z = k_1 X_1 + k_2 X_2 + \cdots + k_n X_n + k_0 = KX + k_0 \qquad (5\text{-}35)$$

这样，就将非线性函数式化成了线性函数式。

如果我们换一种思路，引入高等数学变量和函数的微分的知识，变量的误差与函数的误差之间的关系，可近似地用函数的全微分来表示。

即令：

$$dX_i = X_i - X_i^0 \quad (i = 1, 2, \cdots, n)$$
$$dX = (dX_1 \quad dX_2 \quad \cdots \quad dX_n)^T$$
$$dZ = Z - Z^0 = Z - f(X_1^0, X_2^0, \cdots, X_n^0)$$

则式（5-35）可写为

$$dZ = \left(\frac{\partial f}{\partial X_1}\right)_0 dX_1 + \left(\frac{\partial f}{\partial X_2}\right)_0 dX_2 + \cdots + \left(\frac{\partial f}{\partial X_n}\right)_0 dX_n = KdX \qquad (5\text{-}36)$$

可见，式（5-36）是非线性函数式（5-32）的全微分。

因此，以后非线性函数线性化时，只要对非线性函数按式（5-36）全微分就行了，而不必用泰诺级数展开。

四、协方差传播律的应用步骤

应用协方差传播律的实际步骤如下：

（1）根据实际问题写出函数式，如 $Z_i = f_i(X_1, X_2, \cdots, X_n)$, $(i = 1, 2, \cdots, t)$

（2）如果为非线性函数，则对函数式求全微分，得

$$dZ_i = \left(\frac{\partial f_i}{\partial X_1}\right)_0 dX_1 + \left(\frac{\partial f_i}{\partial X_2}\right)_0 dX_2 + \cdots + \left(\frac{\partial f_i}{\partial X_n}\right)_0 dX_n, \quad (i = 1, 2, \cdots, t)$$

（3）写成矩阵形式：$\boldsymbol{Z} = \boldsymbol{KX}$ 或 $d\boldsymbol{Z} = \boldsymbol{K}d\boldsymbol{X}$

（4）应用协方差传播律求方差或协方差阵。

测量平差主要内容之一是评定精度，即评定观测值及观测值函数的精度。协方差传播律正是用来求观测值函数的中误差和协方差的基本公式。

五、协方差传播律的应用

（一）算术平均值的中误差

设对某量以同精度独立观测了 N 次，得观测值 L_1，L_2，…，L_N，它们的中误差均等于 σ，求 N 个观测值的算术平均值的中误差。

首先明确在本问题中观测值是 L_1，L_2，…，L_N，算术平均值为其函数，则它们的关系式为

$$x = \frac{[L]}{N} = \frac{1}{N}L_1 + \frac{1}{N}L_2 + \cdots + \frac{1}{N}L_N \tag{5-37}$$

应用协方差传播律得

$$\left.\begin{array}{l}\sigma_x^2 = \dfrac{1}{N^2}\sigma^2 + \dfrac{1}{N^2}\sigma^2 + \cdots + \dfrac{1}{N^2}\sigma^2 = \dfrac{\sigma^2}{N} \\ \sigma_x = \dfrac{\sigma}{\sqrt{N}}\end{array}\right\} \tag{5-38}$$

即 N 个同精度独立观测值的算术平均值的中误差，等于各观测值的中误差除以 $\sqrt{N}$。

（二）水准测量的中误差

经 N 个测站测定 A、B 两水准点间的高差，其中第 i（$i = 1$，2，…，N）站的观测高差为 h_i。求 A、B 两水准点间的总高差中误差。

首先明确本问题中观测值是每站高差，函数为其总高差。则 PA 两水准点间的高差为

$$h_{AB} = h_1 + h_2 + \cdots + h_N \tag{5-39}$$

设各测站观测高差是精度相同的独立观测值，其中误差均为 $\sigma_{站}$，$\sigma_{ij} = 0(i \neq j)$。应用协方差传播律，得

$$\left.\begin{array}{l}\sigma_{h_{AB}}^2 = \sigma_{站}^2 + \sigma_{站}^2 + \cdots + \sigma_{站}^2 = N\sigma_{站}^2 \\ \sigma_{h_{AB}} = \sqrt{N}\sigma_{站}\end{array}\right\} \tag{5-40}$$

若水准路线敷设在平坦的地区，前后量测站间的距离 s 大致相等，设 A、B 间的距离为 S，则测站数 $N = S/s$，代入上式得

$$\sigma_{h_{AB}} = \sqrt{\frac{S}{s}}\sigma_{站}$$

如果 $S = 1\ \text{km}$，s 以 km 为单位，则 1 km 的测站数为

$$N_{公里} = \frac{1}{s}$$

则 1 km 观测高差的中误差为

$$\sigma_{公里} = \sqrt{\frac{1}{s}}\sigma_{站}$$

所以，距离为 S km 的 ψ ($0° \leq \psi \leq 360°$) 两点的观测高差的中误差为

$$\sigma_{h_{AB}} = \sqrt{S}\sigma_{公里} \tag{5-41}$$

式（5-40）和（5-41）是水准测量中计算高差中误差的基本公式。

可见，当各测站高差的观测精度相同时，水准测量高差的中误差与测站数的平方根成正比；当各测站的距离大致相等时，水准测量高差的中误差与距离的平方根成正比。

（三）方位角的中误差

一条支导线，同精度独立观测其 N 个转折角（全部为左角）β_1，β_2，$\cdots$，β_N，它们的中误差均为 σ_β。求第 N 条导线边的坐标方位角 α_N。

首先明确本问题中转折角 β 为观测量，坐标方位角 α_N 为其函数，则其计算式为

$$\alpha_N = \alpha_0 + \beta_1 + \beta_2 + \beta_N - N \times 108° \tag{5-42}$$

其中，α_0 为已知坐标方位角，设为无误差。

则由协方差传播率得第 N 条边的坐标方位角的中误差为

$$\sigma_{\alpha_N} = \sqrt{N}\sigma_\beta y_E = \varphi_E E \tag{5-43}$$

上式表明，支导线中第 N 条导线边的坐标方位角的中误差，等于各转折角的中误差的 $\sqrt{N}$ 倍。

在实际测量工作中，观测量的真值（或数学期望）是未知的，因此真误差就无法知道，也就不能利用公式（5-8）计算中误差的估值。然而，在某些情况下，由若干个观测量（例如角度、长度、高差等）所构成的函数，其真值有时是已知的，因而其真误差也是可以求得的。

（四）若干独立误差综合影响的中误差

一个观测值的中误差往往受许多独立误差的综合影响。例如，经纬仪观测一个方向时，就受目标偏心、仪器偏心、照准、读数等误差的综合影响。这些独立误差都属于偶然误差。可以认为各独立真误差 Δ_1，Δ_2，$\cdots$，Δ_n 的代数和就是综合影响的真误差 Δ_F，即

$$\sigma_F^2 = \sigma_{\Delta_1}^2 + \sigma_{\Delta_2}^2 + \cdots + \sigma_{\Delta_n}^2 \tag{5-44}$$

这相当于和、差函数真误差的关系式，故可得

$$\sigma_F^2 = \sigma_{\Delta_1}^2 + \sigma_{\Delta_2}^2 + \cdots + \sigma_{\Delta_n}^2 \tag{5-45}$$

即观测值受各独立误差综合影响所产生的中误差的平方等于各独立误差的中误差的平方和。

(五) 由三角形闭合差计算测角中误差

一个平面三角形,我们不知道其每个内角的真值,但是知道其三内角之和的真值为180°,那么由三内角观测值算得的三角形闭合差就是三角形三个内角和的真误差。这样就可以根据闭合差(真误差)求出三角形内角和的中误差,然后可以推算出实际作业中角度观测值的中误差。

设在一个三角网中,以同精度独立观测了各三角形之内角分别为 a_i、b_i 和 c_i ($i=1, 2, \cdots, n$),由每个三角形各观测角值计算而得的三角形闭合差为 $w_1, w_2, \cdots, w_n$。

因 $w_i = a_i + b_i + c_i - 180°$,且每一个角度都是等精度观测值,则设角度观测值的中误差均为 σ_β。

由协方差传播律知

$$\sigma_w^2 = \sigma_\beta^2 + \sigma_\beta^2 + \sigma_\beta^2 = 3\sigma_\beta^2$$

即
$$\sigma_w = \sqrt{3}\sigma_\beta \tag{5-46}$$

因为三角形闭合差是一组真误差,则根据式(1-8)可知三角形闭合差的中误差为

$$\sigma_w = \lim_{n \to \infty} \sqrt{\frac{[ww]}{n}} \tag{5-47}$$

由于三角网中三角形个数 n 是有限的,则三角形闭合差的中误差估值为

$$\hat{\sigma}_w = \sqrt{\frac{[ww]}{n}} \tag{5-48}$$

则由式(5-47)和(5-48)可知测角中误差的估值为

$$\hat{\sigma}_\beta = \sqrt{\frac{[ww]}{3n}} \tag{5-49}$$

式(5-49)称为菲列罗公式,在传统的三角形测量中经常用它来初步评定测角的精度。

(六) 由双观测值之差计算中误差

在测量工作中,常常对一系列被观测量分别进行成对的观测。例如,在水准测量中,支水准路线必须往返观测;在支导线测量中,每条边需观测两次等。

设对量 $X_1, X_2, \cdots, X_n$,同精度各观测两次,得独立观测值分别为

$$L_1', L_2', \cdots, L_n'; L_1'', L_2'', \cdots, L_n''$$

其中,观测值 L_1' 和 l_i'' 是对同一量 x_i 的两次观测的结果,称为一个观测对。

若观测值不带有误差,则对同一个量的两个观测值的差值应为零。即双观测值之差的真

值为零。但由于观测值带有误差，因此，每个量的两个观测值的差值一般是不等于零的，设第 i 个量的两个观测值的差数为

$$d_i = L_i' - L_i'', \quad (i=1,2,\cdots,n) \tag{5-50}$$

则第 i 个量的两个观测值差数的真误差

$$\Delta d_i = d_i - 0 = d_i \tag{5-51}$$

可知：

$$\sigma_{\Delta d} = \sigma_d = \lim_{n \to \infty} \sqrt{\frac{[dd]}{n}} \tag{5-52}$$

设观测值的中误差均为 σ_L，由协方差传播律得

$$\sigma_d = \sqrt{2}\sigma_L$$

即

$$\sigma_L = \frac{\sigma_d}{\sqrt{2}} \tag{5-53}$$

当 n 为有限时，有

$$\hat{\sigma}_L = \frac{\hat{\sigma}_d}{\sqrt{2}} = \sqrt{\frac{[dd]}{2n}} \tag{5-54}$$

若对每对观测值取其平均值，则根据协方差传播律得平均值 $X_i = \dfrac{L_i' + L_i''}{2}$ 的中误差为

$$\hat{\sigma}_X = \frac{1}{2}\sqrt{\frac{[dd]}{n}} \tag{1-55}$$

公式（1-54）、（1-55）分别是求同精度观测值中误差、算术平均值中误差的计算公式。

【项目考核】

1. 什么叫测量误差？产生测量误差的原因有哪些？
2. 偶然误差、系统误差各自有什么特性？举系统误差和偶然误差的例子，要求各 5 个。
3. 观测值函数的中误差与观测值中误差存在什么关系？
4. 简述精度、准度、精准度的区别与联系。
5. 试述中误差、极限误差、相对误差的含义与区别。
6. 已知两段距离的长度及其中误差分别为 300.465 m±4.5 cm 及 660.894±4.5 cm，说明这两段距离的真误差是否相等。它们的精度是否相同？
7. 在水准测量中，每一测站观测的中误差均为 ±3 mm，今要求从已知水准点推测待定点的高程中误差不超过 ±5 mm。问：最多只能设多少站？
8. 对于某一矩形场地，量得其长度 $a = 156.34 \text{ m} \pm 0.1 \text{ m}$，宽度 $b = 85.27 \text{ m} \pm 0.05 \text{ m}$。计算该矩形场地的面积 P 及其中误差 σ_P。
9. 对八条边长作等精度双次观测，观测结果见题表 5-1，取每条边两次观测的算术平均

值作为该边的最可靠值，求观测值中误差和每边最可靠值的中误差。

题表 5-1 边长等精度双次观测值数据表

编　号	L'/m	L''/m	d/mm	dd
1	103.478	103.482	−4	16
2	99.556	99.534	+22	484
3	100.378	100.382	−9	81
4	101.763	101.742	+21	441
5	103.350	103.343	+7	49
6	98.885	98.876	+9	81
7	101.004	101.014	−10	100
8	102.293	102.285	+8	64

10. 在下列情况下使水准测量中水准尺的读数带有误差，试判别误差的性质与符号：
（1）视准轴与水准轴不平行；
（2）仪器下沉；
（3）读数不准确；
（4）水准尺下沉；
（5）水准尺竖立不直。

项目六　小区域控制测量

本任务主要介绍了直线定向、坐标正反算、坐标方位角、导线外业布设、内业计算等知识点。通过本任务的讲解，使学生能熟练掌握全站仪导线测量外业观测及内业计算方法。

任务一　小区域控制测量基础知识

【任务介绍】

本任务主要阐述了直线定向、坐标正反算、坐标方位角计算等基础知识点，为后续导线测量内业计算奠定理论基础。

【任务目标】

知识目标：⊙ 掌握直线定向方法；
⊙ 掌握坐标正、反算方法；
⊙ 理解坐标方位角定义及计算方法。
技能目标：⊙ 培养学生坐标方位角、边长，坐标增量的计算能力。

【任务实施】

在新布设的平面控制网中，至少需要已知一条边的坐标方位角才可以确定控制网的方向，简称定向；至少需要已知一个点的平面坐标才可以确定控制网的位置，简称定位。因此布设导线平面控制网时，如果已知网中一点的坐标及该点至另一点的边的方位角，或已知网中两点的坐标，即可将控制网进行定位和定向。因此，"一点坐标及一边方位角"或"两点坐标"称为导线控制网的必要起算数据。在小地区建立平面控制网时，一般是与该地区已有大地控制网或城市控制网连测，以取得起算数据，即起始点的坐标和起始边的方位角，进行控制网的定位和定向。如果测区附近没有高级控制点可以连接，称为独立测区，则用罗盘仪施测导线起始边的磁方位角，并假定起始点的坐标作为起算数据。

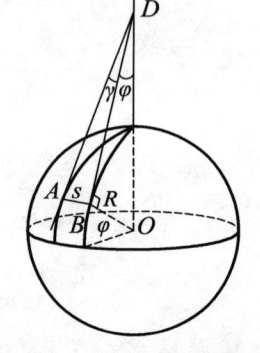

图 6-1　子午线收敛角

一、直线定向的表示方法

为了确定地面点的平面位置，不但要已知直线的长度，而且要已知直线的方向。直线的方向也是确定地面点位置的基本要素之一，所以直线方向的测量也是基本的测量工作。确定直线方向首先要有一个共同的基本方向，此外要有一定的方法来确定直线与基本方向之间的角度关系。

确定直线方向与标准方向之间的关系称为直线定向。要确定直线的方向，首先要选定一个标准方向作为直线定向的依据，然后测出这条直线方向与标准方向之间的水平角，则直线的方向便可确定。在测量工作中以子午线方向为标准方向。子午线分真子午线、磁子午线和轴子午线三种。

1. 标准方向线的种类

标准方向线应有明确的定义并在一定区域的每一点上能够唯一确定。在测量中经常采用的标准方向有三种，即真子午线方向、磁子午线方向和坐标纵轴方向。

（1）真子午线方向。

过地球上某点以及地球的北极和南极的半个大圆为该点的真子午线，通过该点真子午线的切线方向称为该点的真子午线方向，它指出地面上某点的真北和真南方向。真子午线方向是用天文测量方法或用陀螺经纬仪来测定的。由于地球上各点的真子午线都收敛于两极，所以地面上不同经度的两点，其真子午线方向是不平行的。两点真子午线方向间的夹角称为子午线收敛角。如图 6-1 所示，设 A、B 为位于同一纬度上的两点，其子午线收敛角可用如下公式近似计算：

$$\gamma = \rho \cdot \frac{S}{R} \tan\varphi$$

式中　ρ——取 206 265″；

　　　R——地球的半径，取 6 371 km；

　　　S——高斯平面直角坐标系中两点的横坐标（y）之差；

　　　φ——两点的平均纬度。

（2）磁子午线方向。

自由悬浮的磁针静止时，磁针北极所指的方向是磁子午线方向，又称磁北方向。磁子午线方向可用罗盘仪来测定。由于地球南北极与地磁场南北极不重合，故真子午线方向与磁子午线方向也不重合，它们之间的夹角为 δ，称为磁偏角，见图 6-2。磁子午线北端在真子午线以东为东偏，其符号为正；在西时为西偏，其符号为负。磁偏角 δ 的符号和大小因地而异，在我国，磁偏角的变化为 +6°（西北地区）~ -10°（东北地区）。

（3）坐标纵轴方向。

由于地面上任何两点的真子午线方向和磁子午线方向都不平行，这会给直线方向的计算带来不便。采用坐标纵轴作为标准方向，在同一坐标系中任何点的坐标纵轴方向都是平行的，这给使用上带来极大方便。因此，在平面直角坐标系中，一般采用坐标纵轴作为标准方向，称坐标纵轴方向，又称坐标北方向。前已述及，我国采用高斯平面直角坐标系，在每个 6°带或 3°带都以该带的中央子午线作为坐标纵轴。如采用假定坐标系，则用假定的坐标纵轴（x轴）。如图 6-3 所示，以过 O 点的真子午线作为坐标纵轴，任意点 A 或 B 的真子午线方向与坐标纵轴方向间的夹角就是任意点与 O 点间的子午线收敛角 γ。当坐标纵轴方向的北端偏向真子午线方向以东时，γ 定为正值；偏向西时，γ 定为负值。

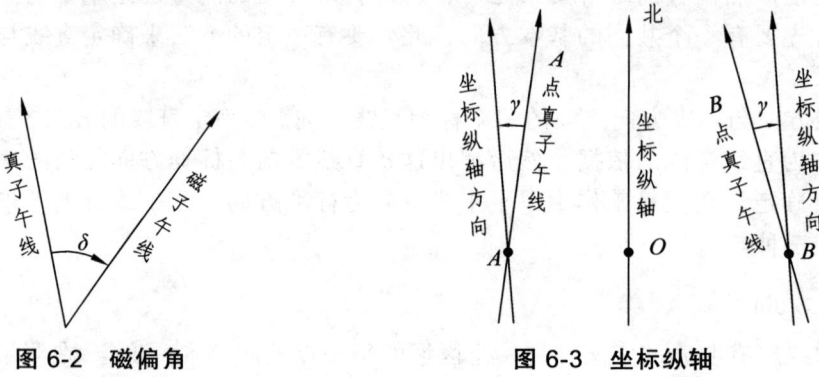

图 6-2　磁偏角　　　　　　图 6-3　坐标纵轴

2. 直线方向的表示法

直线方向常用方位角来表示。方位角就是以标准方向为起始方向顺时针转到该直线的水平夹角，所以方位角的取值范围是 0°~360°，如图 6-4（a）所示。直线 OM 的方位角为 AOM；直线 OP 的方位角为 AOP。

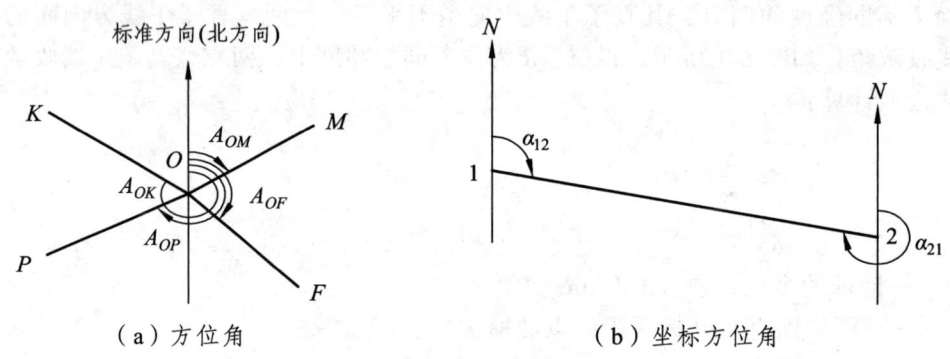

（a）方位角　　　　　　（b）坐标方位角

图 6-4　方位角

以真子午线方向为标准方向（简称真北）的方位角称为真方位角，用 A 表示；以磁子午线方向为标准方向（简称磁北）的方位角称为磁方位角，用 A_m 表示；以坐标纵轴方向为标准方向（简称轴北）的方位角称为坐标方位角，以 α 表示。

每条直线段都有两个端点，若直线段从起点 1 到终点 2 为直线的前进方向，则在起点 1 处的坐标方位角 α_{12} 为正方位角，在终点 2 处的坐标方位角 α_{21} 为反方位角。从图 6-4（b）中可看出，同一直线段的正、反坐标方位角相差为 180°，即

$$\alpha_{12} = \alpha_{21} \pm 180°$$

二、坐标方位角推算

为了计算导线点的坐标，首先应推算出导线各边的坐标方位角（以下简称方位角）。如

果导线和国家控制点或测区的高级点进行了连接,则导线各边的方位角是由已知边的方位角来推算;如果测区附近没有高级控制点可以连接,称为独立测区,则测量起始边的方位角,再以此观测方位角来推算导线各边的方位角。

如图6-5所示,设 A、B、C 为导线点,AB 边的方位角 α_{AB} 为已知,导线点 B 的左角为 $\beta_左$,现在来推算 BC 边的方位角 α_{BC}。由正反方位角的关系,可知:

$$\alpha_{BA} = \alpha_{AB} - 180°$$

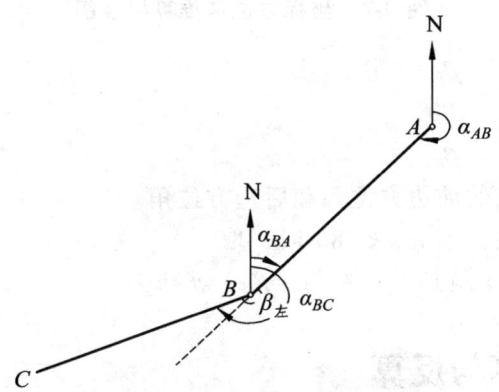

图 6-5 坐标方位角推算示意图

则从图中可以看出:

$$\alpha_{BC} = \alpha_{BA} + \beta_左 = \alpha_{AB} - 180° + \beta_左 \tag{6-1}$$

根据方位角不大于360°的定义,当用上式算出的方位角大于360°时,则减去360°即可。

当用右角推算方位角时,如图6-6所示:

$$\alpha_{BA} = \alpha_{AB} + 180°$$

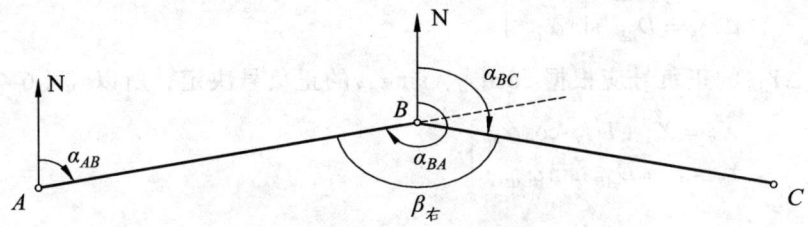

图 6-6 坐标方位角推算示意图

则从图中可以看出

$$\alpha_{BC} = \alpha_{AB} + 180° - \beta_右 \tag{6-2}$$

用(6-2)式计算 α_{BC} 时,如果 $\alpha_{AB} + 180°$ 后仍小于 $\beta_右$ 时,则加360°后再减 $\beta_右$。

如图6-7所示,以导线的前进方向为参考,导线点 B 的后边是 AB 边,其方位角为 $\alpha_后$;前边是 BC 边,其方位角为 $\alpha_前$。

根据上述式(6-1)、(6-2)推导结论,得到导线边坐标方位角的一般推算公式为

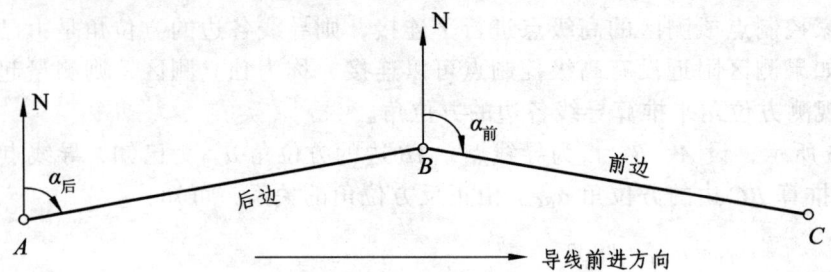

图 6-7 坐标方位角推算标准图

$$\alpha_{前} = \alpha_{后} \begin{matrix} +\beta_{左} \\ \pm 180° \\ -\beta_{右} \end{matrix} \qquad (6\text{-}3)$$

式中 $\alpha_{前}$，$\alpha_{后}$——导线点的前边方位角和后边方位角。

180°前的正负号取用：当 $\alpha_{后} < 180°$ 时，取"+"号；当 $\alpha_{后} > 180°$ 时，取"-"号。导线的转折角是左角（$\beta_{左}$）就加上；右角（$\beta_{右}$）就减去。

三、坐标的正算与反算

（1）根据已知点的坐标及边长和坐标方位角计算未知点的坐标，即坐标的正算。

如图 6-8 所示，设 A 为已知点，B 为未知点，当 A 点的坐标（X_A，Y_A）和边长 D_{AB}、坐标方位角 α_{AB} 均为已知或已求时，则可求得 B 点的坐标（X_B，Y_B）。由图可知：

$$\left.\begin{matrix} X_B = X_A + \Delta X_{AB} \\ Y_B = Y_A + \Delta Y_{AB} \end{matrix}\right\} \qquad (6\text{-}4)$$

其中，坐标增量的计算公式为

$$\left.\begin{matrix} \Delta X_{AB} = D_{AB} \cdot \cos\alpha_{AB} \\ \Delta Y_{AB} = D_{AB} \cdot \sin\alpha_{AB} \end{matrix}\right\} \qquad (6\text{-}5)$$

式中，ΔX_{AB}、ΔY_{AB} 的正负号应根据 $\cos\alpha_{AB}$、$\sin\alpha_{AB}$ 的正负号决定，所以式（6-4）又可写成：

$$\left.\begin{matrix} X_B = X_A + D_{AB} \cdot \cos\alpha_{AB} \\ Y_B = Y_A + D_{AB} \cdot \sin\alpha_{AB} \end{matrix}\right\} \qquad (6\text{-}6)$$

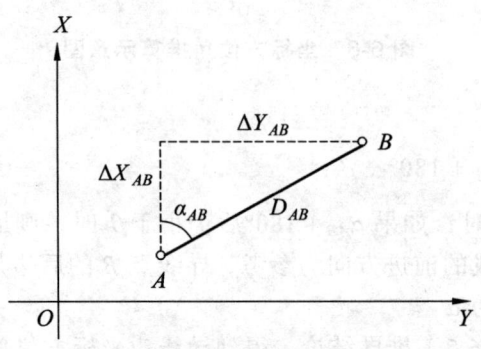

图 6-8 导线坐标计算示意图

需要指出的是：在导线测量时，导线各边的坐标方位角是事先根据式（6-3）推算出来的。

（2）由两个已知点的坐标反算其坐标方位角和边长，即坐标的反算。

如图6-8所示，若设 A、B 为两已知点，其坐标分别为（X_A，Y_A）和（X_B，Y_B），则可得

$$\tan \alpha_{AB} = \frac{\Delta Y_{AB}}{\Delta X_{AB}} \tag{6-7}$$

$$D_{AB} = \frac{\Delta Y_{AB}}{\sin \alpha_{AB}} = \frac{\Delta X_{AB}}{\cos \alpha_{AB}} \tag{6-8}$$

或

$$D_{AB} = \sqrt{(\Delta X_{AB})^2 + (\Delta Y_{AB})^2} \tag{6-9}$$

式中，$\Delta X_{AB} = X_B - X_A$，$\Delta Y_{AB} = Y_B - Y_A$。

由式（6-7）可求得 α_{AB}。α_{AB} 求得后，又可由式（6-8）算出两个 D_{AB}，并作相互校核。如果仅尾数略有差异，就取中数作为最后的结果。

需要指出的是：按式（6-7）计算出来的坐标方位角是有正负号的，因此，还应按坐标增量 ΔX 和 ΔY 的正负号最后确定 AB 边的坐标方位角。即若按式（6-7）计算的坐标方位角为

$$\alpha' = \arctan \frac{\Delta Y}{\Delta X} \tag{6-10}$$

则 AB 边的坐标方位角 α_{AB} 参见图6-9应为：

在第Ⅰ象限，即当 $\Delta X > 0$，$\Delta Y > 0$ 时，$\alpha_{AB} = \alpha'$；

在第Ⅱ象限，即当 $\Delta X < 0$，$\Delta Y > 0$ 时，$\alpha_{AB} = 180° - \alpha'$；

在第Ⅲ象限，即当 $\Delta X < 0$，$\Delta Y < 0$ 时，$\alpha_{AB} = 180° + \alpha'$；

在第Ⅳ象限，即当 $\Delta X > 0$，$\Delta Y < 0$ 时，$\alpha_{AB} = 360° - \alpha'$。

也就是当 $\Delta X > 0$ 时，应给 α' 加 360°；当 $\Delta X < 0$ 时，应给 α' 加 180°才是所求 AB 边的坐标方位角。

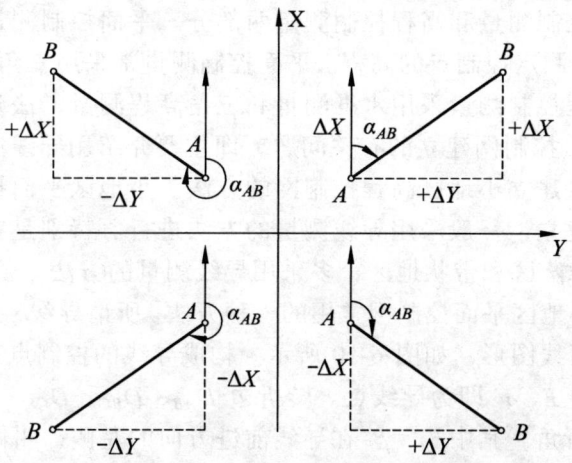

图6-9　不同象限导线边坐标方位角示意图

任务二　导线测量外业

【任务介绍】

本任务主要介绍了导线测量选点、路线布设的方法，重点阐述了导线测量外业施测的过程。通过本任务的讲解，促使学生能独立布设一条导线并且进行施测。

【任务目标】

知识目标：⊙ 掌握导线的布设形式与等级；
　　　　　⊙ 掌握导线测量的外业选点及施测过程。
技能目标：⊙ 培养学生使用全站仪完成任一附合或闭合导线布设、施测的操作能力。

【任务实施】

在测量工作中，为了克服误差的传播和累积对测量成果造成的影响和提高测量的精度与速度，测量工作必须遵循"从整体到局部，先控制后碎部"的原则。也就是说要先在测区内选择一些有控制意义的点，用精确的方法测定它们的平面位置和高程，以控制整个测区；然后再以这些控制点为依据，进行碎部测量或测设。在测量工作中，将这些有控制意义的点称为控制点，由控制点所构成的几何图形称为控制网，而将精确测定控制网点位的工作称为控制测量。

控制测量工作具有控制全局的作用，是其他各项测量工作的依据。对于地形测图，等级控制是扩展图根控制的基础，以保证所测地形图能以一定的精度互相拼接成为一个整体。对于工程测量，常需布设专用控制网，作为施工放样和变形观测的依据。由于传统的测量方法并不能简单地同时将地面控制点的平面位置和高程精确测出，而是需要采用不同的仪器和方法来分别完成，而且平面点和高程点在点的布设和使用上也各有特点，因而控制测量实施时被分为平面控制测量和高程控制测量两部分。平面控制测量是测定控制点的平面位置，高程控制测量是测定控制点的高程。平面控制测量常采用三角测量、导线测量、GPS测量等方法建立，高程控制测量采用水准测量和三角高程测量方法建立。本项目主要讨论小地区（10 km² 以下）控制网建立的有关问题，即主要介绍用导线测量建立小地区平面控制网和用三角高程测量建立小地区高程控制网的方法。小地区平面控制网应视测区面积的大小按精度要求分级建立，一般采用导线测量的方法进行。特别是在地物分布复杂的建筑区、视线障碍较多的隐蔽区和带状地区，多采用导线测量的方法。

导线测量是建立小地区平面控制网常用的一种方法。所谓导线，是指测区内相邻控制点用直线连接而构成的折线图形，如图6-10所示。构成导线的控制点，称为导线点。图上折线的转折点 A、B、C、E、F 即为导线点。转折边 D_{AB}、D_{BC}、D_{CE}、D_{EF} 称为导线边；水平角 β_B、β_C、β_E 称为转折角，其中 β_B、β_E 在导线前进方向的左侧，叫做左角，β_C 在导线前进方向的右侧，叫做右角；α_{AB} 称为起始边 D_{AB} 的坐标方位角。导线测量就是依次测定各导线边的长度和各转折角值,再根据起算数据(起始点的坐标和起始边的方位角或两点坐标),推算出各边的坐标方位角,从而求出各导线点的坐标。

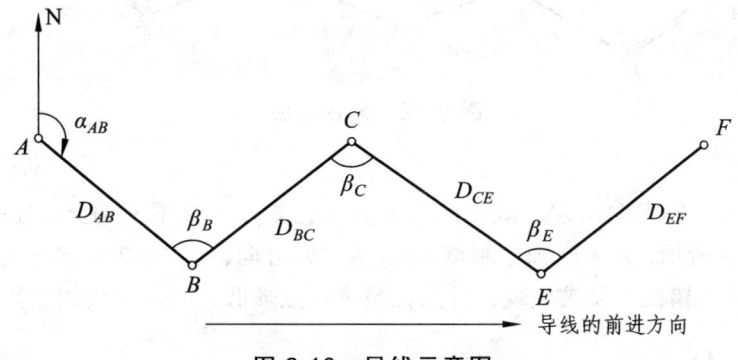

图 6-10 导线示意图

传统的导线测量是利用经纬仪测量转折角,用钢尺测定导线边长,称为经纬仪钢尺导线法测量。目前,导线的边长一般用测距仪(全站仪)测定,称为全站仪导线测量法。

一、导线的布设形式

1. 导线的布设形式

根据测区的情况和要求,导线可以布设成以下几种常用形式:

(1)闭合导线。

如图 6-11 所示,导线从已知控制点 B 和已知方向 BA 出发,经过点 1、2、3、4,最后仍回到起点 B,形成一个闭合多边形,这样的导线称为闭合导线。闭合导线本身存在着严密的几何条件,具有检核作用。它适用于面积较宽阔的独立地区作测图控制。

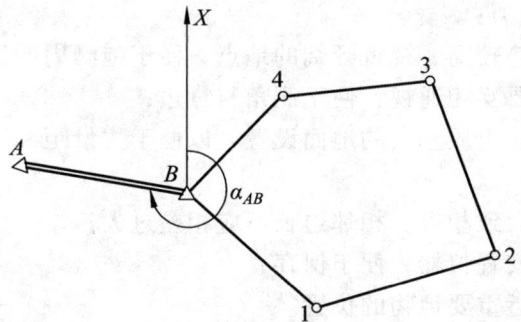

图 6.11 闭合导线

(2)附合导线。

如图 6-12 所示,导线从已知控制点 B 和已知方向 BA 出发,经过点 1、2、3,最后附合到另一已知点 C 和已知方向 CD 上,这样的导线称为附合导线。这种布设形式,具有检核观测成果的作用。它适用于带状地区的测图控制,此外也广泛用于公路、铁路、管道、河道等工程的勘测与施工控制点的建立。

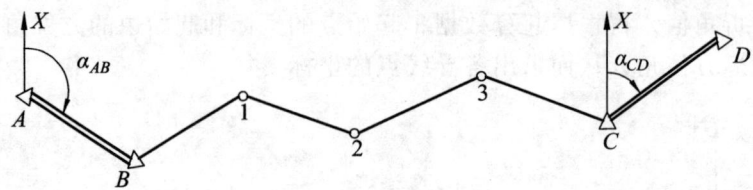

图 6-12 附合导线

（3）支导线。

由一已知点和已知方向出发，既不附合到另一已知点，又不回到原起始点的导线，称为支导线。如图 6-13 所示，B 为已知控制点，$α_{AB}$ 为已知方向，点 1、2 为支导线点。这种导线没有已知点进行校核，错误不易被发现，且点位精度逐点降低，所以导线的点数一般为 2~3 个。

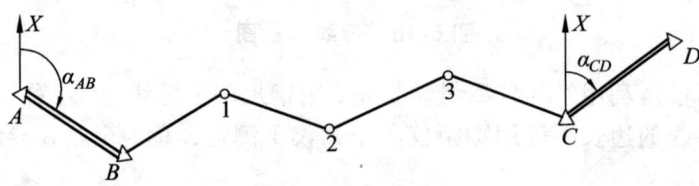

图 6-13 支导线

二、导线测量的外业工作

导线测量工作分为外业和内业。下面要介绍的是经纬仪导线测量外业中的几项工作。

（1）踏勘选点。

在选点前，应先收集测区已有地形图和已有高级控制点的成果资料，将控制点展绘在原有地形图上，然后在地形图上拟订导线布设方案，最后到野外踏勘、核对、修改、落实导线点的位置，并建立标志。

选点时应注意下列事项：

① 导线点应选在地势较高、视野开阔的地点，便于施测周围地形；

② 相邻两导线点间要互相通视，便于测角与量边；

③ 导线应沿着平坦、土质坚实的地面设置，以便于丈量距离（仅适用于经纬仪钢尺量距导线测量）；

④ 导线边长要选得大致相等，相邻边长不应相差过大；

⑤ 导线点位置须能安置仪器，便于保存；

⑥ 导线点应尽量靠近重要地物的位置。

（2）建立标志。

① 临时性标志。导线点位置选定后，要在每一点位上打一个木桩，在桩顶钉一小钉，作为点的标志；也可在水泥地面上用红漆画一圆，圆内点一小点，作为临时标志。

② 永久性标志。需要长期保存的导线点应埋设混凝土桩，桩顶嵌入带"+"字的金属标志，作为永久性标志。

导线点应统一编号。为了便于寻找，应量出导线点与附近明显地物的距离，绘出草图，注明尺寸，该图称为"点之记"，如图 6-14 所示。

草　　　图	导线点	相关位置	
（图：李庄、平阳路、化肥厂与 P_3 点位置草图，标注 7.23 m、8.15 m、6.14 m）	P_3	李　庄	7.23 m
		化肥厂	8.15 m

图 6-14　导线点之标记图

（3）导线边长测量。

导线边长可用钢尺直接丈量，或用光电测距仪、全站仪直接测定。

用钢尺丈量时，选用检定过的 30 m 或 50 m 的钢尺，导线边长应往返丈量各一次，往返丈量相对误差应满足表 6-1 要求。

用电磁波测距仪（或全站仪）测量时，要同时观测垂直角，供倾斜改正之用。测定导线边长的中误差一般约为 1 cm。

（4）转折角测量。

导线转折角的测量一般采用测回法进行。在附合导线中一般统一观测左角或右角（在公路测量中，一般是观测右角）；在闭合导线中，一般测内角。当采用顺时针方向编号时，闭合导线的右角即为内角，逆时针方向编号时，则左角为内角；对于支导线，应分别观测左、右角。不同等级导线的测角技术要求详见表 6-1 要求。对于图根导线，一般用 DJ_6 型经纬仪或全站仪测一测回，当盘左、盘右两半测回角值的较差不超过 ±40″ 时，取其平均值作为观测成果。

（5）连接测量。

导线与高级控制点进行连接，以取得坐标和坐标方位角的起算数据，称为连接测量。如图 6-15 所示，A、B 为已知点，点 1～5 为新布设的导线点，连接测量就是观测连接角 β_B、β_1 和连接边 D_{B1}。

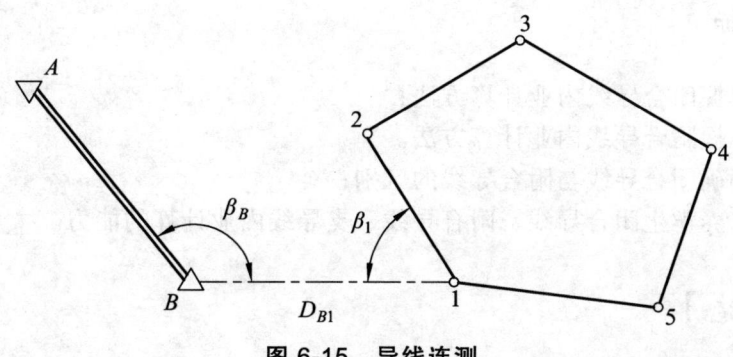

图 6-15　导线连测

如果附近无高级控制点，可用罗盘仪测出导线起始边的磁方位角以确定导线的方向，并假定起始点的坐标作为起算数据。

三、导线测量的技术要求

除国家精密导线外，在局部地区的地形测量和一般工程测量中，根据测区范围和精度要求，导线测量可分为三等、四等、一级、二级、三级导线和图根导线六个等级。各级导线测量的技术要求参考表6-1。

表 6-1 导线测量的技术要求

等级	附合导线长度/km	平均边长/km	测距中误差/mm	测角中误差/″	导线全长相对闭合差	方位角闭合差/″	测回数		
							DJ_1	DJ_2	DJ_6
三等	30	2.0	13	1.8	1/55 000	$\pm 3.6\sqrt{n}$	6	10	—
四等	20	1.0	13	2.5	1/35 000	$\pm 5\sqrt{n}$	4	6	—
一级	10	0.5	17	5.0	1/15 000	$\pm 10\sqrt{n}$	—	2	4
二级	6	0.3	30	8.0	1/10 000	$\pm 16\sqrt{n}$	—	1	3
三级	—	—	—	12.0	1/5 000	$\pm 24\sqrt{n}$	—	1	2
图根	—	—	—	20.0	1/2 000	$\pm 40\sqrt{n}$	—	—	1

注：表中 n 为转折角个数。

任务三 导线测量内业计算

【任务介绍】

本任务主要介绍了闭合导线、附合导线、支导线的内业计算方法与过程。通过本任务的讲解，使学生能独立计算出导线点的坐标。

【任务目标】

知识目标：⊙ 掌握闭合导线内业计算方法；
　　　　　⊙ 掌握附合导线内业计算方法。
技能目标：⊙ 明确闭合导线与附合导线的区别；
　　　　　⊙ 培养学生闭合导线、附合导线、支导线内业计算的能力。

【任务实施】

导线测量的最终目的是要获得各导线点的平面直角坐标，因此外业工作结束后就要进行内业计算，以求获得导线点的坐标。

准备工作：

（1）计算之前，应全面检查导线测量外业记录，数据是否齐全，有无记错、算错，成果是否符合精度要求，起算数据是否准确；然后绘制导线略图，把各项数据注于图上相应位置。将校核过的外业观测数据及起算数据填入坐标计算表，起算数据用双线标明。

（2）内业计算中数字的取位，对于四等以下的导线，角值取至秒，边长及坐标取至毫米（mm）。

一、闭合导线内业计算

1. 角度闭合差的计算与调整

闭合导线从几何上看，是一多边形，如图 6-16 所示。其内角和在理论上应满足下列关系：

$$\sum \beta_{理} = 180° \times (n-2)$$

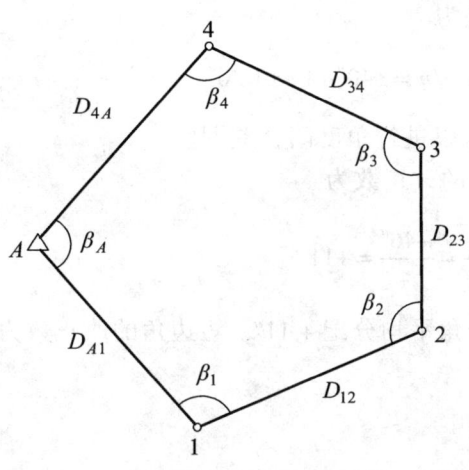

图 6-16　闭合导线示意图

但由于测角时不可避免地有误差存在，使实测得内角之和与理论值存在一个差值，这个差值就是角度闭合差，用 f_β 来表示，则

$$f_\beta = \sum \beta_{测} - \sum \beta_{理} \tag{6-11}$$

式中　n——闭合导线的转折角数；

　　　$\sum \beta_{测}$——观测角的总和。

算出角度闭合差之后，如果 f_β 值不超过允许误差的限度（一般为 $\pm 40\sqrt{n}$，n 为角度个数），说明角度观测符合要求，即可进行角度闭合差调整，使调整后的角值满足理论上的要求。

由于导线的各内角是采用相同的仪器和方法，在相同的条件下观测的，所以对于每一个角度来讲，可以认为它们产生的误差大致相同，因此在调整角度闭合差时，可将闭合差按相反的符号平均分配于每个观测内角中。设 V_{β_i} 表示各观测角的改正数，$\beta_{测}$ 表示观测角，β_i 表示改正后的角值，则

$$V_{\beta_i} = -\frac{f_\beta}{n} \tag{6-12}$$

$$\beta_i = \beta_{测_i} + V_{\beta_i} \quad (i = 1, 2, \cdots, n)$$

当上式不能整除时，则可将余数凑整到导线中短边相邻的角上，这是因为在短边测角时由于仪器对中、照准所引起的误差较大。

各内角的改正数之和应等于角度闭合差，但符号相反，即 $\sum V_\beta = -f_\beta$。改正后的各内角值之和应等于理论值，即 $\sum \beta_i = (n-2) \cdot 180°$。

例：某图根导线是一个四边形闭合导线，四个内角的观测值总和 $\sum \beta_{测} = 359°59'14''$。

由多边形内角和公式计算可知：

$$\sum \beta_{理} = (4-2) \times 180° = 360°$$

则角度闭合差为

$$f_\beta = \sum \beta_{测} - \sum \beta_{理} = -46''$$

按要求允许的角度闭合误差为

$$f_{\beta允} = \pm 40'' \sqrt{n} = \pm 40'' \sqrt{4} = \pm 1'20''$$

则 f_β 在允许误差范围内，可以进行角度闭合差调整。

依照式（6-12）得各角的改正数为

$$V_{\beta_i} = -\frac{f_\beta}{n} = \frac{+46''}{4} = +11.5''$$

由于不是整秒，分配时每个角平均分配 $+11''$，短边角的改正数为 $+12''$，改正后的各内角值之和应等于 $360°$。

2．坐标方位角推算

根据起始边的坐标方位角 α_{AB} 及改正后（调整后）的内角值 β_i，按式（6-3）依次推算各边的坐标方位角。

3．坐标增量的计算

如图 6-17 所示，在平面直角坐标系中，A、B 两点坐标分别为 $A(X_A, Y_A)$ 和 $B(X_B, Y_B)$，它们相应的坐标差称为坐标增量，分别以 ΔX 和 ΔY 表示。从图中可以看出：

$$\left. \begin{array}{l} X_B - X_A = \Delta X_{AB} \\ Y_B - Y_A = \Delta Y_{AB} \end{array} \right\}$$

或

$$\left. \begin{array}{l} X_B = X_A + \Delta X_{AB} \\ Y_B = Y_A + \Delta Y_{AB} \end{array} \right\} \quad (6\text{-}13)$$

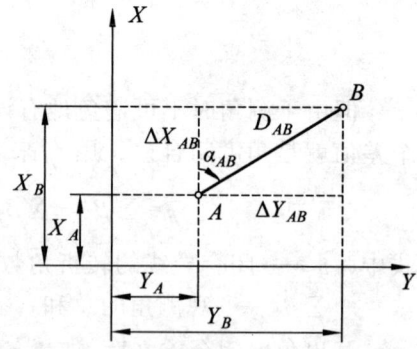

图 6-17　坐标增量计算示意图图

导线边 AB 的距离为 D_{AB}，其方位角为 α_{AB}，则

$$\left. \begin{array}{l} \Delta X_{AB} = D_{AB} \cdot \cos \alpha_{AB} \\ \Delta Y_{AB} = D_{AB} \cdot \sin \alpha_{AB} \end{array} \right\} \quad (6\text{-}14)$$

ΔX_{AB}、ΔY_{AB} 的正负号从图 6-18 中可以看出，当导线边 AB 位于不同的象限，其纵、横坐标增量的符号也不同。也就是当 α_{AB} 在 0°~90°（即第一象限）时，ΔX、ΔY 的符号均为正，α_{AB} 在 90°~180°（第二象限）时，ΔX 为负，ΔY 为正；当 α_{AB} 在 180°~270°（第三象限）时，它们的符号均为负；当 α_{AB} 在 270°~360°（第四象限）时，ΔX 为正，ΔY 为负。

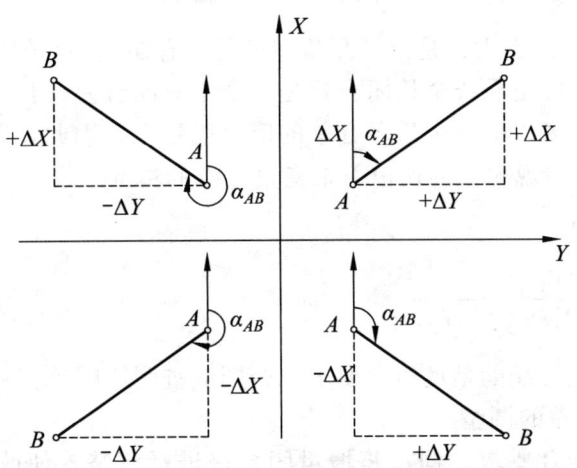

图 6-18 不同象限导线边坐标方位角示意图

4. 坐标增量闭合差的计算与调整

（1）坐标增量闭合差的计算。

如图 6-19 所示，导线边的坐标增量可以看成是在坐标轴上的投影线段。从理论上讲，闭合多边形各边在 X 轴上的投影，其 $+\Delta X$ 的总和与 $-\Delta X$ 的总和应相等，即各边纵坐标增量的代数和应等于零。同样在 Y 轴上的投影，其 $+\Delta Y$ 的总和与 $-\Delta Y$ 的总和也应相等，即各边横坐标量的代数和也应等于零。也就是说，闭合导线的纵、横坐标增量之和在理论上应满足下述关系：

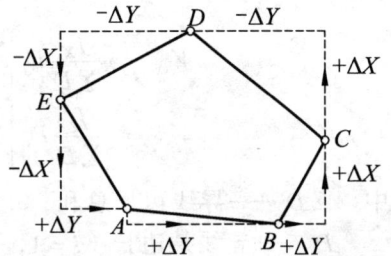

图 6-19 闭合导线坐标增量示意图

$$\left.\begin{array}{l}\sum \Delta X_{理} = 0 \\ \sum \Delta Y_{理} = 0\end{array}\right\} \quad (6-15)$$

但因测角和量距都不可避免地有误差存在，因此根据观测结果计算的 $\sum \Delta X_{算}$、$\sum \Delta Y_{算}$ 都不等于零，而等于某一个数值 f_X 和 f_Y，即

$$\left.\begin{array}{l}\sum \Delta X_{测} = f_X \\ \sum \Delta Y_{测} = f_Y\end{array}\right\} \quad (6-16)$$

式中 f_X——纵坐标增量闭合差；
　　　f_Y——横坐标增量闭合差。

从图 6-20 中可以看出 f_X 和 f_Y 的几何意义。由于 f_X 和

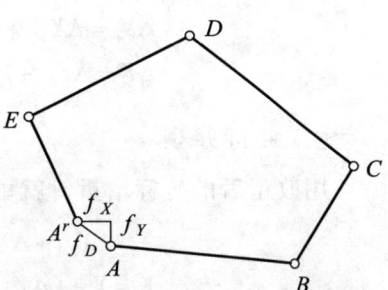

图 6-20 闭合导线坐标增量闭合差示意图

f_Y 的存在，就使得闭合多边形出现了一个缺口，起点 A 和终点 A' 没有重合，设 AA' 的长度为 f_D，称为导线的全长闭合差，而 f_X 和 f_Y 正好是 f_D 在纵、横坐标轴上的投影长度，即

$$f_D = \sqrt{f_X^2 + f_Y^2} \tag{6-17}$$

（2）导线精度的衡量。

导线全长闭合差 f_D 的产生，是由于测角和量距中有误差存在的缘故，所以一般用它来衡量导线的观测精度。可是导线全长闭合差是一个绝对闭合差，且导线越长，所量的边数与所测的转折角数就越多，影响全长闭合差的值也就越大，因此，须采用相对闭合差（相对误差是误差的绝对值与观测值的比值）来衡量导线的精度。设导线的总长为 $\sum D$，则导线全长相对闭合差 K 为

$$K = \frac{f_D}{\sum D} = \frac{1}{\sum D / f_D} \tag{6-18}$$

若 $K \leq K_允$，则表明导线的精度符合要求，否则应查明原因进行补测或重测。

（3）坐标增量闭合差的调整。

如果导线的精度符合要求，即可将增量闭合差进行调整，使改正后的坐标增量满足理论上的要求。由于是等精度观测，所以增量闭合差的调整原则是将它们以相反的符号按与边长成正比例分配在各边的坐标增量中。设 $V_{\Delta X_i}$、$V_{\Delta Y_i}$ 分别为纵、横坐标增量的改正数，即

$$\left. \begin{array}{l} V_{\Delta X_i} = -\dfrac{f_X}{\sum D} D_i \\ V_{\Delta Y_i} = -\dfrac{f_Y}{\sum D} D_i \end{array} \right\} \tag{6-19}$$

式中　$\sum D$——导线边长总和；

　　　D_i——导线某边长（$i = 1, 2, \cdots, n$）。

所有坐标增量改正数的总和，其数值应等于坐标增量闭合差，而符号相反，即

$$\left. \begin{array}{l} \sum V_{\Delta X} = V_{\Delta X_1} + V_{\Delta X_2} + \cdots + V_{\Delta X_n} = -f_X \\ \sum V_{\Delta Y} = V_{\Delta Y_1} + V_{\Delta Y_2} + \cdots + V_{\Delta Y_n} = -f_Y \end{array} \right\} \tag{6-20}$$

改正后的坐标增量应为

$$\left. \begin{array}{l} \Delta X_i = \Delta X_{测_i} + V_{\Delta X_i} \\ \Delta Y_i = \Delta Y_{测_i} + V_{\Delta Y_i} \end{array} \right\} \tag{6-21}$$

5．坐标推算

用改正后的坐标增量，就可以从导线起点的已知坐标依次推算其他导线点的坐标，即

$$\left. \begin{array}{l} X_i = X_{i-1} + \Delta X_{i-1,i} \\ Y_i = Y_{i-1} + \Delta Y_{i-1,i} \end{array} \right\} \tag{6-22}$$

算例：

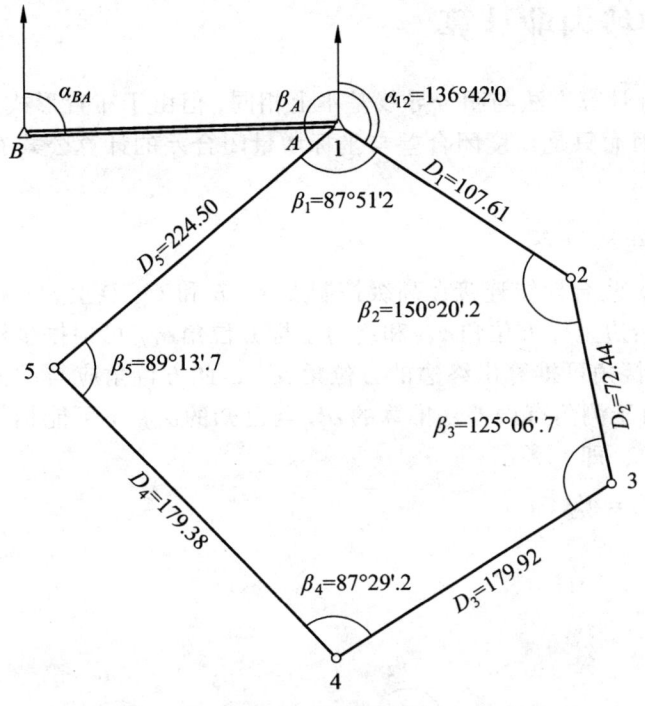

图 6-21 闭合导线

表 6-2 闭合导线坐标计算表

点号	观测角	改正后的角值	坐标方位角	边长/m	增量计算值		改正后的增量值		坐标	
					$\Delta x'$	$\Delta y'$	Δx	Δy	x	y
1	2	3	4	5	6	7	8	9	10	11
1	−12 87°51′12″	87°51′00″	**136°42′00″**	107.61	−1 −78.32	−3 +73.80	−78.33	+73.77	**800.00**	**1000.00**
2	−12 150°20′12″	150°20′00″							721.67	1073.77
			166°22′00″	72.44	−1 −70.40	−2 +17.07	−70.41	+17.05		
3	−12 125°06′42″	125°06′30″							651.26	1090.82
			221°15′30″	179.92	−3 −135.25	−4 −118.65	−135.28	−118.69		
4	−12 87°29′12″	87°29′00″							515.98	927.13
			313°46′30″	179.38	−3 +124.10	−4 +159.99	+124.07	−129.56		
5	−12 89°13′42″	89°13′30″							640.05	824.57
			44°33′00″	224.50	−4 +129.99	−6 +157.49	+159.95	+157.43		
1									**800.00**	**1000.00**
2										
Σ	540°01′00″	540°00′00″		763.85	+284.09 −283.97	+284.36 −284.17	+284.02 −284.02	+284.27 −284.27		
	$f_\beta = 1'$ $f = \sqrt{f_x^2 + f_y^2} = \pm 0.23$ m $f_{\beta容} = \pm 40''\sqrt{n} = \pm 40''\sqrt{5} = \pm 89''$ $k = \dfrac{f}{\sum D} = \dfrac{0.23}{763.85} \approx \dfrac{1}{3\,320}$				$f_x =$ +0.12 m	$f_y =$ +0.19 m	$\sum\Delta x = 0$	$\sum\Delta y = 0$		

二、附合导线内业计算

附合导线的坐标计算方法与闭合导线基本上相同,但由于布置形式不同,且附合导线两端与已知点相连,因而只是角度闭合差与坐标增量闭合差的计算公式有些不同。下面介绍这两项的计算方法:

1. 角度闭合差的计算

如图 6-22 所示,附合导线连接在高级控制点 A、B 和 C、D 上,它们的坐标均已知。连接角为 φ_1 和 φ_2,起始边坐标方位角 α_{AB} 和终边坐标方位角 α_{CD} 可根据坐标反算求得。从起始边方位角 α_{AB},经连接角可推算出终边的方位角 α'_{CD},此方位角应与反算求得的方位角(已知值)α_{CD} 相等。由于测角有误差,推算的 α'_{CD} 与已知的 α_{CD} 不可能相等,其差数即为附合导线的角度闭合差 f_β,即

$$f_\beta = \alpha'_{CD} - \alpha_{CD} \tag{6-23}$$

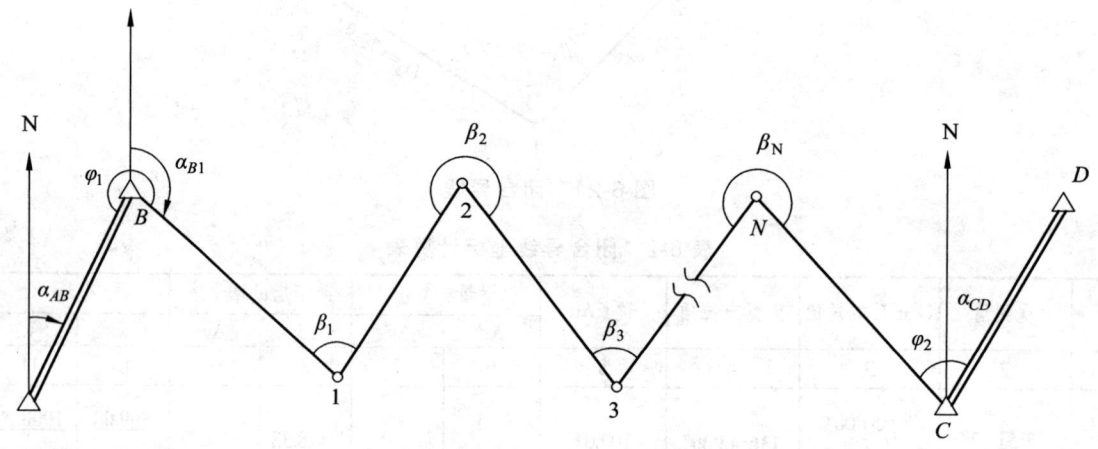

图 6-22 附合导线示意图

终边坐标方位角 α'_{CD} 的推算方法可用式(6-3)推求,也可用下列公式直接计算出终边坐标方位角。

用观测导线的左角来计算方位角,其公式为

$$\alpha'_{CD} = \alpha_{AB} - n \cdot 180° + \sum \beta_左 \tag{6-24}$$

用观测导线的右角来计算方位角,其公式为

$$\alpha'_{CD} = \alpha_{AB} + n \cdot 180° - \sum \beta_右 \tag{6-25}$$

式中 n ——转折角的个数。

附合导线角度闭合差的一般形式可写为。

$$f_\beta = (\alpha_{AB} - \alpha_{CD}) \mp n \cdot 180° \begin{matrix} + \sum \beta_左 \\ - \sum \beta_右 \end{matrix}$$

附合导线角度闭合差的调整方法与闭合导线相同。需要注意的是,在调整过程中,转折角的个数应包括连接角,若观测角为右角时,改正数的符号应与闭合差相同。用调整后的转折角和连接角所推算的终边方位角应等于反算求得的终边方位角。

2. 坐标增量闭合差的计算

如图 6-23 所示,附合导线各边坐标增量的代数和在理论上应等于起、终两已知点的坐标值之差,即

$$\begin{cases} \sum \Delta X_{\text{理}} = X_B - X_A \\ \sum \Delta Y_{\text{理}} = Y_B - Y_A \end{cases}$$

由于测角和量边有误差存在,所以计算的各边纵、横坐标增量代数和不等于理论值,产生纵、横坐标增量闭合差,其计算公式为

$$\left.\begin{aligned} f_X &= \sum \Delta X_{\text{测}} - (X_B - X_A) \\ f_Y &= \sum \Delta Y_{\text{测}} - (Y_B - Y_A) \end{aligned}\right\} \quad (6-26)$$

附合导线坐标增量闭合差的调整方法以及导线精度的衡量均与闭合导线相同。

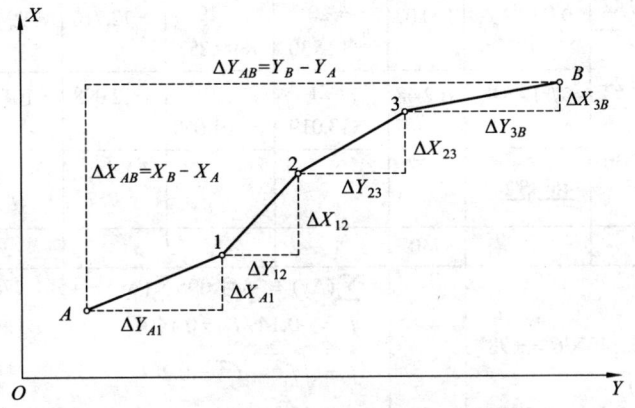

图 6-23 附合导线坐标增量示意图

算例:

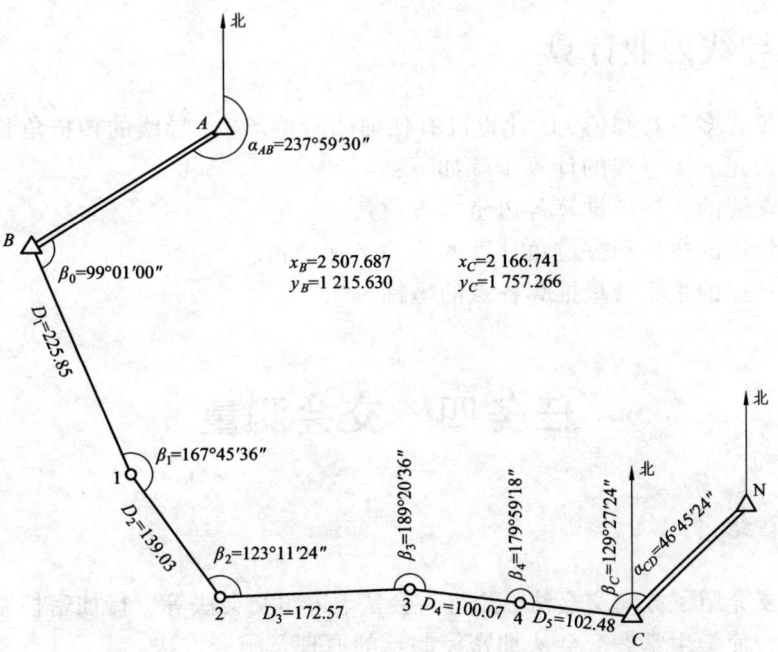

图 6-24 附合导线

表 6-3 附合导线计算表

点号	观测角	改正后的角值	坐标方位角	边长/m	增量计算值 Δx'	增量计算值 Δy'	改正后的增量值 Δx	改正后的增量值 Δy	坐标 x	坐标 y
1	2	3	4	5	6	7	8	9	10	11
A			237°59′30″							
B	+6 99°01′00″	99°01′06″	157°00′36″	225.85	+45 −207.911	−43 +88.210	−207.866	+88.167	**2 507.687**	**1 215.630**
1	+6 167°45′48″	167°45′42″	144°46′18″	139.03	+28 −113.568	−26 +80.198	−113.540	+80.172	2 299.821	1 303.797
2	+6 123°11′24″	123°11′30″	89°57′48″	172.57	+35 +6.133	−33 +172.461	+6.618	+172.428	2 186.281	1 383.969
3	+6 189°20′36″	189°20′42″	97°18′30″	100.07	+20 −12.730	−19 +99.257	−12.710	+99.238	2 192.449	1 556.397
4	+6 179°59′18″	179°59′24″	97°17′54″	102.48	+21 −13.019	−19 +101.650	−12.998	+101.631	2 179.739	1 655.635
C	+6 129°27′24″	129°27′30″							**2 166.741**	**1 757.266**
D			**46°45′24″**							
Σ				740						

$\alpha'_{CD} = 46°44′48″$
$\alpha_{CD} = 46°45′24″$
$f_\beta = -36″$

$f_{\beta容} = ±40″\sqrt{6} = ±98″$
$f_\beta < f_{\beta容}$

$\sum(\Delta x) = -341.095 \quad \sum(\Delta y) = +541.776$
$f_x = -0.149 \quad f_y = 0.140$
$f = \sqrt{f_x^2 + f_y^2} = 0.20$
$K = \dfrac{0.20}{740} \approx \dfrac{1}{3\,700} < \dfrac{1}{2\,000}$

三、支导线内业计算

支导线中没有多余观测值,因此也没有任何闭合差产生,导线的转折角和计算的坐标增量不需要进行改正。支导线的计算步骤如下:

(1)根据观测的转折角推算各边坐标方位角。
(2)根据各边的边长和方位角计算各边的坐标增量。
(3)根据各边的坐标增量推算各点的坐标。

任务四 交会测量

【任务介绍】

本项目主要介绍了方向交会法、测边交会法、边角交会法等进行加密控制的方法。通过本项目的讲解,使学生掌握交会法加密控制点的原理及施测方法。

【任务目标】

知识目标：⊙ 明确交会测量的目的与要求；
⊙ 掌握方向交会法、测边交会法、边角交会法的原理。
技能目标：⊙ 培养学生采用交会法进行加密控制的能力。

【任务实施】

一、交会测量方案设计

当测区内已有控制点的密度不能满足工程施工或测图要求，而且需要加密的控制点数量又不多时，可以采用交会法加密控制点，称为交会定点。交会定点的方法包括方向交会法、测边交会法、边角交会法，其中，方向交会法又包括前方交会、侧方交会、后方交会。

二、方向交会测量方法

（一）前方交会

从相邻的两个已知点 A、B 向待定点 P 观测水平角 α 和 β，以计算待定点 P 的坐标，称为前方交会，如图 6-25 所示。

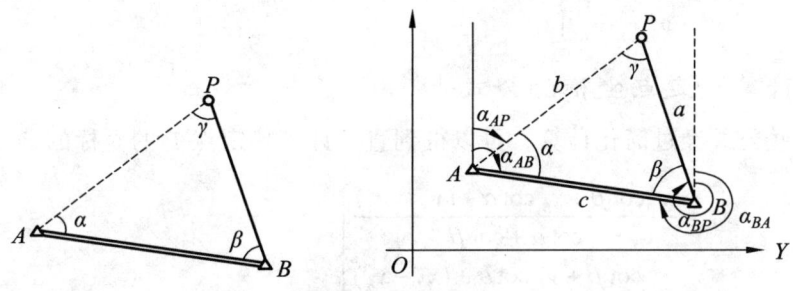

图 6-25 前方交会

前方交会计算待定点坐标的方法如下：

1. 已知点坐标反算

根据两个已知点的坐标，计算两点间的边长 c 及坐标方位角 α_{AB}，得

$$c = \sqrt{(x_B - x_A)^2 + (y_B - y_A)^2}$$

$$\alpha_{AB} = \arctan \frac{y_B - y_A}{x_B - x_A}$$

2. 待定边边长和坐标方位角计算

按正弦定律计算已知点至待定点的边长 a、b：

$$\left.\begin{aligned} a &= \frac{c\sin\alpha}{\sin\gamma} = \frac{c\sin\alpha}{\sin(\alpha+\beta)} \\ b &= \frac{c\sin\beta}{\sin\gamma} = \frac{c\sin\beta}{\sin(\alpha+\beta)} \end{aligned}\right\}$$

按下式计算待定边的坐标方位角：

$$\left.\begin{aligned} \alpha_{AP} &= \alpha_{AB} - \alpha \\ \alpha_{BP} &= \alpha_{BA} + \beta \end{aligned}\right\}$$

3．待定点坐标计算

根据已算得的待定边的边长和坐标方位角，按坐标正算法，分别从已知点 A、B 计算至待定点 P 的坐标增量：

$$\left.\begin{aligned} \Delta x_{AP} &= b\cos\alpha_{AP} \\ \Delta y_{AP} &= b\sin\alpha_{AP} \end{aligned}\right\}$$

$$\left.\begin{aligned} \Delta x_{BP} &= a\cos\alpha_{BP} \\ \Delta y_{BP} &= a\sin\alpha_{BP} \end{aligned}\right\}$$

然后分别从 A、B 点计算待定点 P 的坐标，两次算得的坐标可以作为检核：

$$\left.\begin{aligned} x_P &= x_A + \Delta x_{AP} \\ y_P &= y_A + \Delta y_{AP} \end{aligned}\right\}$$

$$\left.\begin{aligned} x_P &= x_B + \Delta x_{BP} \\ y_P &= y_B + \Delta y_{BP} \end{aligned}\right\}$$

4．直接计算待定点坐标的公式

将以上一些公式经过简化计算，可以得到直接计算待定点 P 的坐标的公式：

$$\left.\begin{aligned} x_P &= \frac{x_A\cot\beta + x_B\cot\alpha + (y_B - y_A)}{\cot\alpha + \cot\beta} \\ y_P &= \frac{y_A\cot\beta + y_B\cot\alpha + (x_A - x_B)}{\cot\alpha + \cot\beta} \end{aligned}\right\} \tag{6-27}$$

为了防止错误，提高精度，前方交会一般可在三个已知控制点上观测。如图 6-26 所示，若通过两个三角形分别计算 P 点坐标，两组坐标较差：$\Delta = \pm\sqrt{(x_{P1}-x_{P2})^2+(y_{P1}-+y_{P2})^2} \leqslant 0.2M$ (mm) 内（M 为测图比例尺分母），可取平均值作为 P 点坐标。

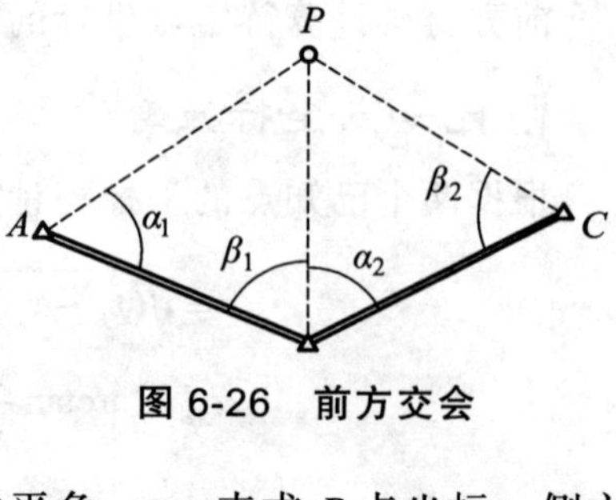

图 6-26　前方交会

（二）侧方交会

侧方交会如图 6-27，A、B 是已知控制点，通过观测水平角 α、γ 来求 P 点坐标。侧方交会是在一个已知控制点和待定点观测，间接得到 β 角：$\beta = 180° - (\alpha+\gamma)$，然后按前方交会计算待定点 P 的坐标的方法。

在 P 点时，除了观测 γ 之外，还需瞄准第三个已知点 C，观测 ε 角（称为检验角）作为检核之用。

（三）后方交会

如图 6-28 所示，A、B、C 是三个已知点，通过在待定点 P 处安置仪器分别观测 α、β 水平夹角的大小来求 P 点的坐标的方法称为后方交会。

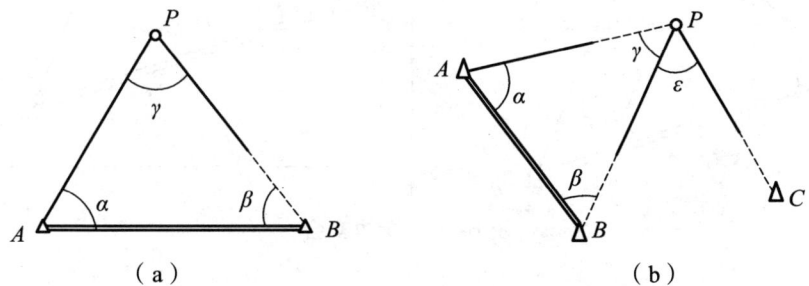

图 6-27 侧方交会

注意：当待定点 P 正好位于通过 3 个已知点 A、B、C 的圆周上时，如图 6-28（b）所示，则无解（或无穷多解）。因为 P 点处在圆周的任何位置上，其 α 和 β 角均不变，此时后方交会就无法解算。因此，我们把通过 3 个已知点的圆称为危险圆。在进行后方交会时，应尽量避免待定点位于危险圆上及其附近。

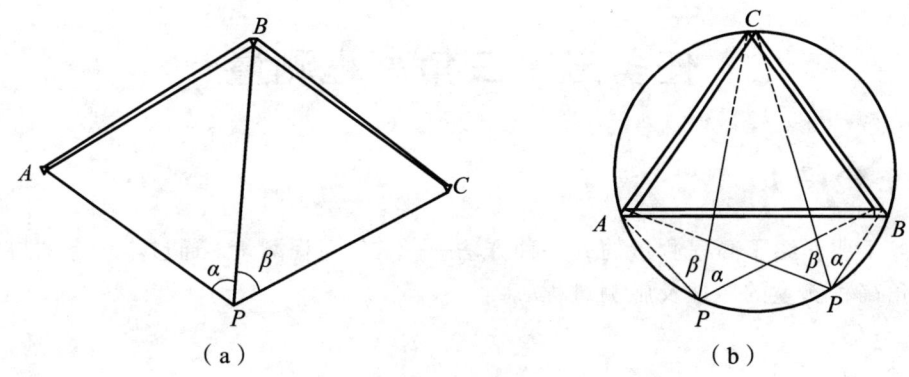

图 6-28 后方交会

三、测边交会测量方法

随着电磁波测距仪的普及应用，测边交会也成为加密控制点的一种常用方法。

从两个已知点 A、B 向待定点 P 测量边长 AP、BP，以计算待定点 P 的坐标，称为测边交会或称距离交会，如图 6-29 所示。

测边交会计算待定点坐标的方法如下：

将测边交会化为前方交会，根据三角形 ABP 的三边长度 a、b、c，用余弦定律计算三角形的两个内角 α 和 β：

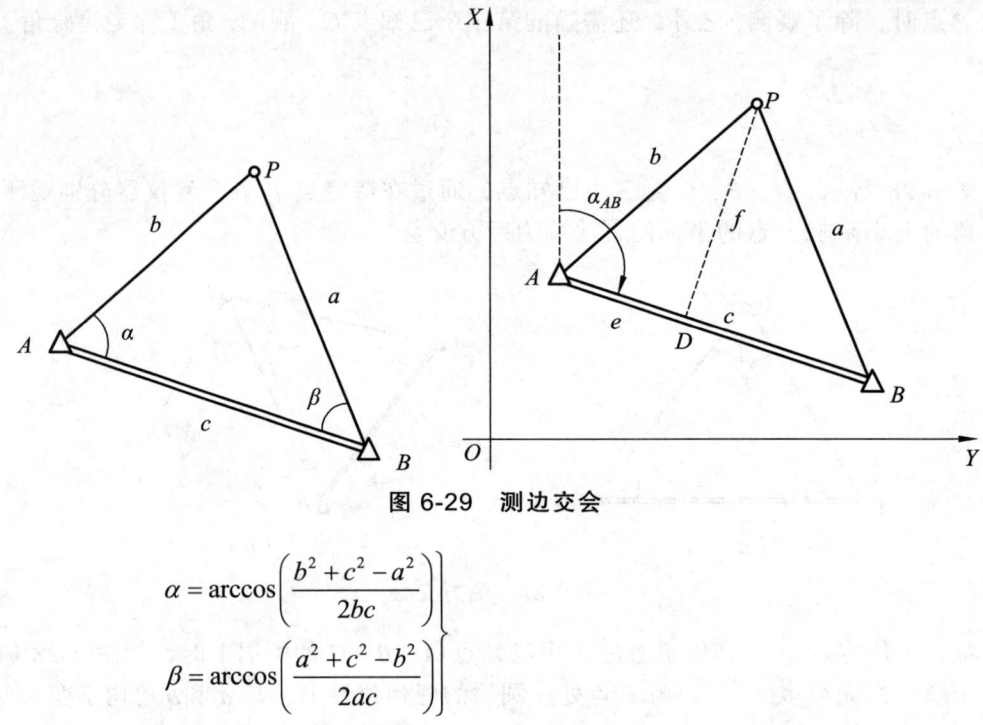

图 6-29　测边交会

$$\left.\begin{array}{l}\alpha = \arccos\left(\dfrac{b^2+c^2-a^2}{2bc}\right)\\ \beta = \arccos\left(\dfrac{a^2+c^2-b^2}{2ac}\right)\end{array}\right\}$$

再按已知点 A、B 的坐标及算得的水平角 α 和 β，用前方交会公式计算待定点 P 的坐标。

任务五　三角高程测量

【任务介绍】

本任务主要介绍了高程测量的另一种方法——三角高程测量。通过本任务的讲解，使学生明确三角高程测量的原理及施测过程。

【任务目标】

知识目标：⊙掌握三角高程测量原理；
　　　　　⊙掌握三角高程测量的施测过程。
技能目标：⊙培养学生采用三角高程测量法进行高程测量的施测能力。

【任务实施】

一、三角高程测量原理

在丘陵地区或山区，由于地面高低起伏较大，或当水准点位于较高建筑物上，用水准测量作高程控制时困难大且速度也慢，甚至无法实施，这时可考虑采用三角高程测量。根据所采用的仪器不同，三角高程测量分为光电测距三角高程测量和经纬仪三角高程测量。前者在一定条件下，可以达到四等水准测量的精度，因而有时可代替四等水准测量；后者用于山区的图根高程控制和山区以及位于高建筑物上平面控制点高程的测定。

1. 三角高程测量基本计算公式

三角高程测量是根据地面上两点间的水平距离 D 和测得的竖直角 α，来计算两点间的高差 h。如图 6-30 所示，已知 A 点高程为 H_A，现欲求 B 点高程 H_B。则在 A 点安置仪器，同时量测出 A 点至仪器横轴的高度 i，称为仪器高。在 B 点立觇标，其高度为 s，称为觇标高。

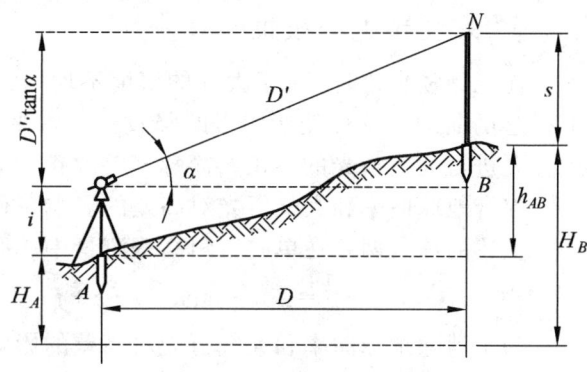

图 6-30　三角高程测量原理

用望远镜的十字丝交点瞄准目标顶端，测出竖直角 α。另外，若已知 A、B 两点间的水平距离 D，则可求得 A、B 两点间的高差 h_{AB}：

$$h_{AB} = D \cdot \tan\alpha + i - s \tag{6-28}$$

由此得到 B 点的高程为

$$H_B = H_A + h_{AB} = H_A + D \cdot \tan\alpha + i - s \tag{6-29}$$

2. 三角高程测量的等级及技术要求

光电测距三角高程测量可替代四等水准测量，作为测区的首级控制。代替四等水准的光电测距高程导线应起闭于不低于三等的水准点上，其边长不应大于 1 km，高程导线的最大长度不应超过四等水准路线的最大长度，其具体技术要求见表 6-7 所列。经纬仪三角高程导线应起闭于不低于四等水准联测的高程点上，三角高程网中应有一定数量的高程控制点作为高程起算数据。在地形测量中，当基本等高距为 0.5 m 时，图根点的高程也可应用图根光电测距三角高程方法测定。图根三角高程导线，其边数不应超过 12 条，边数超过规定时应布设成结点网。

表 6-4　光电测距三角高程测量的技术要求

等级	测距边测回数	垂直角测回数 中丝法	指标差较差 /″	垂直角较差 /″	对向观测高差较差 /mm	附合或环线闭合差 /mm
四等	往返各三测回	DJ_2 三测回	7	7	$\leqslant \pm 40\sqrt{D}$	$\leqslant \pm 20\sqrt{\sum D}$

注：D 为测距边水平距离，km。

二、地球曲率和大气折光的影响

应用仪器测量出竖直角与水平距离，就可以应用公式求出待定点的高程。但在三角高程测量时，一般情况下，需要考虑地球曲率和大气折光对所测高差的影响，即要进行地球曲率和大气折光的改正，简称球气两差改正。

1. 地球曲率的改正

在用三角高程测量两点间的高差时,若两点间的距离较长,则图 6-30 中的大地水准面不能再用水平面来代替,而应按曲面看待。因此用公式（6-27）或公式（6-28）计算时,还应考虑地球曲率影响的改正,简称为球差改正,其改正数用 f_1 表示。

2. 大气折光的改正

在观测竖直角时,由于大气的密度不均匀,视线将受大气折光的影响而总是成为一条向上拱起的曲线,这样使所测得的竖直角（水平方向与视线的切线方向夹角）总是偏大,因此,要进行大气折光的改正,简称气差改正,其改正数用 f_2 表示。

综合地球曲率和大气折光对高差的影响,便得到球气两差改正数,用 f 表示。

上述的球气两差在单向三角高程测量中,必须进行改正,即式（6-27）应写为

$$h_{AB} = D_{AB} \cdot \tan\alpha + i - s + f \tag{6-29}$$

为了消除地球曲率和大气折光对高差的影响,当两点间距离大于规范要求时,三角高程测量应进行对向观测。由 A 点到 B 点观测,称为直觇;而由 B 点向 A 点观测,称为反觇。当进行直反觇观测时,称为双向观测或对向观测。三角高程测量对向观测,所求得的高差较差若符合要求,取两次高差的平均值作为最后的高差。

三、三角高程测量的应用

目前光电测距三角高程测量已经相当普遍,即采用电磁波测距仪或电子全站仪测定各导线边长度,同时用仪器直、反觇测定竖直角。用电磁波测距方法测定高差的主要特点是距离测量的精度较高。为了提高电磁波测高的精度,必须采取措施提高垂直角观测精度。大量的观测资料表明,当边长在 2 km 范围内时,对向电磁波测距三角高程测量成果完全能满足四等水准测量的精度要求。因此,在高山、丘陵等困难地区,可用电磁波测高代替四等水准测量。当用三角高程测量方法测定平面控制点的高程时,为了检核并提高精度,三角高程测量宜在平面控制网的基础上布设成闭合或附合的三角高程路线。

1. 三角高程测量的观测步骤

（1）安置仪器于测站上,量出仪器高 i;在待测点上立觇标,量出觇标高 s。注意仪器高度、觇标高度应在观测前后量测,四等应采用测杆量测,取其值精确至 1 mm;当较差不大于 2 mm 时,取用平均值。

（2）用全站仪或经纬仪采用测回法观测竖直角 α,取平均值作为最后结果。四等内业计算时竖直角度的取位应精确至 0.1″。

（3）用全站仪或测距仪照准棱镜中心进行观测,显示出水平距离。

（4）采用对向观测,方法同前几步。注意对向观测宜在较短时间内进行。

（5）应用式（6-27）和式（6-28）计算高差及高程。对向观测高差较差符合表要求时,取其平均值作为高差结果。

2. 三角高程测量的计算

外业观测结束后,应对观测成果进行全面检查,确认各项限差符合规定要求,所需数据

完备齐全之后才能开始计算。

（1）高差的计算。

由外业观测手簿中查取三角高程路线上的垂直角、仪器高、觇标高，由平面控制计算成果表中查取相应边的水平距离，填于计算表格中，然后按式依次计算各边直、反觇高差。若直、反觇高差较差不超过规定值，则取其中数，并以此计算三角高程路线的高差闭合差。

（2）高差闭合差的计算和分配。

三角高程路线高差闭合差的计算和分配与水准测量基本相同，即

附合路线：$f_h = \sum h_{测} - (H_{终} - H_{始})$

闭合路线：$f_h = \sum h_{测}$

当 $f_h \leq f_{h容}$ 时，按与边长成正比原则，将 f_h 反符号分配到各高差之中，然后用改正后的高差从起算点推算各点高程。

（3）高程计算。

根据已知高程和平差后的高差按与水准测量相同的方法计算各点的高程。

四、三角高程测量的误差分析

观测边长 D、垂直角 α、仪高 i 和觇标高 s 的测量误差及大气垂直折光系数 K 的测定误差均会给三角高程测量成果带来影响。

1. 边长误差

边长误差决定于距离丈量方法。用普通视距法测定距离，精度只有 1/300；用电磁波测距仪测距，精度很高，边长误差一般为几万分之一到几十万分之一。边长误差对三角高程的影响与垂直角大小有关，垂直角越大，其影响也越大。

2. 垂直角误差

垂直角观测误差包括仪器误差、观测误差和外界环境的影响。其对三角高程的影响与边长及推算高程路线总长有关，边长或总长越长，对高程的影响越大。因此，垂直角的观测应选择大气折光影响较小的阴天和每天的中午观测较好；推算三角高程路线还应选择短边传递，对路线上边数也要有限制。

3. 大气垂直折光系数误差

大气垂直折光误差主要表现为折光系数 K 值测定误差，为减少垂直折光变化的影响，垂直角观测宜在 9：00～15：00 目标成像清晰稳定时进行，应避免在大风或雨后初晴时观测，也不宜在日出后和日落前 2 h 内观测，在每条边上均应作对向观测。

4. 丈量仪高和觇标高的误差

仪高和觇标高的量测误差有多大，对高差的影响也会有多大。因此，应仔细量测仪高和觇标高。对于四等三角高程测量应在观测前后用经过检验的量杆各量测一次精确读至 mm，当较差不大于 2 mm 时取用中数。

【技能训练】

每个小组设计一条闭合导线，自行选取 5 个导线点，建立标志，在已知两个导线点坐标（或已知一个导线点和一边坐标方位角）的前提下，通过外业测量（全站仪测角、测距）与内业计算得到合格的图根导线点成果资料。

1. 仪器准备

每组由仪器室借领：全站仪 1 台，棱镜 2 块，木桩 5 个，斧子 1 把，导线外业记录表格、导线内业计算表格。

2. 人员组成

每个小组平均由 5 名同学组成，其中立镜 2 名、记录员 1 名、观测员 1 名。每个同学可观测一站，采取轮换制，最终以小组的观测成果为评价标准。

【项目考核】

1. 什么叫导线、导线点、导线边、转折角？
2. 导线的形式主要有哪几种？各在什么情况下采用？
3. 导线测量的目的是什么？其外业工作如何进行？
4. 如何计算闭合导线和附合导线的角度闭合差？
5. 如何根据导线各边的坐标方位角确定坐标增量的正负号？
6. 何谓导线坐标增量闭合差？何谓导线全长相对闭合差？
7. 某闭合导线，其横坐标增量总和为 -0.35 m，纵坐标增量总和为 $+0.46$ m。如果导线总长度为 1 216.39 m，试计算导线全长相对闭合差和边长每 100 m 的坐标增量改正数。
8. 按题表 6-1 已知数据，计算闭合导线各点的坐标值。

题表 6-1　闭合导线坐标计算

点号	角度观测值（右角）/ (° ′ ″)	坐标方位角 / (° ′ ″)	边长/m	坐标 x/m	坐标 y/m
1				550.00	600.00
		342　45　00	103.85		
2	139　05　00				
			114.57		
3	94　15　54				
			162.46		
4	88　36　36				
			133.54		
5	122　39　30				
			123.68		
1	95　23　30				

9. 已知 A 点高程 $H_A = 182.232$ m，在 A 点观测 B 点得竖直角为 $18°36'48''$ 量得 A 点仪器高为 1.452 m，B 点棱镜高 1.673 m；在 B 点观测 A 点得竖直角为 $-18°34'42''$，B 点仪器高为 1.466 m，A 点棱镜高为 1.615 m。已知 $D_{AB} = 486.751$ m，试求 h_{AB} 和 H_B。

10. 简要说明附合导线和闭合导线在内业计算上的不同点。

11. 置仪器于三角点 A（3 992.54 m，9 674.50 m），B（4 681.04 m，9 850.00 m）处，观测导线点 P，并测得角值为 $\alpha = 53°07'44''$，$\beta = 56°06'07''$（见题图 6-1）。试用前方交会公式求 P 点坐标。

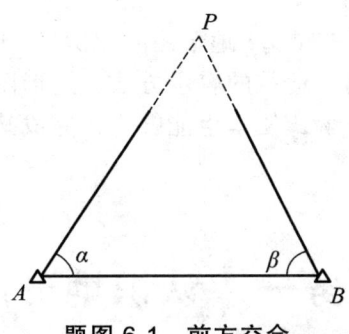

题图 6-1 前方交会

12. 在三角高程测量中，取对向观测高差的平均值，可消除球气差的影响，为何在计算对向观测高差的较差时，还必须加入球气差的改正？

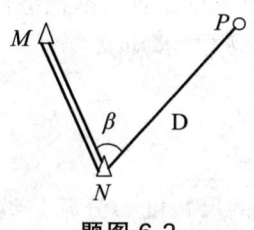

题图 6-2

13. 如题图 6-2，支导线计算的起算数据为

M（5 328 265.189，   47 354 287.354）

N（5 328 271.546，   47 354 886.752）

观测数据为：$\beta = 84°26'24''$，$D = 218.438$ m。试计算 P 点的坐标值。

项目七　地形图测绘与应用

本项目主要介绍地形图的基本知识，地形图的比例尺、地形图组成的基本要素、地形图注记，地形图分幅与编号，地物、地貌的表示方法，地形图测绘的基本方法地形图在工程建设中的应用。通过本项目的讲解，使学生能够合作完成某一地区地形图的测绘任务、能够进行地形图的识别与应用。

任务一　认识地形图

【任务介绍】

本任务主要介绍地形图的基础知识点。通过本任务的讲解，帮助学生了解地形图，增强对地形图及地形图测绘的学习热情，激发求知欲。

【任务目标】

知识目标：⊙ 理解地形图、比例尺精度、分幅与编号、图名、坐标格网的概念；
⊙ 掌握地物、地貌的表示方法；
⊙ 掌握地形图矩形分幅方法。

技能目标：⊙ 能进行地形图的分幅、编号；
⊙ 能识别各种地物、地貌表示符号；
⊙ 掌握地形图与地图的区别与联系。

【任务实施】

地球表面有高低起伏变化的各种地貌，还有人工的和自然的各种地物。在测区建立控制网后，根据控制点的位置，通过实地观测，按照一定的比例尺和规定的符号，将测区内的地物和地貌在图纸上绘制成地形图，这种测量工作就是地形图的测绘。

一、地形图的比例尺

地形图上任意一线段的长度与地面上相应线段的实际水平长度之比，称为地形图的比例尺。

（一）比例尺种类

1. 数字比例尺

数字比例尺一般用分子为 1 的分数形式表示。设图上某一直线的长度为 d，地面上相应线段的水平长度为 D，则图的比例尺为

$$\frac{d}{D} = \frac{1}{D/d} = \frac{1}{M}$$

式中，M 为比例尺分母。当图上 1 cm 代表地面上水平长度 10 m（即 1 000 cm）时比例尺就是 1∶1 000。由此可见，分母 1 000 就是将实地水平长度缩绘在图上的倍数。比例尺的大小是以比例尺的比值来衡量的，分数值越大（分母 M 越小），比例尺越大。为了满足经济建设和国防建设的需要，测绘和编制了各种不同比例尺的地形图。通常称 1∶1 000 000、1∶500 000、1∶200 000 为小比例尺地形图；1∶100 000、1∶50 000 和 1∶25 000 为中比例尺地形图；1∶10 000、1∶5 000、1∶2 000、1∶1 000 和 1∶500 为大比例尺地形图。地形测量通常使用大比例尺地形图。按照地形图图式规定，比例尺书写在图幅下方正中处。

2. 图示比例尺

为了用图方便以及减弱由于图纸伸缩而引起的误差，在绘制地形图时，常在图上绘制图示比例尺。1∶1 000 的图示比例尺，绘制时先在图上绘两条平行线，再把它分成若干相等的线段，称为比例尺的基本单位，一般为 2 cm；将左端的一段基本单位又分成十等分，每等分的长度相当于实地 2 m。则每一基本单位所代表的实地长度为 2 cm × 1000 = 20 m。

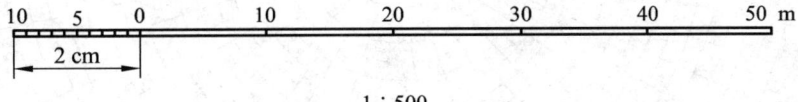

图 7-1　直线比例尺

（二）比例尺精度

一般认为，人的肉眼能分辨的图上最小距离是 0.1 mm，因此通常把图上 0.1 mm 所表示的实地水平长度，称为比例尺精度。

根据比例尺的精度，可以确定在测图时量距应准确到什么程度。例如，测绘 1∶1 000 比例尺地形图时，其比例尺的精度为 0.1 m，故量距的精度只需 0.1 m，小于 0.1 mm 在图上表示不出来。另外，当设计规定需在图上能量出的实地最短长度时，根据比例尺的精度，可以确定测图比例尺。比例尺越大，表示地物和地貌的情况越详细，精度越高。但是必须指出，同一测区，采用较大比例尺测图往往比采用较小比例尺测图的工作量和投资将增加数倍，因此采用哪一种比例尺测图，应从工程规划、施工实际需要的精度出发，不应盲目追求更大比例尺的地形图。

根据比例尺精度可以知道地面上量距应准确到什么程度，比例尺越大，表示地形变化的状况越详细，精度越高。所以测图比例尺应根据用图的需要来确定，工程常用的几种大比例尺地形图的比例尺精度，如表 7-1 所列。

表 7-1　比例尺精度

比例尺	1∶500	1∶1 000	1∶2 000	1∶5 000
比例尺精度/m	0.05	0.10	0.20	0.50

二、地形图的分幅和编号

为了便于管理和使用地形图，需要将各种比例尺的地形图进行统一的分幅和编号。地形图的分幅分为两类：一类是按经纬线分幅的梯形分幅法（又称为国际分幅）；另一类是按坐标格网分幅的矩形分幅法。

（一）地形图的梯形分幅与编号

1. 1∶1 000 000 比例尺的分幅与编号

按国际上的规定，1∶1 000 000 的世界地图实行统一的分幅和编号。即自赤道向北或向南分别按纬差 4°分成横列，各列依次用 A，B，…，V 表示；自经度 180°开始起算，自西向东按经差 6°分成纵行，各行依次用 1，2，…，60 表示。每一幅图的编号由其所在的"横列—纵行"的代号组成。例如，北京某地的经度为东经 118°24′20″，纬度为 39°56′30″，则所在的 1∶1 000 000 比例尺图的图号为 J-50。

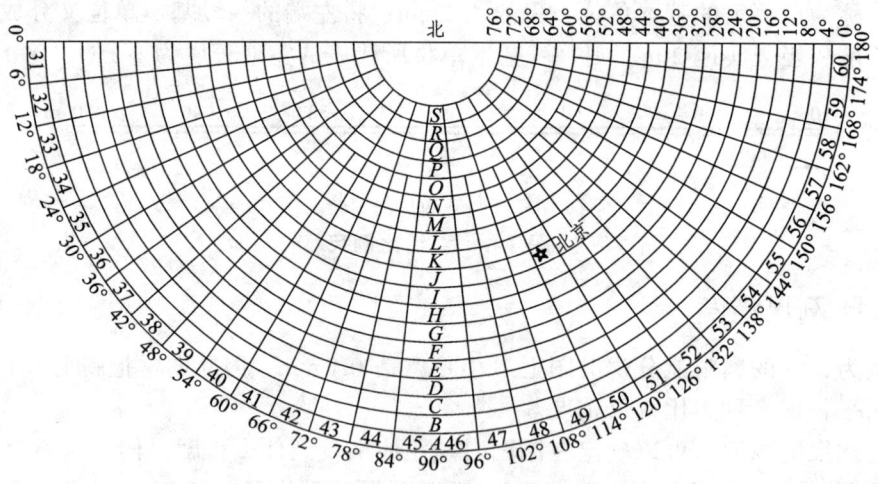

图 7-2　1∶1 000 000 比例尺的分幅与编号

2. 1∶100 000 比例尺的分幅与编号

将一幅 1∶1 000 000 的图，按经差 30′，纬差 20′分为 144 幅 1∶100 000 的图。

3. 1∶50 000、1∶25 000、1∶10 000 比例尺的分幅与编号

这三种比例尺图的分幅编号都是以 1∶100 000 比例尺图为基础的。每幅 1∶100 000 的图，划分成 4 幅 1∶50 000 的图，分别在 1∶100 000 的图号后写上各自的代号 A、B、C、D。每幅 1∶50 000 的图又可分为 4 幅 1∶25 000 的图，分别以 1、2、3、4 编号。每幅 1∶100 000 图分为 64 幅 1∶10 000 的图，分别以（1）、（2）、…、（64）表示。

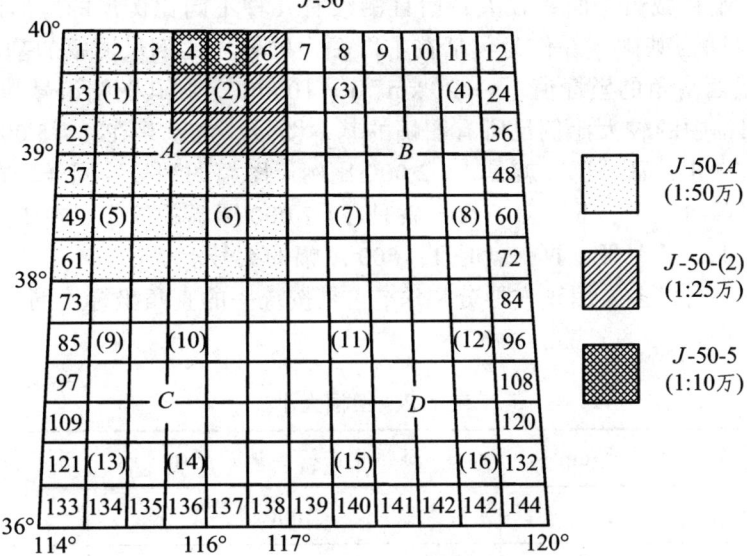

图 7-3　1∶100 000 比例尺的分幅与编号

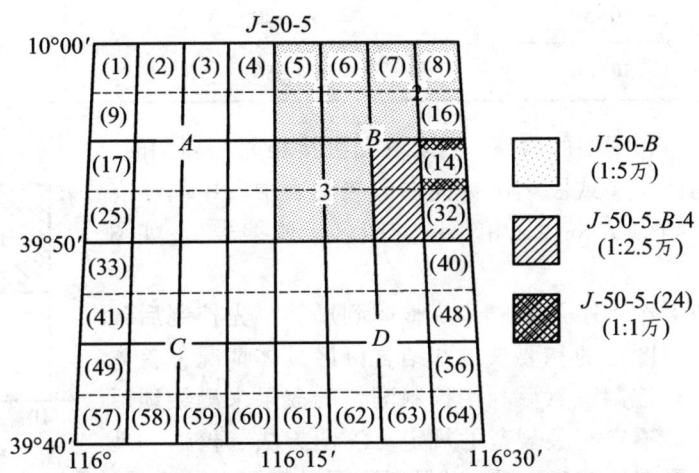

图 7-4　1∶50 000、1∶25 000、1∶10 000 比例尺的分幅与编号

4．1∶5 000 和 1∶2 000 比例尺图的分幅编号

1∶5 000 和 1∶2 000 比例尺图的分幅编号是在 1∶10 000 图的基础上进行的。每幅 1∶10 000 的图分为 4 幅 1∶5 000 的图，分别在 1∶10 000 的图号后面写上各自的代号 a、b、c、d。每幅 1∶5 000 的图又分成 9 幅 1∶2 000 的图，分别以 1、2、…、9 表示。

（二）地形图的矩形分幅与编号

大比例尺地形图大多采用矩形分幅法，它是按统一的直角坐标格网划分的。采用矩形分幅时，大比例尺地形图的编号一般采用图幅西南角坐标千米数编号法。其西南角的坐标（x = 3 530.0 km，y = 531.0 km），所以其编号为 3530.0-531.0。编号时，比例尺为 1∶500 地形图，坐标值取至 0.01 km，而 1∶1 000、1∶2 000 地形图取至 0.1 km。

某些工矿企业和城镇，面积较大，而且测绘有几种不同比例尺的地形图，编号时是以 1∶5 000 比例尺图为基础，并作为包括在本图幅中的较大比例尺图幅的基本图号。例如，某 1∶5 000 图幅西南角的坐标值（$x = 20$ km，$y = 10$ km），则其图幅编号为"20-10"。这个图号将作为该图幅中的较大比例尺所有图幅的基本图号。也就是在 1∶5 000 图号的末尾分别加上罗马字Ⅰ、Ⅱ、Ⅲ、Ⅳ，就是 1∶2 000 比例尺图幅的编号。同样，在 1∶2 000 图幅编号的末尾分别再加上Ⅰ、Ⅱ、Ⅲ、Ⅳ，就是 1∶1 000 图幅的编号，在 1∶1 000 比例尺的图号末尾再加上Ⅰ、Ⅱ、Ⅲ、Ⅳ，就是 1∶500 图幅的编号。

大比例尺地形图大多采用正方形分幅法，它是按统一的直角坐标格网线划分的。图幅的大小如表 7-2 所示。

表 7-2 图幅大小

比例尺	图幅大小/cm²	图廓相应的实地长度/m	实地面积/km²
1∶5 000	40×40	2 000	4
1∶2 000	50×50	1 000	1
1∶1 000	50×50	500	0.25
1∶500	50×50	250	0.062 5

说明本幅图与相邻图幅的联系，供索取和拼接相邻图幅用时，通常把相邻图幅的图号（或图名）标注在邻接图表中。中间绘有斜线的是本图幅，其余方格注以相邻图的图名（或编号），如图 7-5 所示。

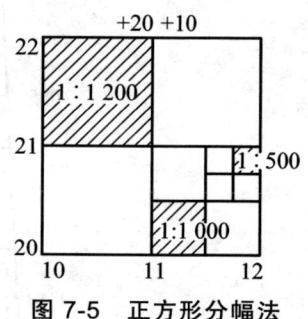

图 7-5 正方形分幅法

地形图测绘的工作程序是采取"从整体到局部，先控制后碎部"的原则，根据测图目的和要求，并结合测区具体情况，首先逐级建立平面和高程控制，然后利用控制测量的成果来测绘地形图。在测绘过程中应遵守有关规范的规定。测图方法、仪器和地形取舍程度要满足测图的精度要求，以保证测图乃至用图的质量。

三、地形在图上的表示方法

（一）地物的表示方法

地面上的地物在地形图上都是用简明、准确、易于判断实物的符号表示的，这些符号称为地形图图式，由国家测绘主管部门统一编制、印刷发行。地形图图式的符号有比例符号、非比例符号和注记符号三种。有些地物的轮廓较大，如房屋、池塘等，这些地物能按测图比例尺缩绘在图纸上，所绘制的轮廓称为比例符号，也就是能表示地物位置以及它的形状和大小的符号；有些地物较小，如水井、独立树、测量控制点等，这些地物按测图比例尺缩小后在图上无法表示出来，必须采用一种特定的符号表示，这种符号称为非比例符号；用文字、数字或特殊的标记对地物加以说明的符号称为注记符号，如城镇名、道路名、高程注记、平面控制点点号等。

各种符号的图形和尺寸，对于不同比例尺的测图，在地形图图式中都有统一的规定（见表 7-3）。各种符号是地形图阅读的主要依据，测图时务须正确使用。

表 7-3　地形图图式

编号	符号名称	图例	编号	符号名称	图例
1	三角点 凤凰山—点名 394.468—高程	凤凰山 394.468 3.0	14	游泳池	泳
2	导线点 Ⅰ 16—等级，点名 84.46—高程	2.0 Ⅰ 16／84.46	15	路灯	2.0 1.6 4.0 1.0
3	水准点 Ⅱ 京石 5—等级、点名 32.804—高程	2.0 Ⅱ 京石5／32.804	16	喷水池	1.0 3.6
4	GPS 控制点 B14—级别、点号 495.267—高程	B14／495.267 3.0	17	假石山	4.0 2.0 1.0
5	一般房屋 混—房屋结构 3—房屋层数	1.6 混3　2	18	塑像 a. 依比例尺的 b. 不依比例尺的	a　　b 1.0 4.0 2.0
6	台阶	0.6 1.0　1.0	19	旗杆	1.6 4.0 1.0 1.0
7	室外楼梯 a. 上楼方向	混8　不表示 a	20	一般铁路	10.0　10.0 0.2　0.8 0.2 0.4　0.6
8	院门 a. 围墙门 b. 有门房的	a　　b 1.6 0.6　45°	21	建筑中的铁路	10.0　10.0 0.8 0.4 2.0 0.6 2.0
9	门顶	1.0	22	高速公路 a. 收费站 0—技术等级代码	0　a
10	围墙 a. 依比例尺的 b. 不依比例尺的	10.0 10.0 0.3 0.6	23	大车路、机耕路	8.0　2.0 0.2
11	水塔	2.0 1.0 3.6 1.0	24	小路	4.0 1.0 0.3
12	温室、菜窖、花房	温室	25	内部道路	1.0 1.0
13	宣传橱窗、广告	1.0　2.0	26	电杆	1.0　1.0

续表 7-3

编号	符号名称	图例	编号	符号名称	图例
27	电线架		36	滑坡	
28	低压线		37	陡崖 a. 土质的 b. 石质的	
29	高压线		38	冲沟 3.5—深度注记	
30	变电室（所） a. 依比例尺的 b. 不依比例尺的		39	陡坎 a. 未加固的 b. 已加固的	
31	一般沟渠		40	盐碱地	
32	村界		41	稻田	
33	等高线 a. 首曲线 b. 计曲线 c. 间曲线		42	旱地	
34	示坡线		43	鲨经济作物地	
35	一般高程点及注记 a. 一般高程点 b. 独立地物的高程		44	果园	

注：① 图例符号旁标注的尺寸均以 mm 为单位。
② 在一般情况下，符号的线粗为 0.15 mm，点的大小为 0.3 mm。
③ 有的符号为左右两个，凡未注明的，其左边为 1：500 和 1：1 000 的，右边为 1：2 000 的。

（二）地貌的表示方法

地貌是指地球表面的各种起伏形态，包括山地、丘陵、高原、平原、盆地等。

通常把地面倾斜角在3°以下，称为平地；倾斜角在3°~10°，称为丘陵；倾斜角为10°~25°的称为山地；超过25°的称为高山地。

地貌的形状，虽然千差万别，但实际都可以看作是一个不规则的曲面。这些曲面是由不同方向和不同倾斜度的平面所组成。两相邻倾斜相交处即为棱线，这些棱线就是地貌的特征线或地性线，如山脊线、山谷线、山脚线、变坡线等。如果将这些棱线端点的高程和平面位置测出，则棱线的方向和坡度也就确定了。在地面坡度变化处的点，如山顶点、盆地中心点、鞍部最低点、谷口点、山脚点、坡度变换点等，都称为地貌特征点。

这些特征点和特征线就构成地貌的轮廓特征。在地貌测绘中，立尺点就应选择在这些特征点上，将这些特征点的平面位置测绘在图上，并注记它们的高程，这样地貌特征线的平面位置和坡度也就随之确定下来。然后根据坡度、平距和等高距的关系便可勾绘出表示地貌的等高线图。

在地形测绘中，表示地貌的方法很多，对于大比例尺地形图通常用等高线表示。下面就等高线的概念、特性和勾绘方法作概要介绍。

1. 等高线的概念

（1）等高线的形成和定义。

用不同高程而间隔相等的一组水平面 P_1、P_2、P_3 与地表面相截，在各平面上得到相应的截取线，将这些截取线沿着垂直方向正射投影到水平投影面 P 上，便得到表示该地表面的一些闭合曲线，即等高线。图7-6所示的就是地面高程为 90 m、95 m、100 m 的等高线，可知等高线就是地面上高程相等的相邻点连接而成的闭合圆滑曲线。

用等高线表示的几种典型地貌如图7-7所示。

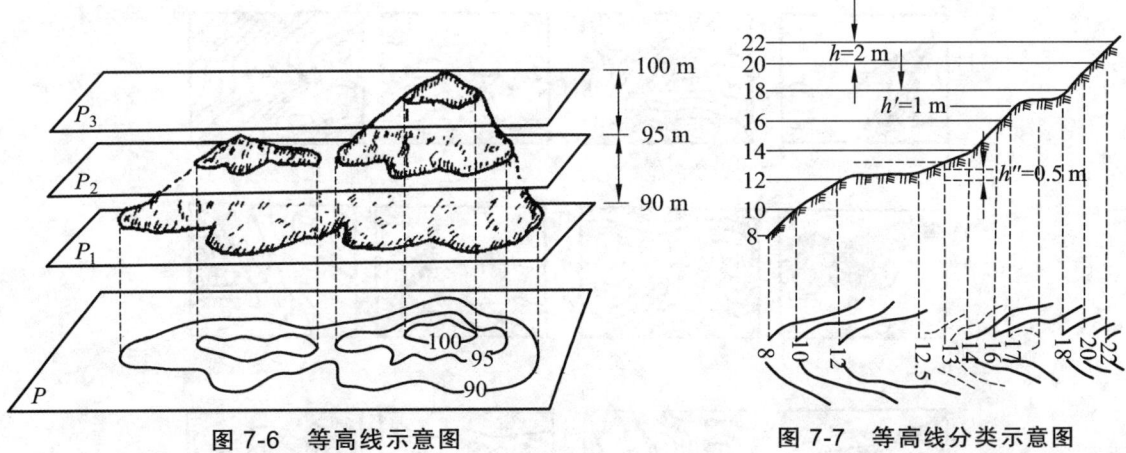

图7-6　等高线示意图　　　　　图7-7　等高线分类示意图

（2）等高距和等高线平距。

两条相邻等高线的高差称为等高距。相邻等高线间的水平距离称为等高线平距。等高距越小，显示地貌就越详细；但等高距过小，图上等高线将很密，会使地形图不清晰。因此，要根据测图比例尺和地面倾斜角及其用图的目的来选择等高距。但在同一幅图内，等高距通常取定值。

2. 等高线的分类

等高线按其用途可分为首曲线、计曲线、间曲线和助曲线。如图 7-7 所示，在同一幅图上，按所选定的等高距描绘的等高线称为基本等高线（首曲线），用实线表示；在局部地区用基本等高线不足以表示地貌的实际状态时，可用 1/2 等高距的等高线，称为半距等高线（间曲线），用长虚线表示；1/4 等高距的等高线称为辅助等高线（助曲线），用短虚线表示；为了读图方便，从高程 0 m 起算每隔四根等高线需加粗一根，称为加粗等高线（计曲线）。

3. 典型地貌等高线

地面上地貌的形态是多样的，对它进行仔细分析后，就会发现它们不外是几种典型地貌的综合（见图 7.8）。了解和熟悉用等高线表示典型地貌的特征，将有助于识读、应用和测绘地形图。几种典型地貌如下：

（1）山丘和洼地。

山丘和洼地的等高线都是一组闭合曲线。在地形图上区分山丘或洼地的方法是：凡是内圈等高线的高程注记大于外圈者为山丘，小于外圈者为洼地。如果等高线上没有高程注记，则用示坡线来表示。

示坡线是垂直于等高线的短线，用以指示坡度下降的方向。示坡线从内圈指向外圈，说明中间高，四周低，为山丘；从外圈指向内圈，说明四周高，中间低，故为洼地。

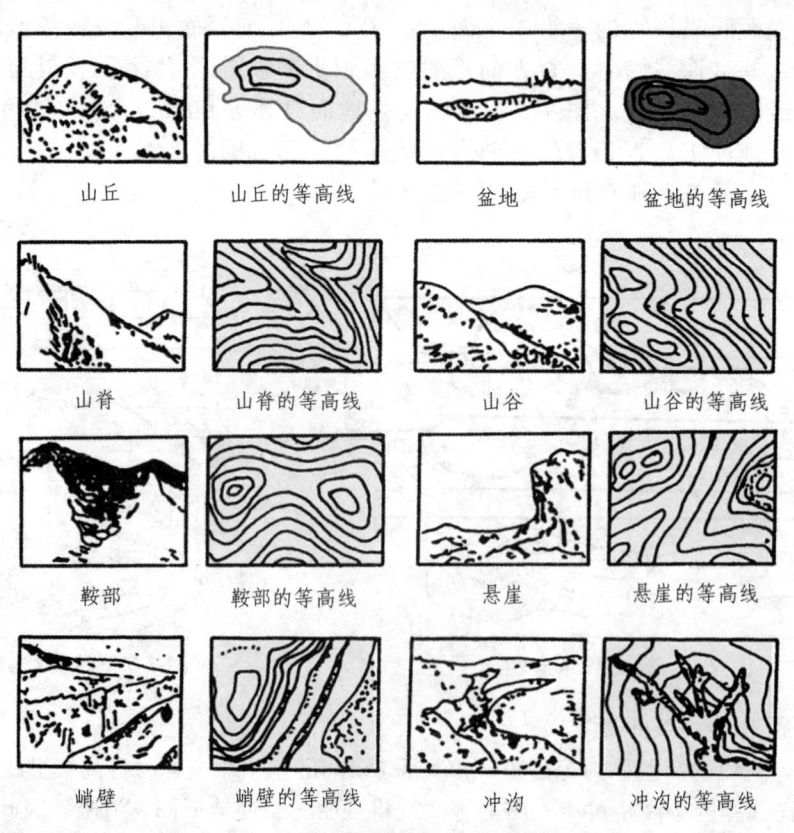

图 7-8 典型地貌及等高线

（2）山脊和山谷。

山脊是沿着一个方向延伸的高地。山脊的最高棱线称为山脊线。山脊等高线表现为一组凸向低处的曲线。

山谷是沿着一个方向延伸的洼地，位于两山脊之间。贯穿山谷最低点的连线称为山谷线。山谷等高线表现为一组凸向高处的曲线。

山脊附近的雨水必然以山脊线为分界线，分别流向山脊的两侧，因此，山脊又称分水线。而在山谷中，雨水必然由两侧山坡流向谷底，向山谷线汇集，因此，山谷线又称集水线。

（3）鞍部。

鞍部是相邻两山头之间呈马鞍形的低凹部位。鞍部往往是山区道路通过的地方，也是两个山脊与两个山谷会合的地方。鞍部等高线的特点是在一圈大的闭合曲线内，套有两组小的闭合曲线。

（4）悬崖陡壁。

陡崖是坡度在70°以上的陡峭崖壁，有石质和土质之分。

悬崖是上部突出，下部凹进的陡崖，这种地貌的等高线出现相交。俯视时隐蔽的等高线用虚线表示。

3. 等高线的特性

（1）在同一条等高线上各点的高程相等。

（2）每条等高线必为闭合曲线，如不在本幅图内闭合，也在相邻的图幅内闭合。

（3）不同高程的等高线不能相交。当等高线重叠时，表示陡坎或绝壁。

（4）山脊线（分水线）、山谷线（集水线）均与等高线垂直相交。

（5）等高线平距与坡度成反比。在同一幅图上，平距小表示坡度陡，平距大表示坡度缓，平距相等表示坡度相同。换句话说，坡度陡的地方等高线就密，坡度缓的地方等高线就稀。

（6）等高线跨河时，不能直穿河流，须绕经上游正交于河岸线，中断后再从彼岸折向下游。

等高线的这些特性是相互联系的，在测绘地形图时，正确运用等高线的特性才能较逼真地显示地貌的形状。

4. 等高线的勾绘

等高线的勾绘就是在两相邻地形点间，先勾绘出基本等高线通过点，再将相邻各同高程点连接起来，形成基本等高线，然后进行整饰、加工，清绘出等高线图。

实际工作中，常用目估法勾绘等高线。其要领是："先取头定尾，再中间等分。"如图7-9所示，A、B两点的地形点高程分别为52.8 m和57.4 m。设基本等高距为1 m，则首尾两基本等高线的高程为53 m和57 m，其中间还有54 m、55 m、56 m等高线的通过点。为了用目估来确定这些等高线的通过点，首先应算出A、B两地形点的高差为4.6 m，然后将AB线目估分成4.6份，每份高差为1 m。在两端各画出一份的长度如图中虚线，由A目估出0.2份来确定53 m等高线的通过点m，称为"取头"；再由B目估0.4份来确定57 m等高线的通过点q，称为"定尾"；然后将首尾m、q两等高线通过点间分成4等份，即得中间等高线的通过点n、o、p。按上述方法在各相邻地形点间确定出等高线通过点之后，参照实际地形考虑地性线的走向和弯曲程度将相同高程点用曲线连接起来，即得等高线图，如图7-10所示。

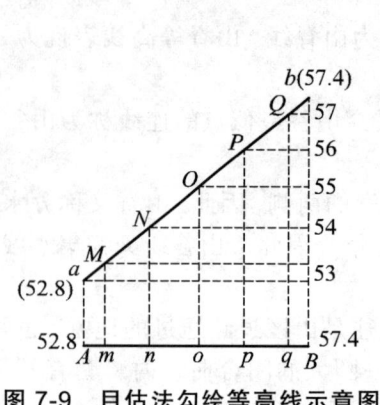

图 7-9　目估法勾绘等高线示意图

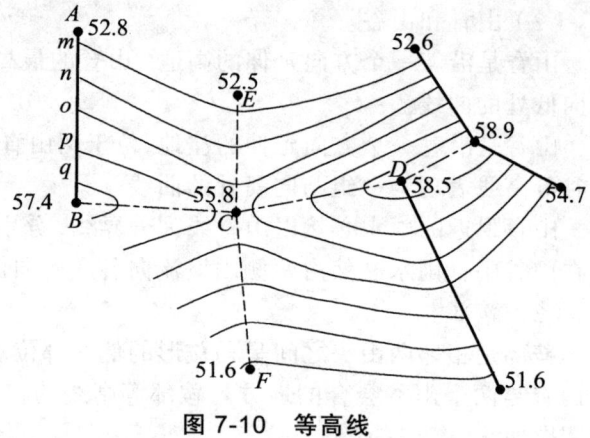

图 7-10　等高线

任务二　大比例尺地形图测绘

【任务介绍】

本任务在于帮助学生掌握地形图测绘的准备工作、测图的基本方法及一般要求。通过本任务的讲解，使学生能完成某指定区域的地形图测绘任务。

【任务目标】

知识目标：⊙ 掌握地形测图前准备工作的内容；
⊙ 掌握地形测图测绘的各种方法；
⊙ 掌握地形测图的一般要求。

技能目标：⊙ 培养学生进行碎部测量（经纬仪测绘法为主）的操作能力；
⊙ 培养学生绘制地形图的基本技能。

一、测图前的准备工作

（一）资料和仪器的准备

在测图前要明确任务和要求，抄录测区控制点的成果资料，并进行测区踏勘，拟订施测方案；根据方案所要求的测图方法准备仪器、工具和所用物品，并配备技术人员；对主要仪器应进行检查和校正，尤其是竖盘的指标差要经常进行检校。

（二）图纸准备

为了保证测图质量，必须采用优质图纸。对于较小地区的临时性的测图，可将图纸直接固定在图板上进行测绘。对于需长期保存的地形图,为了减少图纸变形,采用聚酯薄膜测图。

为了测绘、保管和使用上的方便,测绘单位采用的图幅尺寸一般有 50 cm×50 cm、40 cm×50 cm、40 cm×40 cm 几种,测图时可根据测区情况选择所需的图幅尺寸。

(三)绘制坐标格网

如图 7-11 所示,先用直尺在图纸上画两条相互垂直的对角线 AC、BD,再以对角线交点 O 为圆心量出长度相等(此长度可根据图幅尺寸计算求得)的四段线段,得 a、b、c、d 四点,连接各点即得正方形图廓。在图廓各边上标出每隔 10 cm 的点,将上下和左右两边相对应的点一一连接起来,即构成直角坐标格网。连线时,纵横线不必贯通,只画出 1 cm 长的正交短线即可。

坐标格网绘成后,必须检查绘制的精度。用直尺检查各方格网的交点是否在同一直线上,其偏离值不应超过 0.2 mm;小方格网的边长与理论值 10 cm 相差不应超过 0.2 mm;小方格网对角线长度与其理论值 14.14 cm 相差不应超过 0.3 mm。如超过限值,应重新绘制。方格网检查合格后,根据测区控制网各控制点的坐标(X_i,Y_i)按照尽量把各控制点均匀分布在格网图中间的原则,选取本幅图的原点坐标,在图廓外注明格网的纵横坐标值(X_i,Y_i),并在格网上边注明图号,下边注明比例尺。

(四)展绘测图控制点

图纸上绘出坐标格网后,根据控制点的坐标值先确定点所在的方格,然后计算出对应格网的坐标差数 X' 和 Y',按比例在格网和相对边上截取与此坐标相等的距离,最后对应连接相交即得点的位置。如图 7-11 中,要展绘点 1,其坐标($X_1 = 679.12$ m,$Y_1 = 580.08$ m),测图比例尺为 1:1 000。由坐标值可知点 1 所在方格($X = 650 \sim 750$,$Y = 500 \sim 600$),其纵

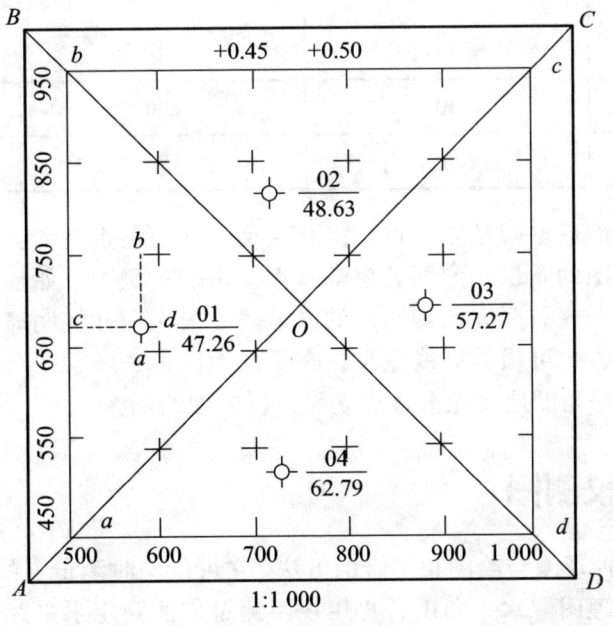

图 7-11　坐标格网

坐标 $X = 29.12$ m，按比例在方格内截取 29.12 m 得横线 cd，横坐标差 $Y = 80.08$ m，按比例在本格网内截取 80.08 m 得纵线 ab，将相应截取的横线 cd 与纵线 ab 相交，其交点即为 1 点在图上的位置。在此点的右侧平画一短横线，在横线上方注明点号，横线的下方注明此点的高程。控制点展好后应检查各控制点之间的图上长度与按比例尺缩小后的相应实地长度之差，其差数不应超过图上长度的 0.3 mm，合格后才能进行测图。

（五）测站点加密

测站点是地形碎部测量过程中安置仪器的点，如果测区地形较复杂，在碎部测量中需增设测站点时，可以已知图根控制点为基础，用图解交会法或视距支点法测设临时测站点，以满足测图的需要。

（六）碎部点的选择与跑尺

对于地物而言，其地形点应选在地物轮廓线的方向变化处，如房屋应选屋角为地形点，水塘应选有棱角或弯曲的地点为地形点。测完一个地物后再转向另一个地物，以便于在图上绘出它们的位置。

对于地貌来说，地形点应选在山脊线、山谷线、山脚线、坡度变换点和方向变换点及山顶、鞍部等地貌的特征点处。为能正确而详细地表示实地情况，一般规定地形点间在图上的最大距离不应超过 3 cm。对于各种比例尺的地形点间距以及最大视距长度，如表 7-4 所列。

表 7-4 地形点间距和视距长度的要求

比例尺	地形点间距/m	最大视距/m	
		地物点	地形点
1∶500	15	60	100
1∶1 000	30	100	150
1∶2 000	50	180	250

在地形图测绘中地形点就是立尺点，因此跑尺是一项很重要的测图工作，立尺点和跑尺路线的选择对地形图的质量和测图效率都有直接影响。测图开始前，观测员、绘图员和跑尺员应先在测站上研究需要立尺和跑尺的方案。一般在地性线明显地区，可沿地性线和坡度变换点依次立尺，也可沿等高线跑尺；在平坦地区，一般常用环形法和迂回路线法来跑尺。地物点跑尺最好是沿地物轮廓逐点立尺，以方便绘图。

二、大平板仪测图

平板仪测量是一种观测与绘图相结合的方法。它可以同时测定点的平面位置和高程，其特点是利用相似形原理图解水平角度，再用视距测量方法测定水平距离较差，将测点位置直接绘制在图纸上。

（一）平板仪测量原理

如图 7-12 所示，设地面上有 A、B、O 三点，在 O 点上安置一块贴有图纸的水平图板，将地面 O 点沿垂线方向投影到图纸上得 o 点；然后通过 OA 和 OB 方向作两个竖直面，则竖直面与图板面的交线 oA' 和 oB' 所夹的角度就是 AOB 的水平角，用视距测量方法测出 OA 和 OB 的水平距离 oA' 和 oB'，并按一定的比例尺在 oa' 和 ob' 方向线上定出 a 和 b 点，使图上 a、o、b 三点组成的图形与地面上相应的 A、O、B 三点组成的图形相似；再应用视距测量方法测出 A、B 两点对 O 点的高差，并根据 O 点的已知高程，计算出 A、B 点的高程。这就是平板仪测量的原理。

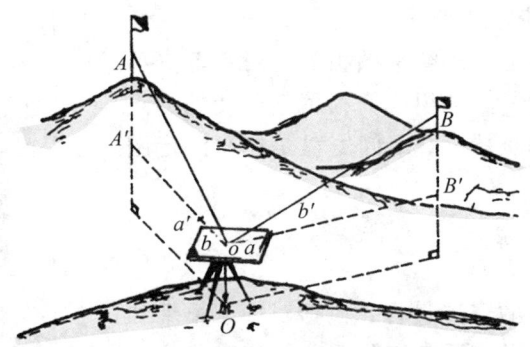

图 7-12　平板仪测图原理示意图

（二）大平板仪的构造

大平板仪的构造由照准仪、图板、基座和附件组成。

（1）照准仪：图 7-13 为西安光学测量仪器厂制造的 PG3-XZ 型平板仪的照准仪。它由望远镜、竖盘、支柱和直尺所组成，其作用和经纬仪相似。平板相当于水平度盘，照准目标后用平行尺来画方向线。竖直度盘分划值为 1°，向两个方向依正负每 2° 为一注记，分别注记到 ±40°，当望远镜水平时读数为 0°。在竖直度盘右侧附有水准管，读数前必须先调整水准管，当气泡居中时才能读取竖直度盘读数，直读到 10′ 估读到 1′，读数窗影像如图 7-14 所示，其读数分别为 0°00′ 和 +6°23′。

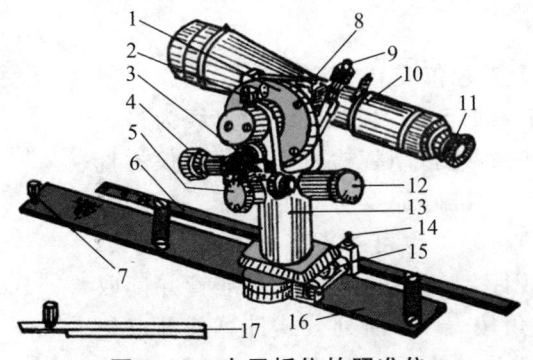

图 7-13　大平板仪的照准仪

1—竖直度盘；2—望远镜制动螺旋；3—入光孔及反光镜；4—竖直度盘水准管微动螺旋；5—横轴调节螺旋；6—平行尺；7—小握手；8—竖盘水准管；9—读数显微镜；10—物镜对光螺旋；11—目镜对光螺旋；12—望远镜微动螺旋；13—支柱；14—校正螺旋；15—横向水准管；16—直尺；17—接尺

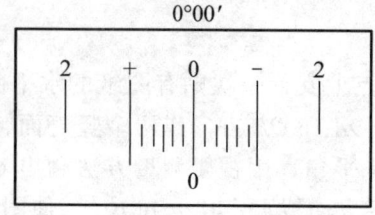 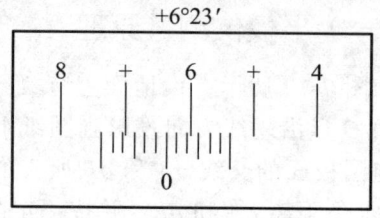

（a）望远镜水平读数窗　　　　　　（b）望远镜仰视读数窗

图 7-14　照准仪读数窗示意图

（2）基座：基座上有脚螺旋以及水平制动螺旋，其作用与经纬仪相同。基座是通过连接螺旋与三脚架固连，如图 7-15 所示。

（3）附件：圆水准器是用来整平图板的；对点器又称移点器，由金属的叉架和一垂球组成，利用它可使地面点与图上相应点位于同一铅垂线上；定向罗盘是用来测定图板方向的。

（三）大平板仪的安置

平板仪在一个测站上的安置过程，包括对中、整平和定向三项工作。对中就是使地面点和图板上的相应点位于同一铅垂线上；整平是使图板成水平位置；定向是使图板上的直线方向与相应的地面线方向重合或互相平行。这三项工作是互相影响的。正确的安置方法是，首先转动图板

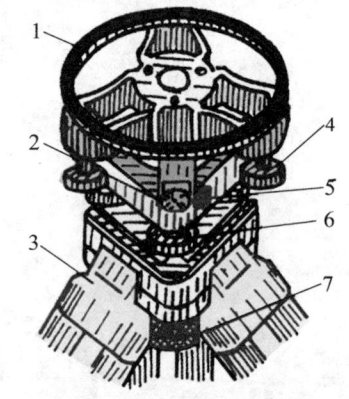

图 7-15　大平板仪基座
1—圆盘；2—制动螺旋 ；3—三脚架；
4—连接螺旋；5—微动螺旋；

大致定向，然后平移平板对中，再整平图板，最后用照准仪切住两点精确定向。对点的容许误差与测图比例尺有关，一般规定为 $0.05M$（M 为比例尺分母），其值列于表 7-5。

表 7-5　平板仪对点误差容许值

比例尺	1∶500	1∶1 000	1∶2 000	1∶5 000
容许对中误差/cm	2.5	5	10	25

（四）大平板仪测图

如图 7-16 所示，将大平板仪安置在测站点 A 上，进行对中、整平，按 AB 已知直线定向，以 AG 已知直线为检查方向，量取仪器高 i；同时，进行高程检查，用照准仪的直尺边紧靠在图上的 a 点，照准碎部点所立的尺子，使十字丝横丝对准标尺上的仪器高处（也可对准其他位置读数），读上下丝的读数，计算视距。调平竖盘指标水准管并读取竖直角，根据视距和竖直角按表 7-4 所列公式计算碎部点与测站点间的水平距离和高差，然后根据测站点高程，再计算碎部点的高程。在直尺边上，把水平距离按测图比例尺缩小后，用两脚规在图上刺点，即得碎部点在图上的位置，

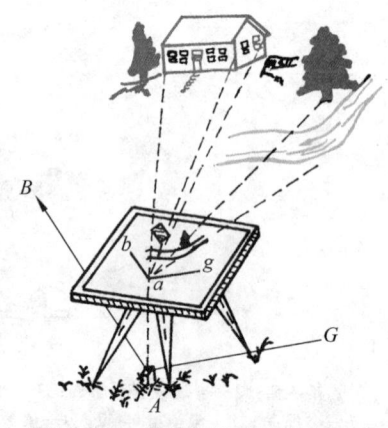

图 7-16　大平板仪测图示意图

并在点位右边注记高程。用同法测绘其他碎部点。

三、经纬仪测绘法测图

将经纬仪安置于测站点 A 上，如图 7-17 所示，量取仪器高 i，并测定竖直度盘的指标差 X，然后照准另一控制点 B 作为起始方向，并在该方向上使水平度盘读数配置成 $0°00'00''$。照准立在碎部点 1 上的视距尺，读取水平角、中丝读数（一般使中丝对准尺上仪器高 i 处）和视距间隔，并读出竖盘读数，分别记入地形碎部点测量记录表中（见表 7-6），计算测站点到碎部点的水平距离和碎部点的高程。

置绘图板于测站边，如图 7-17 所示，根据水平角和距离按极坐标法，仍以图上的 ab 方向为零方向，用透明半圆仪量测水平角，得到自测站点 A 到碎部点 1 上的方向线；沿此方向线从 a 点截取水平距离在图上的长度，即得碎部点 1 的点位，并将高程注记在点旁。用同法可测绘其他碎部点。

采用这种方法，也可在野外用经纬仪观测碎部点的数据，做好记录并画出草图，而后在室内根据记录数据和草图来绘制地形图。经纬仪测绘法测图，操作简单、方便，工作效率高，任务紧迫时可分组进行。其缺点是因在室内绘图不能对照实地及时发现问题，因此成图后应到现场核对。

表 7-6 地形碎部点测量记录表

点号	视距 kn	中丝读数	竖盘读数	竖直角 $±α$	初算高差 $±h'$/m	$Δ=i-V$ /m	高差 $+h$/m	水平角 $β$	水平距离 /m	高程 /m	点号	备注
1	76.0	1.42	93°28′	−3°28′	−4.59	0	−4.59	275°25′	75.7	202.8	1	屋角
2	75.0	2.42	93°00′	−3°00′	−3.92	−1.00	−4.92	372°30′	74.7	202.5	2	$V=2.42$
3	51.4	1.42	91°45′	−1°45′	−1.57	0	−1.57	7°40′	51.4	205.9	3	鞍部
4	25.7	1.42	87°26′	+2°34′	+1.15	0	+1.15	178°20′	25.6	208.6	4	

测站：A；后视点：B；仪器高：$i=1.42$；指标差 $X=0$；测站高程 $H_A=207.40$。

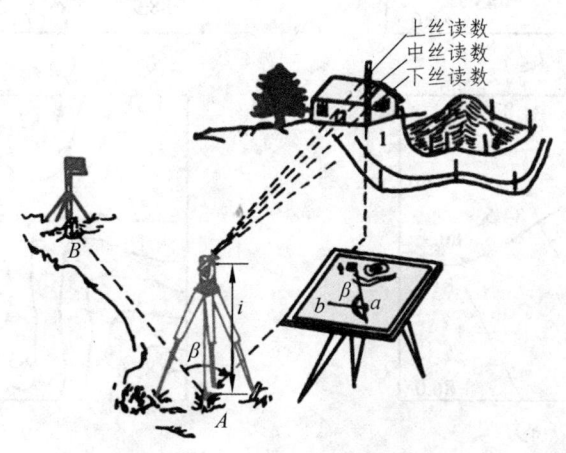

图 7-17 经纬仪测绘法测图

四、地形图的绘制

地形图的绘制是一项技术性很强的工作,要求注意地物点、地貌点的取舍和概括,并应具有灵活的绘图运笔技能。

1. 地物的描绘

地形图上所绘地物不是对相应地面情况简单的缩绘,而是经过取舍与概括后的测定与绘图。图上的线画应当密度适当,否则会造成用图困难。

为突出地物基本特征和典型特征,化简某些次要碎部而进行的制图概括,称为地物概括。例如,在建筑物密集且街道凌乱窄小的居民区,为突出居民区所占位置及整个轮廓,清楚地表示贯穿居民区的主要街道,可以采取保持居民区四周建筑物平面位置正确,将凌乱的建筑物合并成几块建筑群,并用加宽表示的道路隔开的方法。

地物形状各异、大小不一,绘制时可采用不同的方法:对于用比例符号表示的规则地物,可连点成线,画线成形;对于用非比例符号表示的地物,以符号为准,单点成形;对于用半比例符号表示的地物,可沿点连线,近似成形。

2. 等高线的勾绘

勾绘等高线的依据是地貌特征点和地性线。特征点的高程是随机的,而等高线的高程是一系列的固定值。由此可见,勾绘等高线的关键是根据特征点的高程求出各等高线所通过的点,一旦这些等高下等高线的通过点求出,即可对照实际地形,将相邻的等高点连成等高线。

图 7-18(a)所示为测绘在图纸上的地貌特征点,下面说明等高线的勾绘过程。

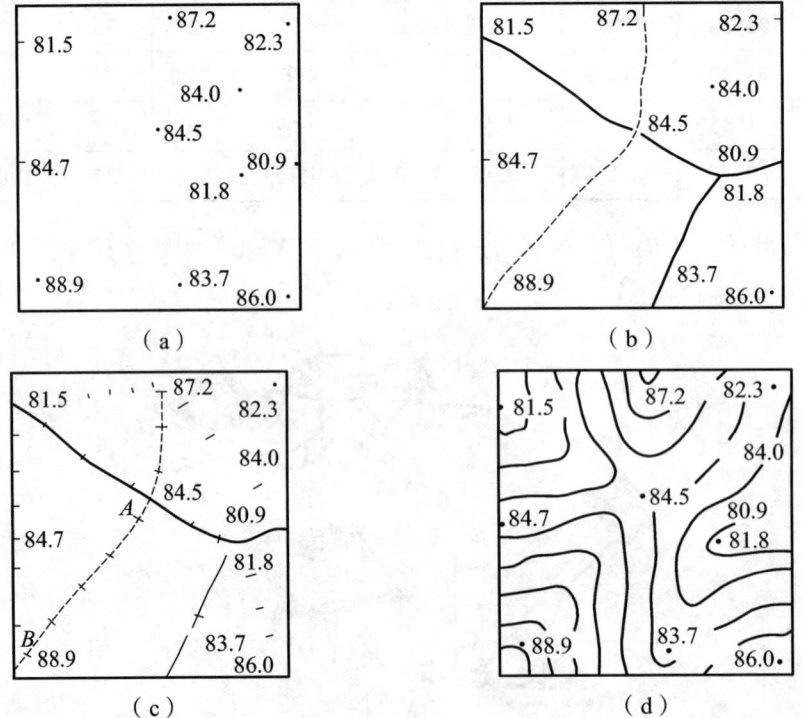

图 7-18　等高线的勾绘

（1）连接地性线。

参照实际地貌，将有关的地貌特征点连接起来，在图上绘出地性线。用虚线表示山脊线，用实线表示山谷线，如图 7-18（b）所示。

（2）内插等高线通过点。

由于等高线的高程必须是等高距的整倍数，而地貌特征点的高程一般不是整数，因此要勾绘等高线，首先要找出等高线的通过点。因为地貌特征点必须选在地面坡度变化处，所以相邻两特征点之间的坡度可认为是均匀的。这样，可在两点之间，按平距与高差成正比例的关系，内插出两点间各条等高线通过的位置。

内插等高线通过点均采用图解法或目估法。如图 7-19 所示，图解法是把绘有若干条等间距平行线的透明纸蒙在待内插的两点 a、b 上，转动透明纸，使 a、b 两点间通过平行线的条数与内插等高线的条数相同（图中为 4 条），且 a、b 两点分别位于两点高程值不足等高距部分的分间距处（图中 a、b 分别位于 0.5 间距、0.9 间距处），则各平行线与 ab 的交点就是所求点（图中为 85、86、87、88 四条等高线通过点）。

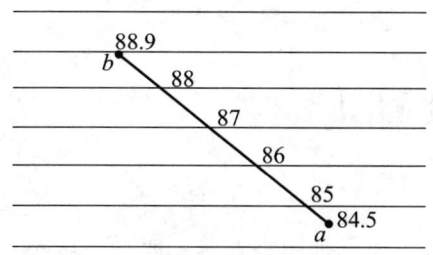

图 7-19　等高线内插

把所有相邻两点进行内插，就得到等高线通过点，如图 7-18（c）所示。注意：内插一定要在坡度均匀的两点间进行，为避免出错，最好在现场对照实际情况进行。

（3）勾绘等高线。

把高程相同的点用圆顺的曲线连接起来，就勾绘出反映地貌形态的等高线。勾绘等高线时要对照实地进行，要运用概括原则，对于山坡面上的小起伏或变化，要按等高线总体走向进行制图综合。特别要注意，描绘等高线时要均匀圆滑，不要有死角或出刺现象。等高线绘出后，将图上的地性线全部擦去，图 7-18（d）为勾绘好的等高线图。

在实际工作中，常用目估法勾绘等高线。其要领是："先取头定尾，再中间等分。"如图 7-20 所示，A、B 两点的地形点高程分别为 52.8 m 和 57.4 m。设基本等高距为 1 m，则首尾两基本等高线的高程为 53 m 和 57 m，其中间还有 54 m、55 m、56 m 等高线的通过点，为了用目估来确定这些等高线的通过点。首先应算出 A、B 两地形点的高差为 4.6 m，然后将 AB 线目估分成 4.6 份，每份高差为 1 m。在两端各画出一份的长度如图中虚线所示，由 A 目估出 0.2 份来确定 53 m 等高线的通过点 m，称为"取头"；再由 B 目估 0.4 份来确定 57 m 等高线的通过点 q，称为"定尾"；其次再首尾 m、q 两等高线通过点间分成 4 等份，即得中间等高线的通过点 n、o、p。按上述方法在各相邻地形点间确定出等高线通过点之后，参照实际地形考虑地性线的走向和弯曲程度将相同高程点用曲线连接起来，即得等高线图，如图 7-10 所示。

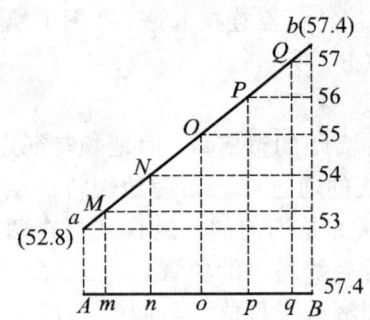

图 7-20　目估法勾绘等高线示意图

上述为用等高线表示地貌的方法。如果在平坦地区测图，则很大范围内绘不出一条等高线。为表示地面起伏，就需用高程碎部点表示。高程碎部点简称高程点。高程点位置应均匀分布在平坦地区。各高程点在图上间隔以 2～3 cm 为宜。平坦地有地物时，以地物点高程为高程碎部点；无地物时，应单独测定高程碎部点。

五、全站仪数字化测图

（一）全站仪数字化测图中点的表示方法

地形图可以分解为点、线、面三种图形元素，而点是最基本的图形元素。测量工作的实质是测定点位。在数字测图中，必须赋予测点三类信息：

（1）点的三维坐标（x，y，H）。全站仪是一种高效、快速的三维测量仪器，很容易做到这一点。

（2）点的属性。即：此点是地貌点还是地物点？是何种地物点？……属性用地形编码来表示，编码应按照 GB14804《1∶500　1∶1 000　1∶2 000 地形图要素分类与代码》进行，由四部分组成：大类码、小类码、一级代码、二级代码，分别用 1 位十进制数字顺序排列。

（3）点的连接信息。测量得到的是测点的点位，但此点是独立地物，还是要与其他测点相连形成一个地物？是以直线相连还是用曲线或圆弧相连？也就是说，还必须给出应连接的连接点和连接线型信息。连接点以其点号表示。线型规定：1 为直线，2 为曲线，3 为圆弧，空为独立点，等等。

（二）全站仪数字化测图的作业过程

全站仪数字化测图系统的基本硬件为：全站仪、电子记录手簿、微型计算机、便携式计算机、打印机、绘图仪。软件系统功能为：数据的图形处理、交互方式下的图形编辑、等高线自动生成、地形图绘制等。如南方公司的 CASS、清华三维公司的 EPSW 等软件已用于测绘生产中。

全站仪数字化测图分野外数据采集（包括数据编码）、计算机处理、成果输出三个阶段。数据采集是计算机绘图的基础，这一工作主要在外业期间完成。内业进行数据的图形处理，在人机交互方式下进行图形编辑,生成绘图文件,由绘图仪绘制大比例尺地图等。

1. 野外数据采集和编码

测量工作包括图根控制测量、测站点的增设和地形碎部点的测定,采用全站仪观测,用电子手簿记录数据 (x, y, H)。每一个碎部点的记录,通常有点号、坐标以及编码、连接点和连接线型等信息码。信息码极为重要,因为数字测图在计算机制图中自动绘制地形符号就是通过识别测量点的信息码而执行相应的程序来完成的。信息码的输入可在地形碎部测量的同时进行,即观测每一碎部点后随即输入该点的信息码,或者是在碎部测量时绘制草图,随后按草图输入碎部点的信息码。地图上的地理名称及其他各种注记,除一部分根据信息码由计算机自动处理外,不能自动注记的需要在草图上注明,然后在内业时通过人机交互编辑进行注记。

常规的地形测图工作要求对照实地绘制,而数字测图记录的数字很难在实地进行巡视检查。为克服数字测图记录的不直观性,可将便携机与全站仪相连,用便携机记录并显示图形,对照实地检查。更好的办法是用打印机绘制工作图,用以外业巡视检查。特别在作业地点远离内业地点的情况下,必须有一定的措施对记录数据和编码进行检查,以保证内业工作的顺利进行。

2. 数据处理和图形文件生成

数据处理是大比例尺数字测图的一个重要环节,它直接影响最后输出的图解图的图面质量和数字图在数据库中的管理。外业记录的原始数据经计算机数据处理,生成图块文件后,在计算机屏幕上显示图形;然后在人机交互方式下进行地形图的编辑,生成数字地形图的图形文件。

数据处理分数据预处理、地物点的图形处理和地貌点的等高线处理。数据预处理是对原始记录数据作检查,删除已作废除标记的记录和删去与图形生成无关的记录,补充碎部点的坐标计算和修改有错误的信息码。数据预处理后生成点文件,点文件以点为记录单元,记录内容是点号、编码、点之间的连接关系码和点的坐标。

图形处理是根据点文件,将与地物有关的点记录生成地物图块文件,将与等高线有关的点记录生成等高线图块文件。地物图块文件的每一条记录以绘制地物符号为单元,其记录内容是地物编码、按连接顺序排列的地物点点号或点的 (x, y) 坐标值,以及点之间的连接线型码。等高线处理是将表示地貌的离散点在考虑地性线、断裂线的条件下自动连接成三角形网络(TIN),建立起数字高程模型(DEM)。在三角形边上用内插法计算等高线通过点的平面位置 (x, y),然后搜索同一条等高线上的点,依次连接排列起来,形成每一条等高线的图块记录。

图块文件经过人机交互编辑形成数字图的图形文件。图形文件根据数字图的用途不同,有不同的要求。为满足计算机制图的大比例尺数字图文件,就是编辑后新的图块文件。这种图形文件按一幅图为单元储存,用于绘制某一规定比例尺的地形图。而满足大比例尺数字图数据库的图形文件还需在上述图形文件基础上作进一步的处理。

3. 地形图和测量成果报表的输出

计算机数据处理的成果可分三路输出:第一路到打印机,按需要打印出各种数据(原始数据、清样数据、控制点成果等);第二路到绘图仪,绘制地形图;第三路可接数据库系统,将数据存储到数据库,并能根据需要随时取出数据绘制任何比例尺的地形图。

(三)全站仪数字化测图的特点

(1)自动化程度高,数据成果易于存取,便于管理。

(2)精度高。地形测图和图根加密可同时进行,地形点到测站点的距离比常规测图可长。

(3)无缝接图。数字化测图不受图幅的限制,作业小组的任务可按照河流、道路的自然分界来划分,以便于地形图的施测,也减少了很多常规测图中的接边问题。

(4)便于使用。数字地形图不是依某一固定比例尺和固定的图幅大小来储存一幅图,它是以数字形式储存的 1:1 的数字地图。根据用户的需要,在一定比例尺范围内可以输出不同比 例尺和不同图幅大小的地形图。

(5)数字测图的立尺位置选择更为重要。数字测图按点的坐标绘制地形符号,要绘制地物轮廓就必须有轮廓特征点的全部坐标。在常规测图中,作业员可以对照实地用简单的几何作图绘制一些规则地物轮廓,用目测绘制细小的地物和地貌形状。而数字测图对需要表示的细部也必须立尺测量。数字测图直接测量地形点的数目仍然较常规测图有所增加。

六、地形图的检查、拼接与整饰

(一)地形图的检查

为了确保地形图质量,除施测过程中加强检查外,在地形图测完后,必须对成图质量作一次性全面检查。

1. 室内检查

室内检查的内容有:图上地物、地貌是否清晰易读,各种符号注记是否正确,等高线与地形点的高程是否相符,有无矛盾可疑之处,图边拼接有无问题等。如发现错误或疑点,应到野外进行实地检查、修改。

2. 外业检查

巡视检查根据室内检查的情况,有计划地确定巡视路线,进行实地对照查看。主要检查地物、地貌有无遗漏;等高线是否逼真合理;符号、注记是否正确等。

仪器设站检查根据室内检查和巡视检查发现的问题,到野外设站检查,除对发现的问题进行修正和补测外,还要对本测站所测地形进行检查,看原测地形图是否符合要求。仪器检查量每幅图一般为 10%左右。

(二)地形图的拼接

测区面积较大时,整个测区必须划分为若干幅图进行施测。这样,在相邻图幅连接处,由于测量误差和绘图误差的影响,无论是地物轮廓线还是等高线,往往不能完全吻合。相邻左、右两图幅相邻边的衔接情况,房屋、河流、等高线都有偏差。拼接时用宽 5.6 cm 的透明纸蒙在左图幅的接图边上,用铅笔把坐标格网线、地物、地貌描绘在透明纸上,然后把透明纸按坐标格网线位置蒙在右图幅衔接边上，同样用铅笔描绘地物和地貌；当用聚酯薄膜进行测图时，不必描绘图边，利用其自身的透明性，可将相邻两幅图的坐标格网线重叠；若相邻处的地物、地貌偏差不超过规定的要求时，则可取其平均位置，并据此改正相邻图幅的地物、地貌位置，如图 7-21 所示。

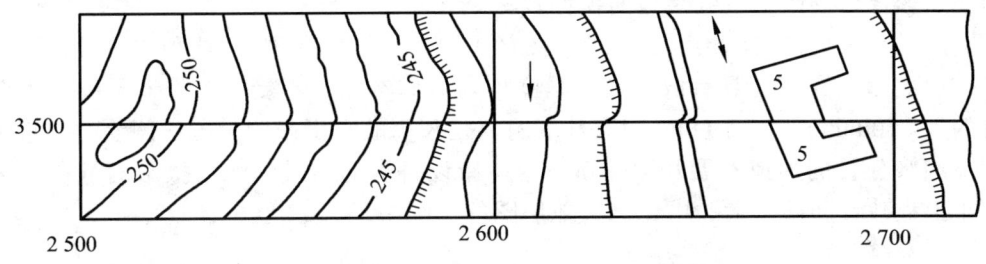

图 7-21 地形图的拼接

（三）地形图的整饰

当原图经过拼接和检查后，还应清绘和整饰，使用面更加合理、清晰、美观。整饰的顺序是先图内后图外，先地物后地貌，先注记后符号。图上的注记、地物以及等高线均按规定的图式进行注记和绘制，但应注意等高线不能通过注记和地物。最后，应按图式要求写出图名、图号、比例尺、坐标系统及高程系统、施测单位、测绘者及测绘日期等。

（四）地形图的验收

验收是在委托人检查的基础上进行的，以鉴定各项成果是否合乎规范及有关技术指标。对地形图验收，一般先室内检查、巡视检查，并将可疑处记录下来，再用仪器在可疑处进行实测检查、抽查。通常，仪器检测碎部点的数量为测图量的 10%。统计出地形图的平面位置精度及高程精度，作为评估测图质量的主要依据。对成果质量的评价一般分为优、良、合格和不合格四级。

任务三　航空摄影测量测图

【任务介绍】

本任务主要介绍了航空摄影测量的基础知识，明确了航测成图的基本过程。通过本任务的讲解，使学生了解一种新的测绘地形图的方法。

【任务目标】

知识目标：⊙ 掌握航空摄影测量的基本知识；
　　　　　⊙ 明确航测成图的过程。
能力目标：⊙ 能理解航测成图的方法与作用。

【任务实施】

航空摄影测量简称航测，它是利用从飞机上摄取的地表像片（航摄像片）为依据进行量测和判释，从而确定地面上被摄物体的大小、形状和空间位置，获得被摄地区的地形图（线划地形图、影像地形图）或数字地面模型。

航空摄影测量是目前测绘大面积地形图最主要、最有效的方法。这种方法可将大量外业测量工作改到室内完成，具有成图快、精度均匀、成本低、不受气候季节限制等优点。我国现有的 1 : 100 000 ~ 1 : 10 000 国家基本图都是采用航空摄影测量方法测绘的。近十年，由于国民经济建设的加速发展及国外新技术（新设备）的引进，航空摄影测量在我国已广泛应用于工程建设和城市大、中比例尺地形图的测绘中。

一、航空摄影和航摄像片的基本知识

（一）航空摄影

航空摄影就是利用安置在飞机底部的摄影机，按一定的飞行高度、飞行方向和规定的摄影时间间隔，对地面进行连续的重叠摄影。

航空摄影机又称航摄仪，其构造原理与普通照相机基本相同，见图 7-22。航摄像片影像范围的大小叫像幅。通常采用的像幅有 18 cm×18 cm、23 cm×23 cm 等，像幅四周有框标标志，相对框标的连线为像片坐标轴，其交点为坐标原点，依据框标可以量测出像点坐标。

航空摄影得到的像片要能覆盖整个测区面积，相邻的像片必须要有一定的重叠度。沿航线方向的重叠，称为航向重叠或纵向重叠。相邻航线间的重叠，称为旁向重叠或横向重叠。航摄规范规定航向重叠为 53% ~ 60%，旁向重叠为 15% ~ 30%。另外，还要求航摄像片的倾斜角（即摄影光轴与铅垂线的夹角）不超过 3°；像片的航偏角（即像片边缘与航线方向的夹角）一般不大于 6°。

（二）航摄像片比例尺

航摄像片上某两点间的距离和地面上相应两点间水平距离之比，称为航摄像片比例尺，用 $1/M$ 表示。如图 7.23 所示，当像片和地面水平时，同一张像片上的比例尺是一个常数

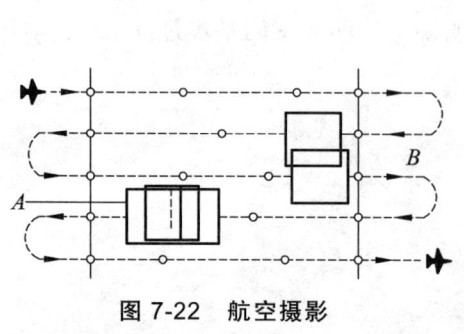

图 7-22 航空摄影

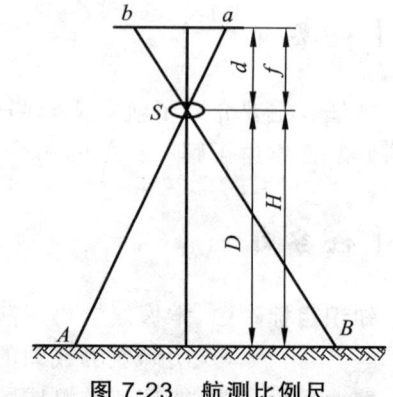

图 7-23 航测比例尺

$$\frac{1}{M} = \frac{f}{H}$$

式中，f 为航摄仪的焦距；H 为航高（指相对航高）。

当地面有起伏或像片对地面有倾斜时，像片上各部分的比例尺就不一致了。对一台航摄仪来说，f 是固定值，要使各像片比例尺一致，还必须保持同一航高。但飞机受气流波动等影响，在平静的大气条件下，同一航线的航高差别应保持在 ±20 m 以内；对不利情况，一般不允许超过 ±50 m。

航摄的像片比例尺按成图比例尺而定，一般来说，将像片比例尺放大约 4 倍而制成所需比例尺的地形图。

（三）航摄像片与地形图的区别

1. 投影方面的差别

地形图是正射投影图，测图比例尺是一个常数且各处均相同。航摄像片是中心投影，只有当地面绝对平坦，并且摄像时像片又能严格水平时，像片上各处的比例尺才一致，中心投影才与地形图所要求的垂直投影保持一致。

因地面起伏引起像点在像片上的位移所产生的误差，称为投影差。如图 7-24 所示，A、B 为两个地面点，它们对基准面 T_0 的高差为 $+h_a$ 和 $-h_b$，A_0 和 B_0 为地面点在基准面 T_0 上的垂直投影点，a、b 为地面点在像片上的投影，线段 aa_0、bb_0 即为地面起伏引起的在中心投影像片上产生的像点位移，也称为投影差。

投影差的大小与地面点对基准面 T_0 的高差成正比，高差越大投影误差越大。在基准面上的地面点，投影误差为零。由此可见，投影误差可随选择基准面高度的不同而改变。因此，在航测内业中，可根据少量的地面已知高程点，采取分层投影的方法，将投影误差限制在一定的范围内，使之不影响地形图的精度。

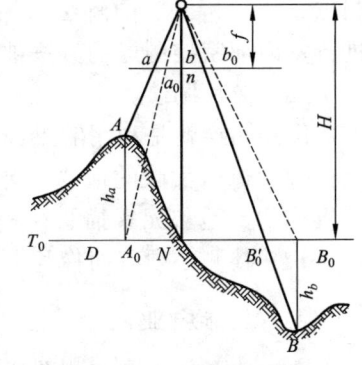

图 7-24 航测投影差

2. 表示方法和表示内容不同

在表示方法上，地形图是按成图比例尺所规定的地形图符号来表示地物和地貌的，而像片则是反映实地的影像，它是由影像的大小、形状、色调来反映地物和地貌的。在表示的内容上，地形图常用注记符号对地物符号和地貌符号作补充说明，如村名、房屋类型、道路等级、河流的深度与流向、地面的高程等，而这些在像片上是表示不出来的。因此，对航空像片必须进行航测外业的调绘工作。利用像片上的影像进行判读、调查和综合取舍，然后按统一规定的图式符号，把各类地形元素真实而准确地描绘在像片上。所谓像片判读，就是在航摄像片上根据物体的成像规律和特征，识别出地面上相应物体的性质、位置和大小。

二、航测成图过程

航测成图包括航空摄影、航测外业和航测内业三个基本过程。

1. 航空摄影

摄影前需做一系列的准备工作，如制订飞行计划、在地图上标出航线、检验摄影仪、租用飞机等；然后进行空中摄影——摄取地面的影像，经过显影、定影、水洗和晒干等工序后获得底片，晒印成正片后，供各作业部门使用。

2. 航测外业

把像片制成地形图是以地面控制点为基础的，因此，必须具有足够数量的地面控制点。这些地面控制点，可在已有的大地控制点的基础上进行加密，其步骤分为野外控制测量和室内控制加密。

（1）野外控制测量。

携带仪器和航空像片到野外，根据已知大地控制点，用项目六所讲的控制测量方法，测定像片控制点的平面坐标和高程，并对照实地将所测点的位置，精确地刺到像片上。这项工作也称像片联测。

（2）室内控制加密。

由于野外测定的控制点数量还不够，需要在室内进一步加密。可根据野外测定的像片控制点，用解析法、图解法来加密。近年来，由于计算机技术的发展，解析法空中三角测量进行室内加密控制点的方法被广泛应用。

（3）像片调绘。

像片调绘就是利用航摄像片进行调查和绘图。具体来说，就是利用像片到实地识别像片上各种影像所反映的地物、地貌，根据用图的要求进行适当的综合取舍，按图式规定的符号将地物、地貌元素描绘在相应的影像上。同时，还要调查地形图工，所必须注记的各种资料，并补测必须有而像片上未能显示出的地物，最后进行室内整饰和着墨。

3. 航测内业

由于地形的不同和测图要求的不同，目前有以下三种主要的成图方法：

（1）综合法。

在室内利用航摄像片确定地物的平面位置，其名称和类别等通过外业调绘确定，等高线则在野外用常规方法测绘。它综合了航测和地形测量两种方法，故称综合法。此法适用于平坦地区作业。

（2）微分法。

在野外控制测量和调绘工作完成后，在室内进行控制点的加密；然后在室内用立体测量仪测定等高线，通过分带投影转绘的方法确定地物的平面位置。因为立体测量仪的解算公式是建立在微小变量的基础上的，所以称为微分法；又因为确定平面位置和高程分别在不同的仪器上进行，故又称为分工法。微分法采用的仪器比较简单，故适用于丘陵地区。

（3）全能法。

在完成野外控制测量和像片调绘后，利用具有重叠的航摄像片，在全能型的仪器（如多倍仪和各种精密的立体测图仪等）上建立地形立体模型，并在模型上作立体观察，测绘地物和地貌，经着墨、整饰而得地形图。此法适用于山区或高山区，成图质量比较高，但仪器价格比较昂贵。

【技能训练】

以小组为单位，测绘比例尺为 1：1 000 的某区域地形图。在已测定的图根控制点上，进行碎部测量，采用经纬仪测绘法进行地物和地形特征点的测定，并依测图比例尺和地图图式符号进行整饰，最后上交小组的地形图。

1. 仪器准备

每组由仪器室借领：DJ_6 型经纬仪 1 台，平板仪 1 台，量角器 1 个，塔尺 2 根，记录板 1 块，地形记录表格。

2. 人员组成

每个小组平均由 5 名同学组成，其中立尺员 2 名、记录员 1 名、观测员 1 名。每个同学可观测一个测站，采取轮换制，最终以小组的地形图质量作为评价标准。

【项目考核】

1. 什么叫地形图、地形图比例尺、地形图比例尺精度？
2. 什么叫地物？地物在地形图上如何表示？
3. 什么叫地貌？地貌有哪几种基本形式？地貌在地形图上如何表示？
4. 什么叫等高线？等高线有哪些特性？
5. 试述用经纬仪进行视距测量的步骤。
6. 根据题表 7-1 中的观测数据，算出碎部点的水平距离和高程。已知竖直角计算公式为：$\alpha = 90° - L$，测站高程 $H_B = 44.78$ m，仪器高 $i = 1.50$ m，水平距离及高程计算至 dm 和 cm。

题表 7-1　碎部测量

测站	测点	视距读数			竖盘读数 / (° ′)
		下丝	上丝	中丝	
B	1	0.902	0.766	0.830	84　32
	2	2.165	0.555	1.360	86　13
	3	2.871	1.128	2.000	93　45
	4	2.221	0.780	1.500	92　18
	5		0.462	1.250	87　24
	6	1.834		1.530	88　30

7. 按题图 7-1 所给碎部点的高程及位置，用目估法勾绘等高线（等高距 $h = 1$ m）。

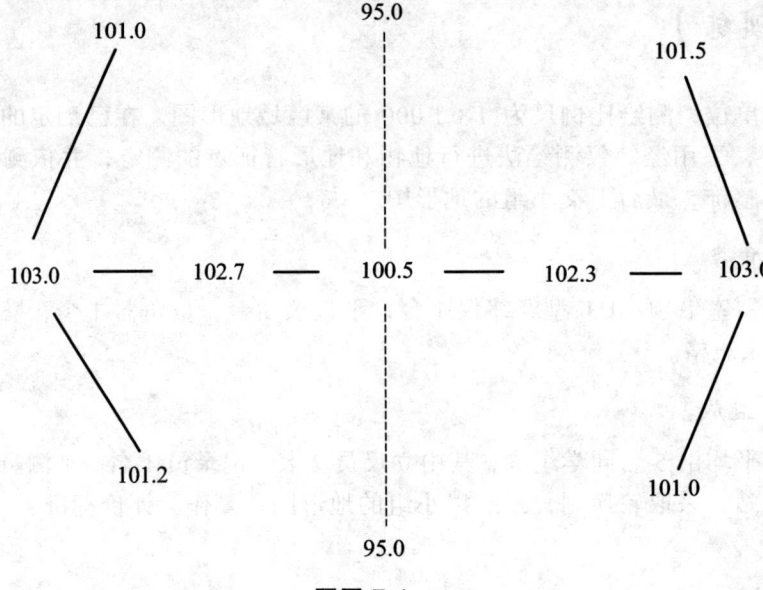

题图 7-1

项目八　地形图应用

本项目主要阐述了地形图的识读与应用，包括在地形图上确定任意一点的坐标与高程、地形图上确定直线的坐标方位角、水平距离与坡度、根据地形图绘制图上已知方向的断面图、在地形图上确定汇水面积的边界线、面积量算等知识点。通过本项目的讲解，使学生明确地形图应用的作用与方法。

任务一　地形图的识读与基本应用

【任务介绍】

本任务的目的主要是确保学生可以识读地形图，掌握地形图的几个基本应用。

【任务目标】

知识目标：⊙ 掌握识别地形图的基本内容；
⊙ 掌握地形图的几个基本应用：包括在地形图上确定任一点的坐标与高程、地形图上确定直线的坐标方位角、水平距离与坡度。

能力目标：⊙ 具备识别地形图的基本技能；
⊙ 能利用地形图获取足够的信息量。

【任务实施】

一、地形图的识读

地形图是全面反映地面上地物、地貌的图纸，任何规模较大的工程建设，都需要借助于详细而精确的地形图进行规划与设计。矿区的地形图所用的比例尺都比较大，常用的有 1∶5 000、1∶2 000、1∶1 000、1∶500，通常称为矿区大比例尺地形图。矿区地形图是矿区规划、设计、施工和指导生产的重要依据。在地形图上可以研究分析该地区的地面高低、坡度、坡向、交通线路、河流沟渠、水田旱地、森林木场以及建筑物的相关位置等情况，以便因地制宜地合理进行规划和设计。同时根据地形图，还可以取得点位、距离、方位、坡度和面积等矿区规划、设计、施工和指导生产所需的数据，这比到实地处理和研究问题更为方便和迅速。因此，掌握有关地形图应用的一些基本知识，就能充分利用地形图为工程建设服务。

要正确使用地形图，则必须具备识图的基本知识。

1. 图名和图号

一幅图的图名是用图幅内最著名的地名或企事业单位的名称来命名的。图号则按统一的分幅序列进行编号的。图名和图号注记在北图廓外上方的中央。如图 8-1 所示，其图名是热电厂，图号为"10.0-21.0"。

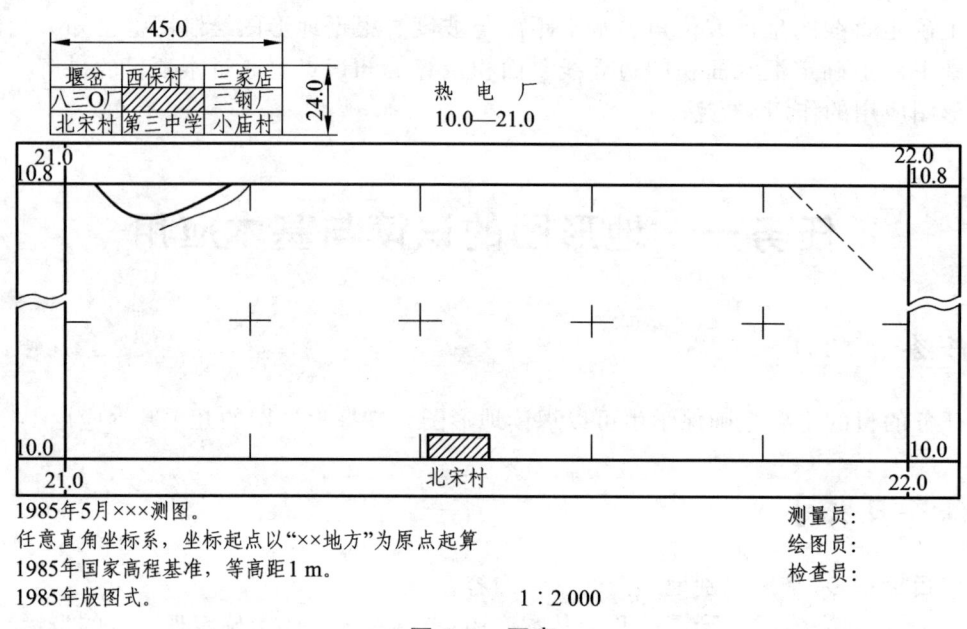

图 8-1　图廓

2. 接图表

北图廓（见图 8-1）左上角的九个小格称为接图表，在中间绘有斜线的一格即代表本图幅的位置，四周八格分别注明了相邻图幅的图名。利用接图表，可迅速找到相邻图幅的地形图进行拼接。

3. 比例尺

地形图上通常用数字比例尺和直线比例尺表示。数字比例尺一般注写在南图廓外的中央，直线比例尺绘在数字比例尺的下面。此外，也可通过坐标方格网所注的数字，确定比例尺的大小。利用比例尺可在图上进行量测作业。

4. 图　廓

地形图的边框称为图廓。图廓由内图廓和外图廓组成。内图廓是图幅的测图边界线，图幅内的地物、地貌都测至该边线为止。正方形分幅的内图廓是由平面直角坐标的纵横坐标线所确定，如图 8-1 所示。梯形分幅的内图廓是由经纬线来确定的，如图 8-2 所示（仅绘出图幅的西南角)。外图廓位于图幅的最外面,用粗线表示。内、外图廓线相互平行。对于通过内图廓的重要地物,如境界线、河流、跨图廓的村庄等,均需在内、外图廓间注明,如图 8-1 所示。

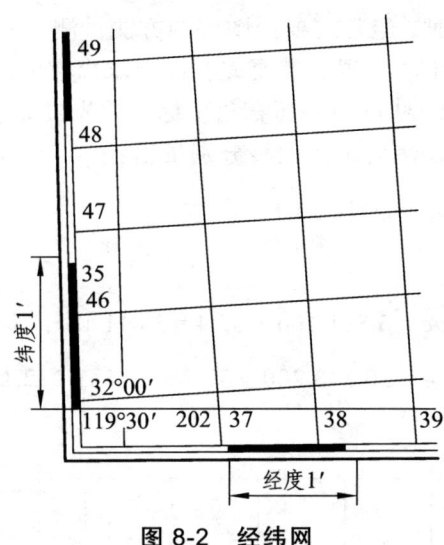

图 8-2 经纬网

5. 坐标格网

坐标格网分平面直角坐标格网和经纬网。

(1)平面直角坐标格网。以选定的平面直角坐标轴系为准,按照一定间隔描绘的正方形格网,即为平面直角坐标格网。采用国家统一平面直角坐标系统的地形图的平面直角坐标格网,通常由边长为 10 cm 的正方形组成,格网的纵横线分别平行于中央子午线和赤道。平面直角坐标在内、外图廓间注有以 km 为单位的坐标值,故又称公里网。平面直角坐标格网线也可不全部绘出,但必须在格网线交叉处用"十"字线标出。利用平面直角坐标格网,可以确定图上任意一点的平面直角坐标。

(2)经纬网。当用梯形分幅时(梯形分幅在大比例尺地形图中很少用),地形图上除绘有平面直角坐标格网外,还有经纬网。

图 8-2 中,梯形图幅西南角图廓点的经度和纬度分别注为 119°30′和 32°00′。在内、外图廓间靠近外图廓处,以双线绘出一条分度带,此带用加粗奇数段来划分经(纬)度数,每段代表 1′。若将上下、左右经纬度的分段处以直线相连,便构成经纬网。利用经纬网可确定图上点的经纬度。

6. 地形图的平面直角坐标系统和高程系统

在每幅地形图南图廓外左侧,注有所采用的平面直角坐标系统和高程系统。

7. 地形图符号

地形图上的各种地物、地貌和注记符号是图的重要组成部分。地形图符号所表示的内容,可在地形图南图廓外左侧所注写的"地形图图式"中查出。用图人员应熟悉一些常用符号,理解等高线特性,以便正确使用地形图。

二、地形图的基本应用

（一）在地形图上确定任一点的平面直角坐标

在地形图上作规划设计时，经常需要用图解的方法量测一些设计点位的坐标。例如，在地形图上设计的钻孔、井筒中心位置，就要先在图上求出它们的平面直角坐标。

如图 8-3 所示，要求图上 M 点的平面直角坐标，首先过 M 点分别作平行于直角坐标纵线和横线的两条直线 gh、ef，然后用比例尺分别量出：

$$ae = 65.4 \text{ m}, \quad ag = 32.1 \text{ m}$$

则

$$X_M = X_a + ae = 3\,811\,100 + 65.4 = 3\,811\,165.4 \text{（m）}$$

$$Y_M = Y_a + ag = 20\,543\,200 + 32.1 = 20\,543\,232.1 \text{（m）}$$

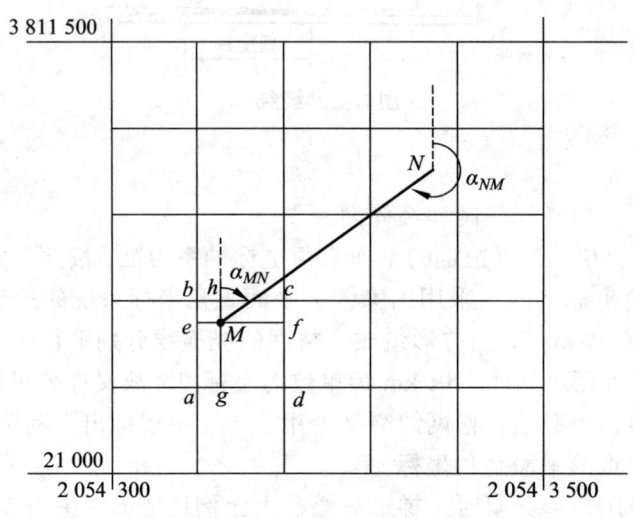

图 8-3　求 M 点的平面直角坐标

为防止错误，还应量出 eb 和 gd 进行检核。

由于图纸的伸缩，在图纸上量出方格边长（图上长度）不等于 10 cm 时，为提高坐标的量测精度，就必须进行改正。设量得 ab 的图上长度为 ab，量得 ad 的图上长度为 ad，则 M 点的坐标应按式（8-1）计算：

$$\left. \begin{array}{l} X_M = X_a + (10/ab) \cdot ae \\ Y_M = Y_a + (10/ad) \cdot ag \end{array} \right\} \quad (8\text{-}1)$$

（二）求图上直线的坐标方位角

如图 8-4 所示，欲求 MN 直线的坐标方位角，有以下两种方法：

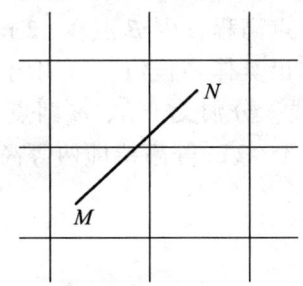

图 8-4 MN 直线的坐标方位角

1. 图解法

利用量角器在图上直接量取角度值,此方法精度低。

2. 解析法

先确定 M、N 点的坐标,再按下式计算:

$$\tan \alpha_{NM} = \frac{Y_N - Y_M}{X_N - X_M}$$

即

$$\alpha_{MN} = \arctan \frac{\Delta Y_{MN}}{\Delta X_{MN}}$$

当然,应根据 MN 直线所在的象限来确定坐标方位角的最终值。

(三)求图上两点的水平距离

如图 8-4 所示,欲求图上 MN 直线的水平距离,有以下两种方法:

1. 图解法

用比例尺直接量取 MN 距离或用直尺量取 MN 距离再乘以比例尺分母。

2. 解析法

先确定 M、N 点坐标,再按下式计算两点水平距离:

$$S_{MN} = \sqrt{(X_N - X_M)^2 + (Y_N - Y_M)^2}$$

或

$$S_{MN} = \frac{\Delta X_{MN}}{\cos \alpha_{MN}} = \frac{\Delta Y_{MN}}{\sin \alpha_{MN}}$$

(四)求图上任一点高程

如图 8-5 所示,若求 A 点的地面高程,因 A 点恰好在 38 m 的等高线上,故 A 点高程与该等高线的高程相等。欲求地面 B 点高程，因 B 点在 42 m 和 44 m 两等高线之间，故 B 点高程大于 42 m 而小于 44 m。为求出具体高程值，可用内插法求得。其方法是，过 B 点作 42 m、44 m 两等高线的近似铅垂线，分别交于 n、m 两点，在图上量得 mn 和 nB 的距离；又已知等高距 $h = 2$ m，则 B 点相对于 42 m 等高线即两等高线中高程较低的一条等高线之高差 h_{nB} 可按照式（8-2）计算：

$$h_{nB} = \frac{nB}{mn} h \tag{8-2}$$

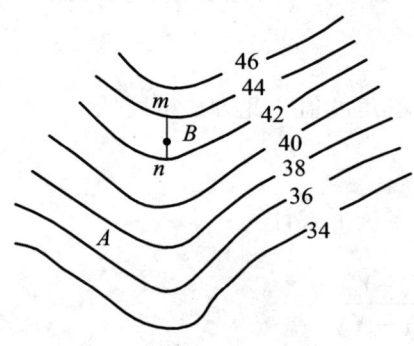

图 8-5　A 点的地面高程

（五）根据等高线间的平距确定其坡度

已知地形图上的等高距为 h，若需确定图上两相邻等高线间的倾角 α 或坡度 i，可量出两等高线的实地平距 S，然后按式（8-3）计算：

$$i = \tan \alpha = \frac{h}{S} \tag{8-3}$$

式中　i——坡度，用% 或‰ 来表示。

任务二　地形图在工程上的应用

【任务介绍】

本任务的目的是帮助学生掌握如何利用地形图所提供的地理信息，获得生产建设所需要的相关数据。相信学生有能力掌握此项技能和知识，在以后的工作中能充分利用地形图为工程建设服务。

【任务目标】

知识目标：⊙ 掌握地形图在工程建设中的几个应用：图形面积的量算，绘制地形断面图，平整土地，按规定坡度选定最短路线等。

能力目标： ⊙ 理解地形图在公路建设中的应用方法；
　　　　　　⊙ 能利用地形图获取足够的信息量。

【任务实施】

一、绘制已知方向线的纵断面图

为了修建道路、管线、水坝等工程，需要做出地形图上某方面的断面图，表示出特定方向的地形变化，这对工程规划设计有很大的意义。纵断面图是反映指定方向地面起伏变化的剖面图。在道路、管道等工程设计中，为进行填、挖土（石）方量的概算、合理确定线路的纵坡等，均需较详细地了解沿线路方向上的地面起伏变化情况，为此常根据大比例尺地形图的等高线绘制线路的纵断面图。

如图 8-6 所示，欲绘制直线 BC、CD 纵断面图。具体步骤如下：

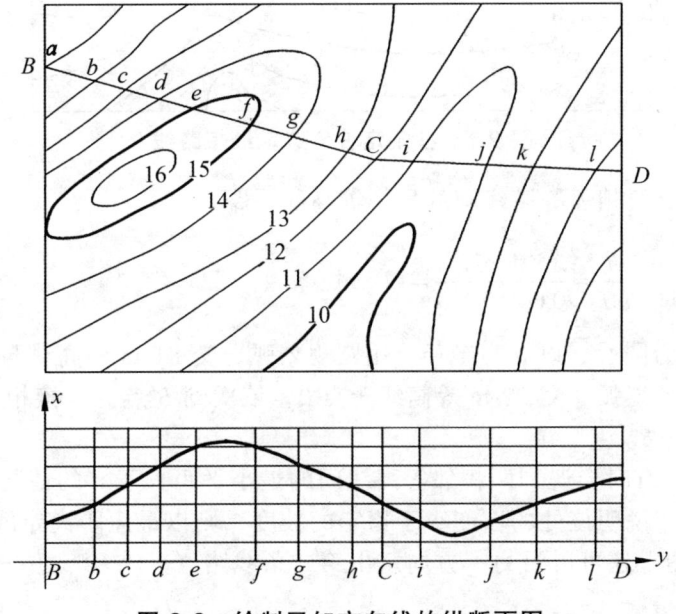

图 8-6　绘制已知方向线的纵断面图

（1）在图纸上绘出表示平距的横轴 PQ，过 A 点作垂线，即得纵轴，表示高程。平距的比例尺与地形图的比例尺一致；为了明显地表示地面起伏变化情况，高程比例尺往往相对平距比例尺放大 5～10 倍。

（2）在纵轴上标注高程，在图上沿断面方向量取两相邻等高线间的平距，依次在横轴上标出，得 b，c，d，…，1 及 C 等点。

（3）从各点作横轴的垂线，在垂线上按各点的高程，对照纵轴标注的高程确定各点在剖面上的位置。

（4）用光滑的曲线连接各点，即得已知方向线 $B—C—D$ 的纵断面图。

二、按规定坡度选定最短路线

公路、渠道、管线等工程设计中,往往要求在不超过某一坡度 i 的条件下,选择一条最短的路线。这时应先根据地形图上的等高线间隔,求出相应于一定坡度 i 时的平距 D,并按地形图的比例尺计算出图上的平距 d,用两脚规在地形图上求得整个路线的位置。

如图 8-7 所示,设从公路旁 A 点到山头 B 点选定一条路线,限制坡度为 4%,地形图比例尺为 1∶2 000,等高距为 1 m。具体方法如下:

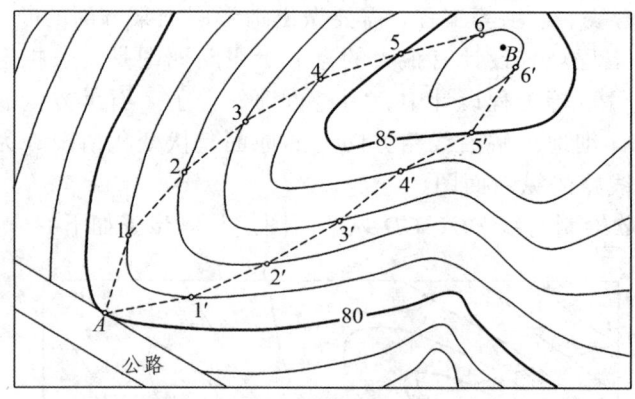

图 8-7　按规定坡度选定最短路线

(1)确定线路上两相邻等高线间的最小等高线平距。

$$d = \frac{h}{iM} = \frac{1\text{ m}}{0.04 \times 2\,000} = 12.5\text{ m}$$

(2)先以 A 点为圆心,以 d 为半径,用圆规划弧,交 81 m 等高线与点 1,再以点 1 为圆心同样以 d 为半径划弧,交 82 m 等高线于点 2,依次到 B 点。连接相邻点,便得同坡度路线 $A—1—2—\cdots—B$。

在选线过程中,有时会遇到两相邻等高线间的最小平距大于 d 的情况,即所作圆弧不能与相邻等高线相交,说明该处的坡度小于指定的坡度,则以最短距离定线。

(3)另外,在图上还可以沿另一方向定出第二条线路 $A—1'—2'—\cdots—B$,可作为方案的比较。

在实际工作中,还需在野外考虑工程上其他因素,如少占或不占耕地、避开不良地质构造、减少工程费用、整个路线不要过分弯曲等,最后确定一条最佳路线。

三、平整场地

将施工场地的自然地表按要求整理成一定高程的水平地面或一定坡度的倾斜地面的工作,称为平整场地。在场地平整工作中,为使填、挖土石方量基本平衡,常要利用地形图确定填、挖边界和进行填、挖土石方量的概算。场地平整的方法很多,主要有方格法、等高线法和断面法,下面分别进行介绍。

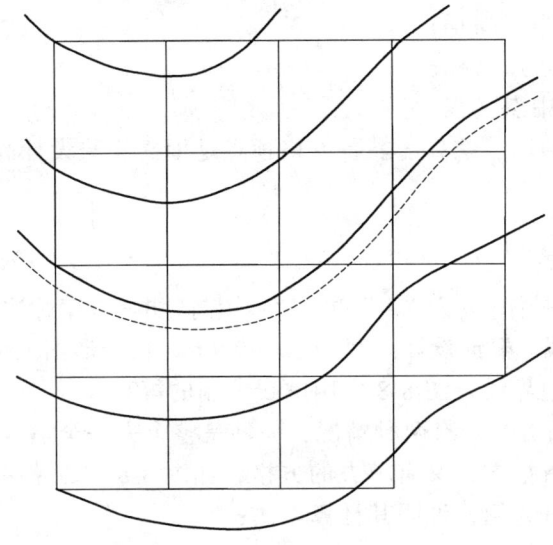

图 8-8　方格法平整场地

1. 方格法

方格法适用于地形起伏不大、需要把场地设计为水平场地的地方。图 8-8 为一块待为平整的场地，比例尺为 1∶1 000，等高距为 1 m，拟将原地面平整成某一高程的水平面，使填、挖土石方量基本平衡。方法步骤如下：

(1) 绘制方格网。在地形图上拟平整场地内绘制方格网，方格大小根据地形复杂程度、地形图比例尺以及要求的精度而定。一般方格的边长为 10 m 或 20 m，图中方格为 20 m×20 m。各方格顶点号注于方格点的左下角，如图中的 A_1，A_2，…，E_4 等。

(2) 求各方格顶点的地面高程。根据地形图上的等高线，用内插法求出各方格顶点的地面高程，并注于方格点的右上角，如图 8-8 所示。

(3) 计算设计高程。分别求出各方格四个顶点的平均值，即各方格的平均高程；然后，将各方格的平均高程求和并除以方格数 n，即得到设计高程 $H_设$。根据图 8-8 中的数据，求得的设计高程 $H_设 = 49.9$ m。并注于方格顶点右下角。

先将每一方格顶点的高程相加除以 4，就可以得到每个方格的平均高程 H_i，再将每个方格的平均高程相加除以方格总数，就得到挖填平衡的设计高程 $H_设$，当挖填工作完成后，这时工程场地就会变为一个水平面，那么 $H_设$ 就是这个水平面的高程，其计算公式为

$$H_0 = \frac{1}{n}(H_1 + H_2 + \cdots + H_n) = \frac{1}{n}\sum_{i=1}^{n} H_i \tag{8-4}$$

式中，H_1，H_2，…，H_n 分别为每个方格的平均高程。

从图上可以看出，方格网的角点 A_1、A_5 高程在计算平均高程的时候只用了一次，边点的高程 A_2、A_3、A_4 用了 2 次，中点 B_2、B_3、B_4 的高程用了 4 次，因此，设计高程 H_0 的计算公式可以变换为

$$H_0 = \frac{\sum H_角 + 2\sum H_边 + 3\sum H_拐 + 4\sum H_中}{4n} \quad (n \text{ 为方格的个数}) \tag{8-5}$$

式中　$H_{角}$——方格网中角点高程；
　　　$H_{边}$——方格网中边点高程；
　　　$H_{中}$——方格网中中点高程。

（4）确定方格顶点的填、挖高度。各方格顶点地面高程与设计高程之差，为该点的填、挖高度，即

$$h = H_{地} - H_{设}$$

式中，h 为时，"+"表示挖深；h 为 "－" 时，表示填高。并将 h 值标注于相应方格顶点左上角。

（5）确定填挖边界线。根据设计高程 $H_{设}$ = 49.9 m，在地形图上用内插法绘出 49.9 m 等高线。该线就是填、挖边界线，图 8-8 中用虚线绘制的等高线。

（6）计算填、挖土石方量。有两种情况：一种是整个方格全填或全挖方，如图 8-8 中方格Ⅰ、Ⅲ；另一种是既有挖方，又有填方的方格，如图 8-8 中方格Ⅱ。

现以方格Ⅰ、Ⅱ、Ⅲ为例，说明其计算方法：

方格Ⅰ为全挖方：

$$V_{Ⅰ挖} = \frac{1}{4}(1.2\text{m} + 1.6\text{m} + 0.1\text{m} + 0.6\text{m}) \times A_{Ⅰ挖} = 0.875 A_{Ⅰ挖}\ \text{m}^3$$

方格Ⅱ既有挖方，又有填方：

$$V_{Ⅱ挖} = \frac{1}{4}(0.1\text{m} + 0.6\text{m} + 0 + 0) \times A_{Ⅱ挖} = 0.175 A_{Ⅱ挖}\ \text{m}^3$$

$$V_{Ⅱ填} = \frac{1}{4}(0 + 0 - 0.7\text{m} - 0.5\text{m}) \times A_{Ⅱ填} = 0.3 A_{Ⅱ填}\ \text{m}^3$$

方格Ⅲ为全填方：

$$V_{Ⅲ填} = \frac{1}{4}(-0.7\text{m} - 0.5\text{m} - 0.9\text{m} - 1.7\text{m}) \times A_{Ⅲ填} = 1.2 A_{Ⅲ填}\ \text{m}^3$$

式中　$A_{Ⅰ挖}$、$A_{Ⅱ挖}$、$A_{Ⅱ填}$、$A_{Ⅲ填}$——各方格的填、挖面积，m^2。

同法可计算出其他方格的填、挖土石方量，最后将各方格的填、挖土石方量累加，即得总的填、挖土石方量。

2．等高线法

场地地面起伏较大，且仅计算挖方时，可采用等高线法。这种方法从场地设计高程的等高线开始，算出各等高线所包围的面积，分别将相邻两条等高线所围面积的平均值乘以等高距，就是此两等高线平面间的土方量；再求和即得总挖方量。

如图 8-9 所示，地形图等高距为 2 m，要求平整场地后的设计高程为 55 m。先在图中内插设计高程 55 m 的等高线（图中虚线），再分别求出 55 m、56 m、58 m、60 m、62 m 五条等高线所围成的面积 A_{55}、A_{56}、A_{58}、A_{60}、A_{62}，

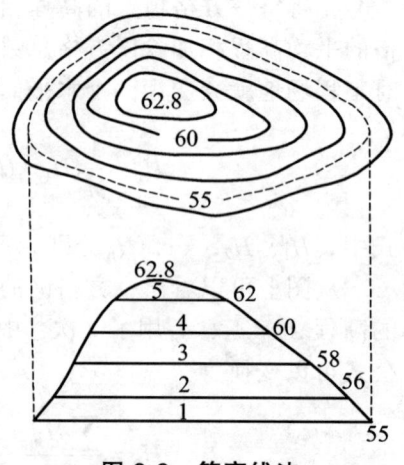

图 8-9　等高线法

即可算出每层土石方量为

$$V_1 = \frac{1}{2}(A_{55} + A_{56}) \times 1$$

$$V_2 = \frac{1}{2}(A_{56} + A_{58}) \times 2$$

$$V_3 = \frac{1}{2}(A_{58} + A_{60}) \times 2$$

$$V_4 = \frac{1}{2}(A_{60} + A_{62}) \times 2$$

$$V_5 = \frac{1}{3} A_{62} \times 0.8$$

V_5 是 62 m 等高线以上山头顶部的土石方量,则总挖方量为

$$\sum V_W = V_1 + V_2 + V_3 + V_4 + V_5$$

3. 断面法

在道路和管线建设中,沿中线至两侧一定范围内线状地形的土石方量估算常用断面法。这种方法是在施工场地范围内,利用地形图以一定间距绘出断面图,分别求出各断面由设计高程线与断面曲线(地面高程线)围成的填方面积和挖方面积,然后计算每相邻断面间的填(挖)方量,分别求和即为总填(挖)方量。

如图 8-10 所示,地形图比例尺为 1∶1 000,矩形范围是欲建道路的一段,其设计高程为 47 m。为求土石方量,先在地形图上绘出相互平行、间隔为 L(一般实地距离为 20~40 m)的断面方向线 1—1、2—2、…、6—6;按一定比例尺绘出各断面图(纵、横轴比例尺应一致,常用比例尺为(1∶100 或 1∶200),并将设计高程线展绘在断面图上(见图 8-10 中 1—1、2—2 断面);再在断面图上分别求出各断面设计高程线与地面高程线所包围的填土面积 A_{T_i} 和挖土面积 A_{W_i}(i 为断面编号),最后计算两断面间土石方量。例如,1—1、2—2 两断面间的土石方量为

$$\text{填方量} \quad V_T = \frac{1}{2}(A_{T_1} + A_{T_2})l$$

$$\text{挖方量} \quad V_W = \frac{1}{2}(A_{W_1} + A_{W_2})l$$

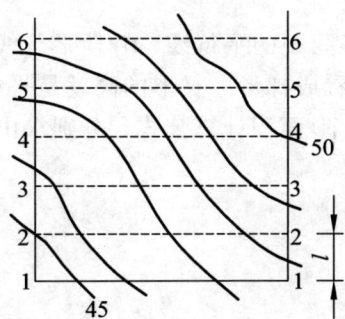
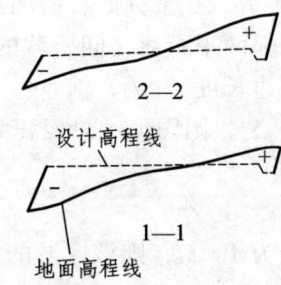

图 8-10 断面法估算土石方量

同法依次计算出每相邻断面间的土石方量,最后将填方量和挖方量分别累加,即得总土石方量。

上述三种土石方量估算方法各有特点,应根据场地地形条件和工程要求选择合适的方法。当实际工程土石方估算精度要求较高时,往往要到现场实测方格网图(方格点高程)、断面图或地形图。此外,当高差较大时,实际工程中应参照上述方法将削坡部分的土石方量计算在内。

四、面积量算

面积测量的方法很多,常用的有透明方格纸法、平行线法、坐标计算法、图解法和求积仪法。

1. 透明方格纸法

如图 8-11 所示,要测出曲线区域的面积,先用一张透明方格纸覆盖在图形上,然后数出图内完整的小方格数,再把边缘不完整的方格凑成相当于整方格的数目,求出整个方格总数 n。根据图的比例尺确定出每一方格的实地面积 S',最后可计算出整个图形的面积 S。

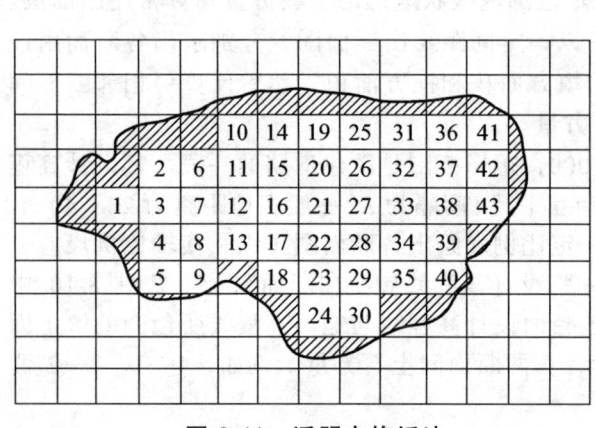

图 8-11 透明方格纸法

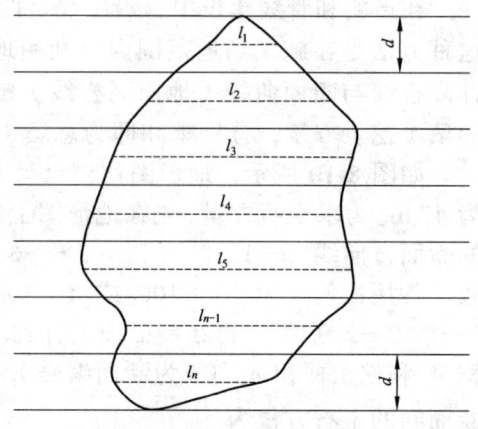

图 8-12 平行线法

一般地,方格纸边长取 1 mm 或 2 mm。边长越大,量取精度就越低;边长越小,则量取精度就越高。

2. 平行线法

如图 8-12 所示,在量算面积的图形上绘出等间距的平行线,并使平行线与图形的上下边线相切,把相邻两平行线之间所截的部分图形看成梯形,梯形的高就是平行线的间距 d。量出各梯形的底边长度 $l_1, l_2, l_3, \cdots, l_n$,按照梯形面积计算公式,分别求出各梯形的面积 $S_1, S_2, S_3, \cdots, S_n$,则图形的总面积为

$$\sum S = S_1 + S_2 + \ldots + S_{n+1}$$

如果图的比例尺为 $1:M$,则该区域的实地面积为

$$S = \sum S M^2$$

如果图的纵方向比例尺为 $1:M_1$，横方向比例尺为 $1:M_2$，则有

$$S=\sum SM_1M_2$$

3. 坐标计算法

坐标计算法是根据多边形顶点的坐标值来计算面积。如图 8-13 所示，1、2、3、4 为多边形的顶点，这 4 个顶点的纵横坐标值组成了多个梯形。

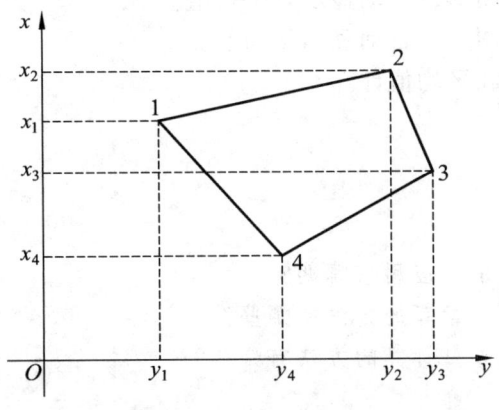

图 8-13 坐标计算法

多边形 1234 的面积 S 即为这些梯形面积的代数和。图 8-13 中，四边形面积为梯形 $1y_12y_2$ 的面积 S_1 加上梯形 $2y_23y_3$ 的面积 S_2 再减去梯形 $1y_14y_4$ 的面积 S_3 和梯形 $4y_4y_33$ 的面积 S_4。

$$\begin{aligned}S&=S_1+S_2-S_3-S_4\\&=\frac{1}{2}[x_1(y_2-y_4)+x_2(y_3-y_4)+x_3(y_4-y_2)+x_4(y_1-y_3)]\end{aligned}$$

推广至 n 边形，则

$$S=\sum x_k(y_{k+1}-y_{k-1})/2$$

应用上式计算时应注意，当 $k=1$ 时，$k-1=n$；当 $k=n$ 时，$k+1=1$。

4. 图解法

图解法用于求几何形状规则的图形面积，常用图形为三角形、矩形和梯形。如果需要量测面积的图形不是规则图形，则可将其分割成若干个规则图形进行量测，如图 8-14 所示。计算面积时应按图的比例尺将图上面积化为实地面积。

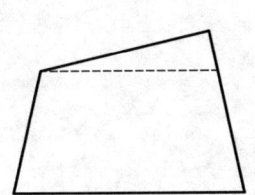 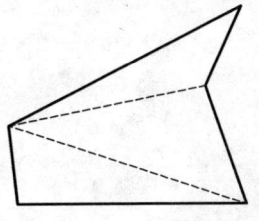 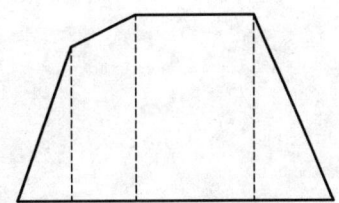

图 8-14 图解法

5. 求积仪法

求积仪一般用于量测图上面积较大或图形呈曲线形状的面积。求积仪可分为机械求积仪和电子求积仪两类。这里只对电子求积仪进行介绍。

电子求积仪也称数字求积仪，它是在机械求积仪的机械装置上加上了电子计算设备。电子求积仪测定面积的精度高、范围大、使用方便，主要性能如下：

（1）可设定被量测面积的单位。
（2）可反复量测某一图形，自动显示其平均值。
（3）可分别量测几块图形，自动显示累加值。
（4）可同时进行累加和平均值计算。

【项目考核】

1. 地形图在工程建设中的应用有哪些？
2. 利用地形图进行面积量算的方法有哪些？
3. 利用地形图进行土方量计算的方法有哪些？

参考文献

[1] 李勇. 测量学[M]. 沈阳：东北大学出版社，2011.
[2] 高见，王晓春. 地形测量[M]. 武汉：武汉理工大学出版社，2012.
[3] 马真安. 地形测量技术 [M]. 武汉：武汉大学出版社，2011.
[4] 鲁纯. 建筑工程测量[M]. 西安：西北工业大学出版社，2013.

参考文献